Jean-Pierre Verdet

Uma História da Astronomia

Apresentação à edição brasileira:
Ronaldo Rogério de Freitas Mourão

Tradução:
Fernando Py

Jorge Zahar Editor
Rio de Janeiro

Título original:
Une histoire de l'astronomie

Tradução autorizada da primeira edição francesa
publicada em 1990 por Éditions du Seuil, de Paris, França.

Jorge Zahar Editor Ltda.
rua México 31 sobreloja
20031 Rio de Janeiro, RJ

Edição para o Brasil

Capa: Gustavo Meyer; Ilustração: Gil Fernandes

Editoração eletrônica: TopTextos Edições Gráficas Ltda.

Impressão: Tavares e Tristão Ltda.

ISBN: 2-02-011557-3 (ed. orig.)
ISBN: 85-7110-190-6 (JZE, RJ)

CIP-Brasil. Catalogação-na-fonte
Sindicato Nacional dos Editores de Livros, RJ.

V59h
Verdet, Jean-Pierre
Uma história da astronomia / Jean-Pierre Verdet ; tradução, Fernando Py. — Rio de Janeiro : Jorge Zahar Ed., 1991.

Tradução de: Une histoire de l'astronomie
Bibliografia.
ISBN 85-7110-190-6

1. Astronomia - História. I. Título.

91-0554
CDD - 520.9
CDU - 52(091)

Sumário

Apresentação à edição brasileira

Ronaldo Rogério de Freitas Mourão

"A verdade do universo conduz à verdade do espírito", escreveu o filósofo francês Léon Brunschvicg (1869-1944). A astronomia, em campos tais como a cosmogonia e a cosmologia, setores intimamente associados à criação cósmica, aborda uma série de mistérios considerados sagrados pelo homem desde a antiguidade mais remota. Talvez seja esta uma das razões por que a astronomia fascina tanto o espírito humano. Há milênios o homem contempla os fenômenos celestes, ora como um sinal divino, ora como uma ameaça. Em conseqüência, a verdade da história da ciência que procura compreender o universo é, na realidade, uma tentativa humana de entender o complexo universo indecifrável da mente humana. Por este motivo, nenhum estudo do desenvolvimento de qualquer outra ciência, através do tempo, é tão importante como o da astronomia. Assim como cada mente interpreta uma verdade à sua maneira, dentro da sua percepção individual, existe uma multiplicidade de visões do cosmos e, em especial, de sua história. Todas elas são importantes, pois representam imagens antropocêntricas da evolução do nosso conhecimento do universo ao longo do tempo, através da evolução da percepção mental e técnica que o processo civilizatório vem permitindo acumular ao longo do tempo. As visões atuais do cosmos estão associadas às ideologias e às técnicas dominantes. A história da astronomia vai depender da especialização do seu relator. Daí advém a importância de *Uma História da Astronomia*, de Jean-Pierre Verdet, notadamente pelo ponto de vista bem diverso do comum que este astrônomo francês demonstra possuir. Tal divergência decorre do fato de que sua formação astrofísica foi, inicialmente, voltada para o estudo da física planetária, bem como porque este conhecimento profissional o levou a pesquisar o sistema solar antes que se dedicasse à história da astronomia. Tive ocasião de conhecê-lo no Observatório do Pic-du-Midi, sempre preocupado com a procura de uma visão cultural mais ampla do conhecimento cósmico, aspecto raro entre os astrônomos, em geral mais ligados às tecnologias do que às artes. Hoje, posso compreender com mais acuidade como é importante a visão humanista do historiador de ciências. Só assim pode-se divulgar a ciência do modo consciente, o que é evidente nos inúmeros livros que Verdet vem publicando, com sucesso, nos últimos anos, alguns deles dedicados às crianças.

O artigo indefinido no título do livro — *Uma História da Astronomia* — significa que Verdet procurou dar um cunho pessoal ao seu relato, uma conotação particular a determinados aspectos do desenvolvimento da ciência do céu, quando eles foram apenas ligeira ou superficialmente estudados, ao contrário de outros profundamente analisados de modo muito original. De fato, Verdet, ao se ocupar principalmente do sistema solar, valorizou uma problemática da astrofísica que vem sendo colocada *incompreensivelmente* em segundo plano, na maioria dos livros que se ocupam da evolução histórica da astronomia. Sua importância deveria ser maior justamente no momento em que a humanidade procura valorizar o nosso planeta — a Terra —, aliás com justificável preocupação ecológica. É impossível entender tais preocupações sem uma melhor compreensão da nossa posição no sistema planetário em que vivemos.

Após breve síntese sobre a astronomia entre os babilônios e os egípcios, Verdet examina as contribuições da astronomia na antiguidade grega antes de passar à revolução copernicana. Aqui, Verdet se movimenta com o desembaraço da competência que lhe confere o profundo estudo da obra de Copérnico, da qual é um perito. Poucos historiadores como ele se dedicaram com tanto ardor ao estudo do *Commentariolus* de Copérnico e da *Narratio Prima* de Rheticus. A edição francesa dessas duas traduções é uma das melhores fontes para o entendimento desses dois livros fundamentais para o estudo da revolução astronômica. Outro importante trabalho é sua tradução do *De Revolutionibus* de Copérnico. A análise que faz sobre os transtornos no pensamento científico, que se seguiram à difusão do heliocentrismo até a introdução da gravitação por Isaac Newton, é um capítulo a ser lido com a máxima atenção.

Após analisar as obras de pioneiros, como Tycho Brahe e Kepler, Verdet examina as pesquisas e/ou resultados de alguns "monstros sagrados", para usar a sua expressão, como Lagrange, Laplace, Herschel e alguns dos seus "herdeiros".

Os instrumentos científicos, em particular a descoberta da luneta e outros aparelhos de prospecção astronômica que revelam os aspectos desconhecidos do firmamento, são descritos e apresentados numa associação à mecânica celeste que lhes conduz aos meios e métodos de explicação do universo observacional. Nesta apreciação dos métodos e técnicas de observação, dá-se um grande desenvolvimento ao estudo das aplicações da física à observação astronômica, o que conduz à descrição dos métodos utilizados na medida da Terra, do sistema solar, da via-láctea e do Universo.

Um dos grandes méritos da história da astronomia de Verdet é o capítulo consagrado à formação do sistema solar, desde Descartes e Buffon às mais recentes hipóteses cosmogônicas. Quase todas as principais cosmogonias científicas são examinadas, e Verdet não se esquece de dar especial ênfase à hipótese de Kant-Laplace. Analisa igualmente as críticas à hipótese nebular e à floração das teorias catastróficas, todas sujeitas às objeções físicas, assim como o retorno à hipótese nebular, quando se começa a levar em conta a presença dos turbilhões nos meios gasosos e as freagens magnéticas da rotação solar.

Com este livro, Jean-Pierre Verdet complementou as histórias da astronomia já escritas. A adoção de um ponto de vista pessoal, longe de polemizar ou demonstrar sectarismo, revela-se por fim enriquecedora de uma visão global do desenvolvimento da astronomia, uma visão isenta e imparcial acima de quaisquer modismos. É imprescindível lê-lo com espírito aberto, comparando-o com outras histórias da astronomia para uma melhor avaliação de conjunto.

Primeira Parte

Da Alvorada da Astronomia à Aurora da Astrofísica

1. Mitos e realidade

Diz-se que a astronomia chegou aos povos através de seus pastores, e os da Caldéia, nas planícies queimadas pelo céu sempre claro, a teriam inventado para nós. A realidade deve ter sido menos bucólica e mais complexa. Bem cedo os padres e os filósofos se intrometeram no assunto, e os ventos arenosos dos desertos vizinhos obscureciam com freqüência o horizonte das planícies caldéias: desagradável circunstância para uma astronomia que, nos seus começos, preocupava-se mais com os nasceres e pores dos astros do que com sua culminação. O estudo das fontes, desde as primeiras tentativas de decifração das tabuinhas astronômicas por J. Epping e F.X. Kugler até os trabalhos recentes de O. Neugebauer, pôs em evidência o abismo que separa a realidade da lenda de uma astronomia mesopotâmica de perfeição e antiguidade quase míticas; porém as lendas são tanto mais tenazes quanto mais antiga a sua origem e mais prestigiosa a sua fonte. Ora, Heródoto, em *Clio* [§74], o primeiro dos seus nove livros de *História*, falando da guerra de cinco anos entre os medos e os lídios, narra essa batalha interrompida por um eclipse e se limita a acrescentar: "Tales de Mileto, aliás, havia previsto esse eclipse aos jônios para o ano em que de fato ocorreu." Os primeiros comentadores e os primeiros doxógrafos dos filósofos pré-socráticos acrescentam detalhes a essa passagem e se orgulham de todas as vantagens que Tales, seus contemporâneos e sucessores teriam tirado de viagens à Caldéia ou ao Egito, ilusões que eram acompanhadas por uma supervalorização do saber dos primeiros filósofos gregos. Quantas horas perdidas e quanto papel desperdiçado pelos historiadores de ciências para encontrar a fonte em que Tales se apoiou e qual o método que deve ter aplicado para prever o eclipse de 28 de maio de 585 a.C. — já que, à simples menção por Heródoto da previsão de um eclipse para aquele ano, acrescentaram as previsões para o próprio dia e para o traçado de sua sombra sobre o globo terrestre.

2. A astronomia babilônica

Começos obscuros

Em que consistia esse conhecimento caldaico? Quando e em que condições apareceu? Como e até que nível pôde se erguer? Em primeiro lugar, abandonemos o qualificativo de caldaico, inconsistente e ambíguo, que os antigos tanto estimavam. E assim, visto que os quatro períodos que os historiadores da astronomia concordam em reconhecer no desenvolvimento dessa ciência na Mesopotâmia parecem intimamente ligados aos esplendores e às desgraças da Babilônia, adotemos, conforme o uso da maioria, o qualificativo de *babilônico.*

A areia milenar, de onde emergiam as pirâmides, os túmulos e os templos egípcios, parecia ter recoberto para todo o sempre as cidades do "país entre os dois rios". Dos esplendores das civilizações mesopotâmicas, não restava nada... ou muito pouco. Entretanto, no século XVIII, viajantes curiosos descobriram algumas torres de tijolos, evocações irrisórias, isoladas e arruinadas da Torre de Babel. Um pouco mais além, a sudeste, nos confins do império otomano, Persépolis e Susa atraíam. Nelas, eram admirados os vestígios de grandes palácios providos de terraços, aos quais se chegava por escadarias gigantescas, e de uma estatuária poderosa e realista, onde transparecia um mundo refinado e cruel, sempre em guerra, em caça ou em desfile militar. Ali, provocavam espanto inscrições feitas numa escrita cujo código "em prego" ou "em cunha" permanecia desconhecido e lhe valeu a designação de *cuneiforme.* Essas inscrições eram encontradas em toda parte, nos tijolos, nos cilindros de argila ressecada, nas lâminas de pedra e até nas rochas, no flanco das montanhas que dominam a região dos rios. Tal escrita, tão misteriosa e mais abstrata que os hieróglifos egípcios, levou todo o final do século XVIII e toda a primeira metade do século XIX para ser decifrada. Só então os textos acadianos — na verdade, transcrições de um dialeto assírio e de um dialeto babilônico — começaram a falar com mais profusão.

Embora tenham sido notáveis a civilização sumeriana bem como a força e a extensão de sua influência em toda a Mesopotâmia, nada sabemos do conhecimento astronômico de Sumer, a não ser alguns nomes de estrelas e de constelações, tomados de empréstimo ao sumeriano, e que são encontrados nos textos acadianos, ou em certos mitos cosmogônicos, em que o mundo nasce do corpo de Tiamat cortado em dois, que só parcimoniosamente nos informam sobre uma astronomia manifesta ainda na infância e talvez tão grosseira como a do Egito da época.

A ascensão da Babilônia

O véu só se desvela sobre a astronomia do período que começa com a ascensão da Babilônia, por volta de 1800 a.C., e depois acompanha os reinados da dinastia de Hamurábi e termina com a tomada da Babilônia pelos hititas e os começos do que se denominam os *séculos obscuros,* caracterizados pela ausência de documentos, cerca de 1530 a.C. Desse período, dito páleo-babilônico, chegaram alguns textos até nós.

Antes de tudo, a mais antiga tabuinha de caráter nitidamente astronômico nos vem de Nipur, na Babilônia central. Desse documento, conjunto de dados estelares que segue um método de cálculo, sairia um universo de oito céus encaixados. Por ele, ficamos sabendo que o céu das estrelas fixas estava dividido em três zonas de doze setores cada, e que a essas zonas estavam associadas não apenas as estrelas e as constelações mas também, caso muito interessante, séries de números em progressão aritmética, primeiro sinal conhecido de uma das ferramentas matemáticas que permitiram aos babilônios a descrição dos fenômenos periódicos.

Dois outros textos, um astronômico e outro astrológico, iluminam esse período. De uma observação do estado do céu quando aparece o primeiro crescente novo da lua, o texto astrológico nos informa o que é preciso esperar do ano: se o céu está sombrio, o ano será ruim; se está brilhante, o ano será bom; e se, antes da lua nova, o vento do norte soprar por todo o céu, os cereais serão abundantes. Quanto ao texto astronômico, fornece uma lista de datas para as primeiras aparições e desaparecimentos de Vênus durante os vinte e um anos do reinado de Amisaduca (1646 1626 a.C.). Se essas observações de Vênus, considerada estrela da manhã e estrela da tarde, não indicam uma ciência astronômica muito elaborada, são, por outro lado, datadas no calendário lunar da época e transformaram esse texto num achado precioso... e num quebra cabeça para os cronologistas. Os dados astronômicos são acompanhados de presságios que relacionam os acontecimentos políticos importantes com os fenômenos celestes observados. Os homens da Mesopotâmia acreditavam que todo acontecimento natural é não somente a conseqüência de causas específicas, mesmo desconhecidas, mas igualmente o *sinal* de que uma força superior se dirige a nós para manifestar suas intenções; até os gregos irão ler o seu futuro no vôo dos pássaros e nas vísceras dos cães...

Primeiras "efemérides"

O segundo período se estende de 1530 a 612 a.C., data da destruição da grande biblioteca de Nínive, quando a cidade caiu nas mãos dos medas. Cobre a dinastia cassita e, depois, o domínio assírio. Perto do fim desse período surgem as primeiras relações sistemáticas de observações pelos astrônomos das cortes assírias: o texto mais célebre provém, aliás, da biblioteca de Assurbanípal, último grande rei da Assíria, que estendeu o seu poder militar de Tebas até Susa, e fez a guerra contra a Babilônia, onde reinou seu irmão. As tabuinhas tomaram o nome de *Enuma Anu Enlil* (Quando Anu e Enlil...), segundo as primeiras palavras de seu intróito solene. Vinte e três tabuinhas tratam da lua, do sol, dos planetas, das estrelas fixas, dos halos, das nuvens, dos parélios e outros caprichos e maravilhas celestes. As épocas e circunstâncias dos aparecimentos e desaparecimentos da lua, ou de suas relações com o sol, são outros tantos "sinais" que a série analisa em detalhe. Escrita entre 1000 e 900 a.C., mas fruto de uma compilação de presságios e observações de vários séculos, a série canônica deveria conter 70 tabuinhas reunindo cerca de sete mil presságios. Menos célebres, porém historicamente mais importantes, duas tabuinhas, chamadas *mul APIN* (a estrèla APIN), também procedentes da biblioteca de Assurbanípal, dão-nos uma verdadeira súmula dos conhecimentos astronômicos da época. A primeira tabuinha trata das estrelas fixas, repartidas em três estradas celestes, sendo a estrada mediana ao redor do equador. A segunda trata da lua e dos planetas, das estações e do comprimento das sombras. De leitura difícil e interpretação delicada, essas tabuinhas deixam transparecer, no entanto, a vontade de estabelecer noções astronômicas precisas em bases matemáticas. Sabia-se, na época, que os eclipses do sol só podiam ocorrer no fim do mês e os da lua nos meados de um mês. A crer em Ptolomeu, a regra segundo a qual os eclipses lunares têm um intervalo de seis meses, ou às vezes de cinco, já era conhecida desde os tempos de Nabonassar (747 a.C.).

Do terceiro período, chamado neobabilônico, que vai de 611 a 540 a.C., possuímos um almanaque para o ano 37 do reinado de Nabucodonosor II (568 a.C.). Nabucodonosor II sucedera a seu pai, Nabopolassar, que fundara a dinastia caldaica e libertara a Babilônia do jugo assírio. Mas foi Nabucodonosor II quem restaurou o poderio da Babilônia, após a sua vitória sobre o faraó Necau II. O almanaque mostra que se dava uma atenção cada vez maior às trajetórias da lua e dos planetas: são ali cuidadosamente anotadas as suas conjunções com as estrelas fixas, bem como as datas de suas primeiras e últimas visibilidades. As zonas celestes, que antes eram repartidas em quatro porções percorridas pelo sol em três meses cada, passaram a ser divididas em doze partes de 30°.

A astronomia matemática

O quarto período é o da dominação persa: começa com a ocupação da Babilônia por Ciro, em 539 a.C., e termina no ano 75 da nossa era, data a partir da qual o uso da escrita cuneiforme começa a se perder. É durante o período assírio que os progressos são mais significativos e que se delineia claramente a tendência à descrição matemática, mas é necessário esperar os três últimos séculos antes da nossa era, os dos reinados dos selêucidas e dos arsácidas, para que surjam os primeiros textos em que o estudo dos movimentos celestes esteja baseado em observações contínuas e em teorias matemáticas algebricamente astutas. Assim, em um milênio e meio, os sábios da Mesopotâmia acumularam as observações e elaboraram as teorias matemáticas que lhes permitiram uma boa descrição empírica dos movimentos da lua, do sol e dos planetas, da variação dos dias e das noites. Examinaremos aqui, de modo breve, apenas o estabelecimento de um calendário e suas relações com o conhecimento dos movimentos da lua e do sol.

Astronomia e problemas de calendário

Embora se diga e escreva ainda com muita freqüência, os progressos da ciência astronômica da Babilônia por essa época não se devem mais às indagações da astrologia, assim como os progressos na matemática não são devidos à mística dos números; tais progressos da astronomia provêm, entre outras coisas, das exigências, aliás constrangedoras, do estabelecimento de um calendário lunissolar: de qualquer modo, é uma sorte para os astrônomos que os três ciclos cronológicos naturais, o dia, o mês e o ano, não sejam mensuráveis.

Em todas as épocas de sua história, a Babilônia parece ter se utilizado unicamente de calendários lunares: o *mês* começava na noite em que o novo crescente da lua emergia pela primeira vez dos clarões do ocaso e, portanto, também logo antes que a própria lua se pusesse. Assim, o *dia* babilônico começava à noitinha, o *primeiro dia do mês* era o da primeira visibilidade. O problema do estabelecimento de um calendário lunar acarreta uma série de problemas teóricos complexos e a execução de técnicas precisas.

Um mês lunar deve conter um número inteiro de dias, ou, se os meses lunares são irregulares, eles não compreendem nunca mais de 30 dias e nunca menos de 29. Logo, a primeira questão é saber quais serão os meses de 29 e quais os de 30 dias; e a resposta exige o conhecimento do movimento do sol, da lua e das variações da distância que os separa: a lua move-se cerca de treze vezes mais depressa que o sol. A primeira visibilidade do novo crescente coloca problemas observacionais que acarretam novos problemas teóricos. Para que o crescente seja visível, é preciso que o sol esteja suficientemente abaixo do horizonte... no entardecer precedente ao primeiro dia do mês, o crescente permanecia invisível. É preciso, pois, determinar a distância entre o sol e a lua que permite a visibilidade, distância à qual se dá o nome de *elongação.* Ora, se num dado local, ao longo do ano, as estrelas se erguem e se põem em ângulos constantes que dependem da inclinação do equador sobre o horizonte, os movimentos relativos da lua e do sol se fazem, aproximadamente, ao longo da eclíptica, cujo plano faz um ângulo de cerca de 24° com o plano do equador. É necessário conhecer, portanto, as variações do ângulo formado pela eclíptica e o horizonte no decurso do ano, visto que uma mesma elongação produz efeitos diferentes conforme esse ângulo e conforme a época: na Babilônia, por exemplo, ele varia, *grosso modo,* de 30° a 80° (cf. *Fig. 1*). *Aproximadamente,* dizemos: de fato, a lua não se desloca sobre a eclíptica, ela se afasta da eclíptica até mais ou menos 5° e, se o

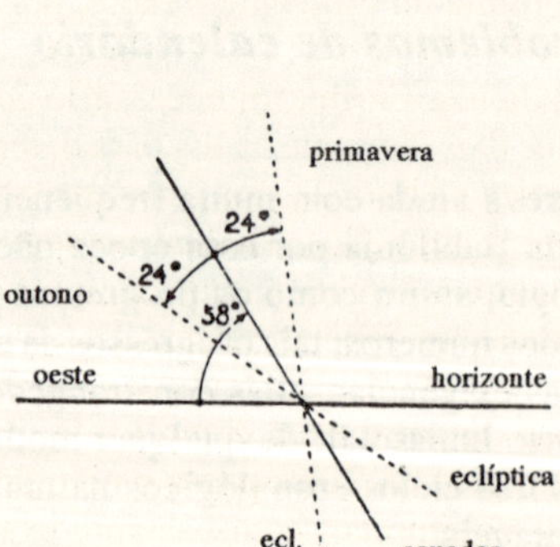

Figura 1

efeito desse afastamento sobre a visibilidade é pequeno quando a eclíptica está mais alta sobre o horizonte, como é o caso da primavera, em compensação, no outono, quando a eclíptica está mais deitada sobre o horizonte, o efeito é máximo (cf. *Fig.* 2).

Todos estes efeitos são independentes uns dos outros e produzem, ao todo, variações muito irregulares e bastante complexas do comprimento do mês lunar: uma das realizações mais notáveis das ciências exatas da Antiguidade é o fato de ter separado as causas dos diversos efeitos e de haver elaborado, sob a ação da necessidade, uma teoria que permite a previsão de seu efeito global.

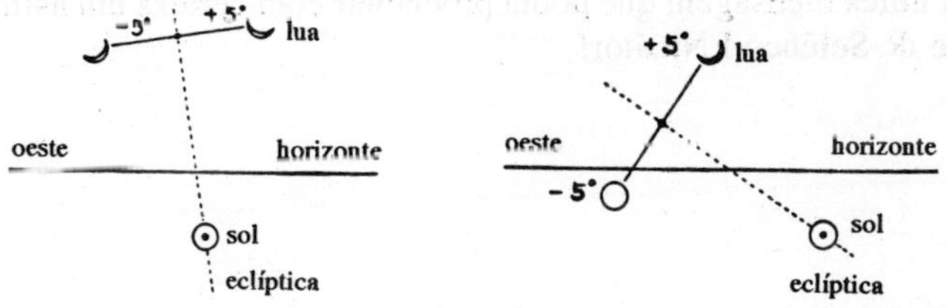

Figura 2

O estabelecimento de um calendário lunar pelos astrônomos resultou em conseqüências positivas para a própria astronomia. Foi preciso preparar tabelas dos movimentos cotidianos da lua e do sol, determinar a última visibilidade seguinte do crescente lunar e, por esse motivo, determinar também o meio do período de invisibilidade, ou seja, o momento da conjunção do sol e da lua. Enfim, foi necessário combinar todos esses dados com as regras que dão a latitude da lua para determinar se esta estará (ou não) perto da eclíptica na hora de uma oposição ou de uma conjunção; no primeiro caso, haverá um eclipse da lua; no segundo, um eclipse do sol. É portanto um estágio matematicamente simples e lógico, que vai do estabelecimento de todas as tabelas necessárias à instauração de um calendário lunar, até à previsão dos eclipses da lua. Infelizmente, a previsão de um eclipse do sol é mais complicada, pois é preciso saber, além disso, sobre que região da Terra passa o eixo do cone de sombra e, por esse motivo, saber determinar, com bastante exatidão, as distâncias do sol e da lua, bem como as dimensões relativas destes astros. Nenhuma tabuinha mesopotâmica mostra o menor sinal de uma dessas quantidades: a astronomia babilônica só permitia prever a possibilidade ou impossibilidade de um eclipse solar, mas certamente sem poder dizer se o eclipse possível seria ou não visível em um dado lugar.

Sendo assim, aqueles que defendem absolutamente o fato de que já se sabia prever os eclipses do sol nos tempos mais remotos, sem sequer conhecer suas causas nem dominar os parâmetros indispensáveis, se aferram ao conhecimento de um ciclo hipotético que estabelece o período fixo dos mesmos eclipses nos mesmos lugares. O mais célebre desses ciclos é o *saros,* período de 6.585 dias, isto é, 18 anos e 10 ou 11 dias. Por mais que Géminos afirme, na *L'Introduction aux phénomènes,* que os caldeus conheciam um ciclo de 19.756 dias, portanto de 3 saros, nenhuma tabuinha conhecida até hoje traz qualquer vestígio dele, nem de outro ciclo apenas utilizável. Aliás, qualquer tentativa para estabelecê-lo teria exigido o acesso a séculos de registros locais. Não haverá eclipse do sol este mês é a única mensagem que podia proclamar com certeza um astrônomo da corte de Selêuco I Nicátor!

3. A astronomia dos egípcios

Uma história longa e tranqüila

"O Egito", como disse admiravelmente Élie Faure, "é a primeira dessas ondulações que constituem as sociedades civilizadas na superfície da história, e que parecem nascer do nada e voltar ao nada depois de terem passado por um ápice. É a mais longínqua das formas definidas que permanecem no horizonte do passado. É a verdadeira mãe dos homens. Mas embora a sua ação tenha repercutido em toda a extensão e toda a duração do mundo antigo, pode-se dizer que o Egito fechou o círculo de pedra de um destino solitário. É como uma multidão imóvel, e cheia de um clamor silencioso."

É verdade que a história dessa terra, oásis que se estira ao longo dos 1.100km do Nilo, se desenrolou, sem ruptura catastrófica, desde a civilização de pedra polida até os períodos históricos, como se de sua paisagem nascessem as condições de seu destino; como se o rio tivesse criado um elo natural entre o Alto Egito e o delta, assegurando através de suas enchentes anuais a fertilidade das regiões ribeirinhas, atraindo os homens à medida que se acentuava o ressecamento progressivo do clima, renovando continuamente, e sem tropeços, as populações; como se os desertos da Líbia e da Arábia que, a oeste e a leste, margeiam o Nilo, durante muito tempo tivessem oferecido a seu vale uma garantia de segurança.

No desenvolvimento das matemáticas e da astronomia egípcias, encontramos essa evolução lenta e calma que caracteriza a história do Egito antigo, e não pensamos ofender os egípcios acrescentando que tais ciências desempenharam um papel modesto em sua civilização e que estagnaram em um estágio bastante elementar; também no Ocidente, mais tarde, a sociedade haveria de esquecer a ciência, durante algum tempo, para erguer os seus templos.

O ano egípcio

Contudo, os astrônomos egípcios deixaram alguns legados à posteridade; dentre eles, o mais benéfico e o mais paradoxal foi o ano egípcio. Este ano conta exatamente 365 dias, que se dividem em 12 meses de 30 dias aos quais se juntam 5 dias epagômenos reagrupados no fim do ano. Do Novo Império ao período da dominação romana, os doze meses do ano egípcio têm nomes conhecidos: Thoth, Phaophi, Athyr, Choiak, Tybi, Méchir, Phamenoth, Pharmouthi, Pachons, Payni, Epiphi e Mesore. E se tais nomes eram diferentes no Médio Império, desde essa época os meses já estavam agrupados em três "estações" de quatro meses. Esses grupos eram denominados *meses da inundação, meses da germinação* e *meses da colheita.* Tal divisão e tais denominações parecem indicar que, no momento de sua introdução, o ano egípcio estava destinado a ser a base de um calendário agrícola.

O transbordamento do Nilo, que dá vida nova às margens ressequidas, é o mais importante acontecimento do ano agrícola egípcio. No Egito antigo, essa inundação coincidia mais ou menos com o nascer helíaco de Sothis, a estrela a que chamamos Sírius. Sobre o marfim de um túmulo de Ábidos, acham-se algumas palavras saudando Sothis, adorada pelos antigos egípcios, "arauto do novo ano e da inundação". E sabe-se que, desde o Médio Império e durante o Novo Império, os textos designam explicitamente o nascer helíaco de Sírius como o começo do ano.

As opiniões dos especialistas divergem quanto ao tipo dos anos designados por esses textos. Alguns se inclinam por um verdadeiro ano de Sothis, que se estendia de um nascer helíaco da estrela ao nascer seguinte; outros admitem a hipótese de um ano lunar que começava com o dia do desaparecimento da lua velha que se seguia ao nascer helíaco de Sothis, e que compreenderia 12 ou 13 meses lunares. R.A. Parker, partidário dessa última hipótese, acredita que existia um calendário lunar, cujo objetivo principal teria sido determinar as datas das grandes festas, antes que o calendário civil, baseado no ano egípcio, fosse introduzido logo no começo do terceiro milênio a.C. Quais foram as modificações e aperfeiçoamentos sofridos por esse calendário lunar ao longo dos tempos? Que regras exatas o ligavam ao ano civil? Esses dois calendários se aproximariam de um terceiro calendário agrícola? Tantas perguntas sem resposta, ou mesmo respostas incertas e hipotéticas. Atingimos aí o enigma do ano egípcio e o de sua origem agrícola. De fato, o ano solar compreende 365 dias e um quarto; segue-se que falta um dia a cada quatro anos egípcios, e, portanto, que as festas deslizam através das estações e as estações resvalam através dos meses, vagabundagem que os agricultores deviam apreciar muito pouco e que valeu ao ano egípcio o cognome de ano *vago*.

Seja como for, ainda que o ano egípcio tenha sido estabelecido em bases absolutamente práticas, sem qualquer relação com os problemas astronômicos, percebe-se que ele podia, mais que outro sistema de calendário, satisfazer os astrônomos, e todos o adotaram para seus cálculos, de Ptolomeu a Copérnico. Uma escala de tempo de unidade fixa, sem nenhum tipo de intercalação, é de fato o que cabia exatamente aos cálculos astronômicos. Determinar o número de dias que separa os dias do ano novo de dois anos do calendário babilônico (ou de qualquer calendário grego), separados — digamos — de 50 anos, é uma tarefa árdua em que os riscos de erro são numerosos. Nos anos egípcios, esta duração é simplesmente de 50 vezes 365 dias. São evidentes as vantagens de estabelecer o intervalo de tempo que separa duas observações astronômicas, e se esses anos foram adotados como corte de uma escala de tempo pelos astrônomos, não tiveram, por outro lado, o mesmo êxito como base de calendários civis, nem quando, pouco antes da queda da dinastia sassânida, o rei Yazdgard III baseou a reforma do calendário persa no ano egípcio, e mesmo considerando ainda as tentativas nesse sentido por toda a Idade Média.

Os decanos

Outro legado dos egípcios aos astrônomos, mas que acabaria no domínio dos astrólogos, são os *decanos*. Primeiro é preciso escrever rapidamente a respeito do nascer helíaco das estrelas. Toda noite vemos as estrelas aparecerem no horizonte oriental, se erguerem no céu, culminarem em sua passagem pelo meridiano, depois descerem e se porem no horizonte ocidental. Se o sol participa dessa rotação diurna e se, após o seu nascer, mergulhadas em sua luz difundida pela atmosfera, as estrelas desaparecem, além desse movimento, dia após dia o sol deriva para o leste em meio ao campo de estrelas fixas e retarda, assim, a cada dia, o seu nascer em relação a uma determinada estrela. Quando uma estrela, numa certa alvorada, se ergue para desaparecer quase imediatamente nos clarões do dia nascente, diz-se que ela tem o seu *nascer helíaco,* e que se pode tomar este sinal como o da *última hora da noite*. Foi sobre tal fenômeno que se baseou o emprego dos decanos. Os egípcios poderiam considerar cada dia uma estrela nova como sinal da última hora da noite, e a precisão assim obtida, além da complexidade das tabelas associadas, não estaria de acordo com o objetivo visado: determinar a hora dos ofícios noturnos.

Portanto, preferiram adaptar as horas da noite ao seu calendário e, como os meses estavam divididos em décadas, deu-se o mesmo quanto ao corte das estrelas do serviço. Uma estrela E_1 foi escolhida para assinalar a última hora durante dez dias, e depois uma estrela E_2 para os dez dias seguintes, e assim por diante, se bem que, no decurso de uma década, a hora do fim da noite passasse da alvorada à noite fechada, para ser reconduzida à alvorada pelo nascer helíaco do decano seguinte. Se E_1 serve de decano da última hora, dez dias depois E_2 toma o seu lugar e E_1, então visível à noite, torna-se o decano da hora precedente. Se o ano contava exatamente 360 dias, logo 36 décadas, 36 decanos se escoariam antes que E_1 fosse de novo decano da última hora. Portanto, o sistema de decanos é um sistema de 36 colunas, repleto de astúcias para os cinco dias suplementares; resta determinar quantas linhas terá o sistema. A resposta é dada pelas possibilidades de observação: o nascer de uma estrela só é visível à noite; e assim, o número de horas definido pelos decanos será então igual ao número de decanos cujo nascer for observado em uma noite. Esse número varia de uma estação para outra, exceto sobre o equador: no Egito, no verão, no momento do nascer helíaco de Sothis, quando as noites são mais curtas, só se pode observar o nascer de 12 decanos em uma noite. Logo, o sistema terá doze linhas, e está na origem da divisão da noite em 12 horas.

A tumba e o sarcófago de alabastro de Séti I, faraó da 19ª dinastia que reinou por volta de 1300 a.C., têm uma curiosa história. No século XIX, até as mastabas deixavam o Egito; não obstante, dessa vez, depois de a ter descoberto no vale dos Reis, Giovanni Belzoni, grande aventureiro e pesquisador a serviço da Inglaterra, antes de mandar esse túmulo para fora do Egito, tomou a iniciativa feliz de copiar escrupulosamente todas as pinturas que o ornavam. A exposição londrina dessas reproduções teve tal êxito que Belzoni decidiu apresentá-las em Paris, onde elas chegaram a 27 de setembro de 1822: coincidência incrível, o barco que transportava as pinturas passou diante do Instituto à mesma hora em que Champollion anunciava que acabava de decifrar os hieróglifos!

Pois bem, entre as pinturas da tumba de Séti I, descobriu-se a representação de um quadrante solar acompanhado pela maneira de empregá-lo. Esse quadrante indica 10 horas entre o nascer e o pôr-do-sol, 10 horas às quais os egípcios acrescentavam uma hora para a alvorada e uma hora para o crepúsculo vespertino. Com as 12 horas da noite, logo um total de 24 horas bem desiguais, origem provável das 24 horas sazonais do período helenístico.

Os decanos fazem suas primeiras aparições bem antes sobre os sarcófagos do Médio Império, quando o calendário civil já estava estabelecido há muito tempo e já estava relacionado com 36 constelações. As ilustrações astronômicas sobre os sarcófagos são representações do céu, com os nomes das constelações dos decanos alinhados por intervalos de 10 dias ao longo do ano, formando assim 36 colunas de 12 linhas, uma para cada das 12 horas da noite. De uma coluna à outra, o nome de cada decano sobe uma linha. O que lhe confere uma estrutura diagonal que lhe valeu, infelizmente, o nome de *calendário diagonal,* quando na verdade se trata de um relógio estelar. Essa tabela diagonal permite conhecer a hora da noite: basta procurar o decano que se levanta na coluna da década em curso.

Os astrônomos acabam por esquecer os decanos: para conhecer as horas noturnas, preferem o *astrolábio* ou o *noctulábio,* e escolhem o giro das estrelas ao redor da Polar como relógio estelar. O sistema dos decanos sofre do mesmo "defeito" do ano egípcio: os decanos vagueiam, lentamente, é certo, mas vagueiam através do calendário devido à precessão dos equinócios. Os astrólogos preferem ignorar essa precessão, que, fazendo recuar o ponto em que o sol cruza o equador no equinócio da primavera, arrasta consigo os signos do zodíaco. Embora, com o passar do tempo, um signo astrológico volte a englobar uma constelação diferente da que lhe deu o nome. O signo de Áries, hoje, ocupa o lugar da constelação de Peixes: quando o horóscopo anuncia que o sol entra no signo de Áries, quer dizer que, na realidade, está entrando na constelação de Peixes. Felizmente para eles, e para seus seguidores, os astrólogos acham que a região do céu onde se encontrava a constelação de Áries, há mais de dois mil anos, conserva as virtudes eficazes desse animal. Hipótese mais estúpida que essa só a que diz que a invenção da astrologia é contemporânea da criação do mundo! Em todo caso, os astrólogos são os únicos que conservaram, no papel enfadonho de um simples corte geométrico, os decanos egípcios.

4. Os pré-socráticos

As fontes

Portanto, não foi do Egito que Tales pôde trazer o que não encontrou na Caldéia. Mas então em que consiste a glória de Tales, bem como a de Pitágoras e de todos aqueles que chamamos pré-socráticos? É preciso, inicialmente, falar das fontes: todas indiretas e todas mais ou menos tardias, parecem numerosas e provêm de diversas regiões. Os documentos pelos quais temos acesso aos pré-socráticos são tradicionalmente classificados em dois tipos principais: de um lado, possuímos fragmentos, mínimos ou importantes; de outra parte, comentários, críticas, catálogos de opiniões e de obras pedagógicas. A não ser no caso dos grandes clássicos, os escritos de data antiga sempre foram, na Antiguidade, muito raros e às vezes só eram encontrados nas grandes bibliotecas. Na maior parte do tempo, os filósofos, os historiadores, os eruditos e os vulgarizadores se contentavam, assim, em extrair suas informações de compilações ou antologias polígrafas, das quais algumas sobreviveram. Nessa busca da aurora do pensamento ocidental, encontram-se os nomes mais prestigiosos, de Proclo a Simplício. Há também nomes menos conhecidos como Eusébio, Estobeu e Teodoreto, e se ressuscita o de Aécio.

Olhando-se de mais perto, como o fez Hermann Diels em fins do século passado, percebe-se melhor os fatos. Aristóteles tinha o hábito pedagógico, antes de expor sua doutrina sobre um dado assunto, de mencionar as opiniões emitidas antes dele e de preparar, pela sua crítica e refutação, o caminho para o desenvolvimento de suas próprias teorias. O interesse que apresentavam as diversas informações, desse modo espalhadas na obra do mestre, e, ao mesmo tempo, as suas lacunas, deviam despertar o desejo de compor uma obra de conjunto que desse uma análise completa e fiel das opiniões dos antigos fisiologistas. Foi essa uma das tarefas que se impôs Teofrasto, o mais ilustre discípulo e sucessor de

Aristóteles à frente do Liceu. Teofrasto se tornou o primeiro dos que são denominados *doxógrafos gregos*, isto é, em sentido restrito, os escritores que se dedicaram a recolher e classificar por ordem de assunto as opiniões (*doxai, placita*) dos filósofos antigos.

Certos indícios de falsa abundância já eram conhecidos há muito tempo. Primeiro, a comparação atenta das obras de Eusébio, bispo do começo de século IV, com as de Estobeu, doxógrafo do século V, permitira encontrar em ambos os traços de um resumo da história da filosofia composto por Ário Dídimo, professor de filosofia do imperador Augusto. Uma outra comparação, a das *Placita*, do pseudo-Plutarco, com os *Comentários*, de Teodoreto, bispo de Cyr, na Síria, no começo do século V, e com o *Florilégio* de Estobeu, mostra que esses autores se serviram de uma fonte comum que nos seria desconhecida se o próprio Teodoreto não confessasse ter utilizado uma recolha de opiniões dos filósofos por um certo Aécio, provavelmente um peripatético eclético do século II. Por outro lado, comentários importantes de Simplício acerca do primeiro livro da *Física* de Aristóteles haviam resgatado trechos dos dezoito livros de Teofrasto sobre as opiniões dos físicos. Cerca de mil anos separam Teofrasto, iniciador do gênero, de Simplício, último grande nome da classe, o qual, em fins do século VI, foi o mais fértil comentador de Aristóteles. Pois bem, existe uma semelhança significativa entre a obra de Teofrasto, parcialmente reconstituída dessa maneira, e a maioria dos escritos dos doxógrafos e dos comentadores posteriores da nossa era.

Torna-se provável que todos esses escritos provenham das *Opiniões* de Teofrasto! Seria necessário, ainda, remontar ao passado de cada pista, iluminar as relações mútuas entre todos os elos da cadeia, estabelecer as filiações. Foi esse o trabalho realizado por H. Diels. A resposta foi clara: os escritos dos fisiologistas jamais serviram diretamente aos doxógrafos; estes últimos se prendem originariamente a uma grande obra histórica elaborada por Teofrasto e, além disso, tal obra se perdeu cedo e foi substituída por resumos e compilações. Eis o que dispõem, na melhor das hipóteses, os historiadores da filosofia e da ciência para discernir o que quiseram dizer os pré-socráticos. Quanto a Tales, a colheita é das mais pobres; só falaremos dele brevemente e depois examinaremos o "caso Anaximandro".

A Escola de Mileto

Não sabemos quase nada da vida daquele que Aristóteles nos apresenta como o fundador da física jônica, exceto pelo famoso eclipse de 585 a.C., que nos permite situar o seu auge: a maturidade de seus quarenta anos, aproximadamente. De seus escritos, nenhum fragmento chegou até nós, se é que tais escritos existiram, não que seja necessário pôr em dúvida a existência e a ciência de Tales, mas porque uma tradição insiste que seus ensinamentos foram apenas orais. De Tales não conhecemos nem as obras completas, nem os métodos empregados. Na verdade, toda sua reputação filosófica repousa no testemunho de Aristóteles, que lhe concede o mérito de haver especulado sobre o elemento, ou o princípio, do qual todas as coisas descendem. Esse elemento é a água, fonte da umidade, da vida, da multiplicidade de formas e, sem dúvida, responsável pelo fato de que a força motriz viva pertence a todas as coisas: idéia que o Egito lhe pôde inspirar. É por isso, e sobretudo por ter sido o primeiro a tentar uma explicação em parte racional e sistemática do mundo, que Tales é considerado o pai da física jônica e em geral da filosofia.

A título de exemplo, consideremos apenas o caso do mais notável discípulo de Tales, o mais célebre representante da Escola de Mileto, focalizado pelos estudos de Aristóteles e dos aristotélicos: Anaximandro. Já no tempo de Platão estava esquecido; foi preciso a curiosidade de Aristóteles e a rudeza crítica de seus discípulos para ressuscitá-lo, mas os fragmentos que se conservam e os comentários que os acompanham são orientados. Vejamos todos esses fragmentos raros e façamo-los seguir de um florilégio de comentários de valor desigual. Todos esses trechos são extraídos do volume da Bibliothèque de la Pléiade, *Les présocratiques*, texto fixado por Jean-Paul Dumont; esse volume oferece ainda, enfim, a tradução francesa dos textos reunidos por H. Diels nos *Fragmente der Vorsokratiker*, Berlim, 1903. Os fragmentos são dados em versaletes, os testemunhos, imitações ou glosas são compostos em caracteres comuns. Eis alguns fragmentos "conhecidos" de Anaximandro:

> Anaximandro disse que o ILIMITADO é o PRINCÍPIO das coisas que existem [...]. Aquilo de que as gerações procedem para as coisas que são, é também o que para o qual elas voltam sob o efeito da corrupção, SEGUNDO A NECESSIDADE; pois ELAS SE FAZEM JUSTIÇA MUTUAMENTE E REPARAM SUAS INJUSTIÇAS CONFORME A ORDEM DO TEMPO. (Simplício, *Comentário sobre a Física de Aristóteles*, 24, 13.)

> A (NATUREZA DO ILIMITADO) É ETERNA E NÃO ENVELHECE. (Hipólito, *Refutação de todas as heresias*, I, VI, I.)

> O ILIMITADO [OU O DIVINO] É IMORTAL [...] E IMPERECÍVEL. (Aristóteles, *Física*, III, IV, 203 b 13.)

> O BICO DE UM FOLE DE FORJA. (Aécio, *Opiniões*, II, XX, 1.)

A Terra é semelhante a UMA COLUNA DE PEDRA. (Aécio, *Opiniões*, III, X, 2.)

[Termos originais.] O ELEMENTO QUE ENGENDRA; ENVOLVE; GOVERNAR; DESCASCA; RODA.

Quanto aos textos mais ou menos doxográficos, referem-se à vida e à filosofia de Anaximandro; nossa amostra vai de Aristóteles, que apresenta as teses de Anaximandro em sua problemática e como propedêutica para sua própria visão do mundo, até Simplício, neoplatônico do fim do século VI, que, juntamente com Proclo, fez do comentário erudito um gênero filosófico — passando por Plínio, cuja ciência e erudição não estão à altura da curiosidade enciclopédica, para terminar com Hipólito, bispo e mártir do século III... Notemos, por fim, que Suidas, que foi considerado muito tempo um doxógrafo, não passa da deformação de Suda, título de um dicionário do século X! Comecemos, portanto, por Aristóteles:

Todas as coisas, de fato, ou são o princípio ou decorrem de um princípio. Ora, o Ilimitado não admite princípio, pois esse princípio seria o seu limite. Além disso, do mesmo modo que é um princípio, é não engendrado e incorruptível, pois o que é engendrado admite necessariamente um fim, e toda corrupção deve se acabar. É por isso que dizemos que o Ilimitado não admite um princípio, mas é ele, pelo contrário, que é o princípio das outras coisas, envolve todas as coisas e governa cada coisa, como sustentam aqueles que, além do Ilimitado, não admitem causa nenhuma como, por exemplo, o intelecto ou a amizade. Isso significa transformar o Ilimitado em algo divino, pois é imortal e imperecível, assim como o afirmam Anaximandro e a maioria dos físicos. (Aristóteles, *Física*, III, IV, 203 b 6.)

Diz-se que Anaximandro de Mileto foi o primeiro a perceber a inclinação do zodíaco, abrindo assim o caminho para as grandes descobertas, na qüinquagésima oitava olimpíada [548-545 a.C.], e que Cleóstrato descobriu em seguida os signos que o compõem, começando por Áries e Sagitário; a própria esfera tinha sido descoberta bem antes por Atlas. (Plínio, *História natural*, II, 31.)

Anaximandro, filho de Praxíades, filósofo, parente, aluno e sucessor de Tales. Primeiro descobriu os solstícios, os equinócios e o relógio, e que a Terra estava situada no centro do universo. Introduziu o gnômon e elaborou um esboço geral da geometria. Escreveu *Sobre a natureza*, *Ao redor da Terra*, *Sobre as fixas*, *A esfera*, e outras obras mais. (Suidas, *Léxico* "Anaximandro".)

Dizia ainda que a Terra está suspensa livre de toda coação externa, porém imóvel devido a seu afastamento por igual de todas as coisas; sua forma é redonda, torneada à maneira de uma coluna de pedra; uma de suas extremidades planas é a superfície que pisamos, ao passo que a outra se encontra na extremidade oposta. Os astros formam um círculo de fogo, emanação do fogo espalhado pelo mundo e cercado pelo ar. Existem embocaduras que são como buracos de flauta, através das quais se vêem as estrelas; de tal modo que quando essas embocaduras são obturadas produzem-se os eclipses. (Hipólito, *Refutação de todas as heresias*, I, 6.)

Também Teofrasto, unindo Anaxágoras e Anaximandro, percebe exatamente que as proposições de Anaxágoras querem dizer que o substrato é uma natureza única; eis o que ele nos diz a respeito em sua *História natural*: "Interpretando assim as suas teses, ele nos apareceria, de um lado, como tendo por ilimitados os princípios materiais, bem como temos dito; porém, de outra parte, como tendo por uma só a causa do movimento e da geração... (Simplício, *Comentário sobre a Física de Aristóteles*, 154, 15.)

De todos esses comentários, e de tantos outros, que não passam de escolhas orientadas ou arbitrárias no conjunto de repetições desde cedo estabelecidas, pode-se deduzir, ainda assim, que se a introdução, na Jônia, do gnômon, relógio de sombra cujo emprego teria levado Anaximandro a descobrir a obliqüidade da eclíptica, torna tanto mais suspeito o fato de Plínio o associar à descoberta da esfera por Atlas, em compensação parece comprovada sua tentativa monista de uma descrição sistemática do mundo. Nesse mundo, a Terra está suspensa no meio do céu sem ter necessidade de apoio algum, pois fica a distância igual de tudo o mais, tem lugar reservado de corpo celeste, enquanto que o cosmos está povoado de cilindros achatados, no interior dos quais reina um fogo que percebemos pelos acontecimentos que ocorrem nas cambas dessas rodas celestes: tais orifícios são outras tantas estrelas a cintilar na noite; basta que uma delas seja obstruída parcial ou totalmente... e assistiremos a um eclipse!

A Escola da Itália

De Pitágoras e da escola que fundou em Crótona, cerca de 530 a.C., nessa parte da Itália meridional, de Tarento a Locri, que os romanos chamavam a Grande Grécia, pouco sabemos sobre Tales e sua escola miletiana. Heródoto, que é um século posterior a Pitágoras, só nos fala dele algumas palavras em três passagens de seus livros de *História*, nomeando-o explicitamente apenas uma vez; e Platão, na *República*, enuncia o nome dele apenas uma vez, o que é de estranhar, e mesmo assim para comparar o seu destino, com o tom de desprezo que lhe conhecemos, ao de Homero: "Mas sem dúvida, à falta de ação na vida pública, teria Homero, segundo a tradição, por sua própria vida, sido o guia para algumas pessoas com a mesma formação no domínio da vida íntima, para as pessoas que teriam para com ele uma devoção, pois eram-lhe familiares e transmitiram à posteridade um itinerário homérico da existência, um itinerário análogo ao que, ao mesmo tempo, valeu a Pitágoras o ser ele mesmo o objeto de uma excepcional devoção, e a seus sucessores que, ainda nos nossos dias, denominam pitagórica uma norma de vida pela qual pensam diferenciar-se do restante dos homens?" Portanto, é mais o guia religioso do que o físico o que interessa a Platão. Em Aristóteles, de quem se diz que escreveu uma história do pitagorismo, infelizmente perdida, a única menção a Pitágoras, na *Retórica*, se refere à hagiografia: "Do mesmo modo, Alcidamas, também ele afirma que por toda parte os Sábios são homenageados. E é certo que os habitantes de Paros honraram Arquíloco, embora tenham sido difamados, e que os italianos da Grande Grécia renderam homenagens fúnebres a Pitágoras, assim como os habitantes de Lâmpsaco a Anaxágoras, que era no entanto um estrangeiro; eles os homenageiam, aliás, ainda hoje." Logo, muitas honras, mas poucos documentos utilizáveis e, sobretudo, nenhum fragmento. Além do mais, entre os doxógrafos, alguns dizem que Pitágoras não deixou estritamente nenhum escrito para a posteridade, enquanto que Heráclito afirma que "Pitágoras, filho de Mnesarcos, se dedicou, mais que todos os homens, ao estudo da geometria pela seleção de seus tratados, construiu uma ciência, um saber mais vasto, uma arte recebida"; e Diógenes Laércio, a quem se deve essa citação, menciona três tratados escritos por Pitágoras: *Sobre a educação, Sobre a política* e *Sobre a natureza*. Mesmo se esses tratados nunca tivessem sido elaborados por Pitágoras, os três títulos atestam as três atividades essenciais do mestre e de seus adeptos. *Sobre a educação* evoca as suas preocupações pedagógicas. *Sobre a política* remete ao papel político que os primeiros pitagóricos parecem ter desempenhado na Grande Grécia, onde, desde o princípio do século VII a.C., colonos gregos se estabeleceram, atividade política que Platão confirma sem apreciá-la muito. *Sobre a natureza* devia englobar a física, a aritmética, a geometria e a astronomia; quanto a esta última disciplina, os indícios do saber pitagórico são incertos e pouco numerosos.

Entretanto, duas atribuições: primeiramente, a crer em Aécio, foi Pitágoras o primeiro a dar o nome de Cosmos ao envoltório do universo, em virtude da organização que nele se vê; em segundo lugar, para alguns, teria sido o primeiro a ter revelado que a estrela da Tarde e a estrela da Manhã não eram mais que um só e o mesmo astro, Vênus: uma descoberta que, como no caso de Tales, nos remete à Babilônia. Os astrônomos babilônios sabiam, antes de Pitágoras ter nascido, que *Phosphoros* e *Hésperos* eram o mesmo astro. Foi da viagem que fez a Babilônia, que ele deve ter trazido essa constatação. E parece que Pitágoras deve muito aos babilônios. Deve também um pouco ao miletiano Anaximandro, mesmo que a escola pitagórica rejeite a idéia de que os astros não passam de acontecimentos de cilindros de fogo, mas afirma que cada um deles é um corpo celeste de origem divina. Quanto à tradição grega segundo a qual deve-se a Pitágoras, ou a um de seus discípulos, a primeira medida da obliqüidade da eclíptica, sabe-se hoje que essa medida foi realizada, de fato, na segunda metade do século V a.C., por Enópides de Quios, que não era pitagórico, mas certamente conhecia os trabalhos da escola. A colheita de conhecimentos positivos é escassa.

A contribuição essencial e permanente dos pitagóricos aos astrônomos está em outra parte: diz respeito aos laços que eles tentaram estabelecer entre a astronomia, as matemáticas e a música. A descoberta da periodicidade dos movimentos de todos os corpos celestes reforçou a crença dos pitagóricos de que tudo é número. Esforçaram-se por fundar uma teoria astronômica sobre esse princípio geral, e sobre alguns outros que já haviam utilizado como postulados de sua teoria musical. Tentaram, por exemplo, exprimir as relações entre as revoluções, as distâncias dos planetas e os acordes musicais. Conforme os primeiros pitagóricos, depois da Terra vinha a lua, e depois Mercúrio, Vênus, o sol, Marte, Júpiter e Saturno... uma seqüência que Ptolomeu conservará, mas que os pitagóricos abandonaram para pôr Mercúrio e Vênus acima do sol, já que não havia sido observado nenhum trânsito desses planetas diante do sol. Entretanto, as teorias que pretendiam exprimir as leis que unem as distâncias e as revoluções planetárias aos acordes musicais, *música dos astros* mais que música "das esferas", foram variadas... para não dizer contraditórias. Se o vulgo não pode ouvir essa música, provavelmente porque, como o sugere ironicamente Aristóteles, está exposto continuamente a ela desde que nasce, os pitagóricos nos asseveram que o mestre a ouviu quando era vivo... Dois milênios mais tarde, Kepler perseguirá o mesmo sonho.

Outra preocupação pitagórica, provavelmente vinda da Babilônia, foi o Grande Ano. Esse conceito nasceu da constatação de que todos os corpos celestes são dotados de movimentos periódicos regulares, e que deve, portanto, existir uma espécie de mínimo múltiplo comum a todas essas revoluções que permita determinar o intervalo de tempo ao fim do qual a configuração do céu seja periodicamente a mesma. Sonho de um eterno retorno, tal sonho irá durar por muito tempo, e Pierre de la Ramée, em fins do século XVI, proporá a Rheticus o estabelecimento das efemérides que abarcassem a duração de um Grande Ano, e assim construir uma astronomia sem hipóteses: uma vez lida a última coluna da última linha, bastaria voltar às primeiras cifras dessa tabela eterna; que importaria então saber se o universo é geocêntrico ou heliocêntrico, que importa saber se o sol é levado por um deferente excêntrico ou por um epiciclo, visto que já possuímos o caminhar do mundo por toda a eternidade. Todavia, parece que a expressão foi logo aviltada e que numerosos Grandes Anos viram a luz do dia; a finalidade de alguns era mais modesta... o de Enópides de Quios só designava um ciclo lunissolar.

Provavelmente, foi também para satisfazer seus princípios de beleza e de harmonia que os pitagóricos afirmaram que os astros, em sua perfeição, só poderiam adotar como forma o volume perfeito da esfera e para se deslocar só poderiam tomar emprestada a curva simples e perfeita do círculo: exigência que Platão haveria de retomar e que dominará a prática astronômica até que, por ironia da sorte, o mais pitagórico dos astrônomos modernos, Kepler, descobrisse a elipticidade das órbitas planetárias. Podemos sorrir dessas exigências, ou até pensar que, sempre estimulando a geometria (adiante falaremos do par de Nasir al-Din al-Tusi), elas esterilizaram a astronomia; entretanto, é preciso verificar que as escolas que recusaram tais modelos geométricos marcaram passo de modo ainda mais estéril. Mesmo que hoje alguns julguem ver na física dos estóicos as primícias das teorias da expansão do universo, quais são os frutos dessa física? Para progredir na estrada de acesso à visão científica do mundo, mais vale que uma ciência se apóie em um modelo "falso", cujas contradições com o real aparecerão um dia ou outro, em vez de partir para uma aventura sem modelo.

Aurora do pensamento científico

Seja como for, quando Sócrates florescia em Atenas e essas escolas, criadas às margens oriental e ocidental do império grego — portanto em contato com as civilizações do Oriente e as barbáries do Ocidente —, começavam, sob as pressões da história, a refluir para o centro da Grécia, e particularmente para Atenas, estavam abertos os caminhos para um pensamento desembaraçado da mitologia dos tempos anteriores. Até mesmo se a água de Tales, geradora, e sobre a qual o mundo, frágil esquife, flutua como um pedaço de madeira, mesmo se o ar de Anaximenes, sobre o qual um mundo ainda mais leve e mais delgado flutua como uma folha morta, mesmo se o fogo de Heráclito e o vazio ilimitado, o *apeiron*, de Anaximandro, em meio ao qual a Terra se mantém em equilíbrio sem apoio material, porque não tem mais motivo para escorregar para um dos lados do mundo do que para o outro, mesmo que esses elementos, ou princípios, não sejam os puros elementos de uma física da qual os deuses estariam totalmente ausentes, eles se opõem à Terra, da qual Hesíodo não nos diz como saiu do Abismo e nem por que Eros está a seu lado, nem como, sozinha, dará à luz Ouranos, o Céu estrelado, e Pontos, o Mar fecundo, e depois, unida a esses, a todos os deuses e todas as coisas. Esses elementos dos pré-socráticos, que geraram e povoaram o mundo, opunham-se às espáduas de Atlas, eram portadores de uma Terra que os pitagóricos afirmavam ser esférica, corpo celeste, sem alto nem baixo, suspenso no centro do universo. Se os pré-socráticos não inauguram o pensamento racionalista no sentido moderno do termo, transformam em seu espírito os métodos de pesquisa e de exposição. Aos métodos puramente empíricos se opõem métodos puramente intelectuais; às tabelas numéricas dos babilônios se substituirão modelos geométricos que darão conta do movimento dos astros antes de dar suas posições cotidianas. Os relatos mitológicos, cujas formas de expressão inadequadas a uma descrição científica do mundo dependiam da teologia e da poesia, eram substituídos por um discurso filosófico, do qual forjarão as palavras severas e os conceitos rigorosos. Esse discurso, os pré-socráticos vão constituí-lo manejando as oposições e os contrários. As doutrinas que se sucedem, erguem-se umas a partir das outras, mas também até no interior de uma mesma escola arremessam-se umas contra as outras, como as fórmulas que as exprimem trocam as posições dos termos contraditórios. Fazendo malabarismos com o denso e o raro, o Ilimitado e o limitado, o claro e o obscuro, com o eu e o outro, acabaram esgotando, em poucas gerações, o jogo das possibilidades. Nesse jogo, os mais sutis afirmam, negam e ultrapassam os contrários em um mesmo discurso: descobrem a dialética, cuja forma extrema, aplicada às conchas vazias, engendrará a arte dos sofismas, porém armará o espírito para a decifração do mundo.

Se é verdade que não só os babilônios, mas também os que construíram Stonehenge, sabiam que os lados de um triângulo retângulo comprovam a chamada lei de Pitágoras, existe um abismo entre essa constatação e a demonstração da propriedade geral que afirma que em todo triângulo retângulo a soma dos quadrados dos lados do ângulo reto é igual ao quadrado do terceiro lado. Os estudos mais recentes sobre o conhecimento dos povos do Oriente não mudam nada do que escrevia, há mais de sessenta anos, Léon Robin no fim do livro I de *La pensée grecque*, convidando, no entanto, a julgar com prudência o sentido que se der ao qualificativo "racional": "Aquilo que os primeiros sábios gregos puderam, assim, receber do Oriente, são materiais acumulados de uma experiência bem antiga, são perguntas propostas à reflexão desinteressada. Sem isso, a ciência grega talvez não tivesse podido se formar, e, nesse sentido, não se pode falar de milagre grego. Porém, de outro lado, em vez de ter visado primeiramente a ação, esses primeiros sábios buscaram a explicação racional; nela e na especulação é que eles acharam, de imediato, o segredo da ação. Eis o novo ponto de vista de onde saiu a nossa ciência..." Eis em que reside a grandeza dos pré-socráticos.

5. A astronomia grega

Meton

O ciclo de Meton nos dá o primeiro traço, quase certo, da influência dos dados da astronomia babilônica sobre a prática astronômica grega. Da vida e da obra de Meton sabe-se pouco, apenas que era filho de um certo Pausânias, que floresceu em 432 a.C., que Aristófanes, depois de tê-lo maltratado em *As nuvens*, pô-lo em cena, em 414, para desancá-lo em *Os pássaros* e que lhe devemos um ciclo astronômico de 19 anos. Se não sobreviveu nenhuma obra escrita por Meton, sabe-se todavia que obteve a celebridade graças à introdução desse ciclo lunissolar, hoje designado pela expressão *ciclo metônico*, antigamente denominado *período de 19 anos* ou *ano de Meton*, ou ainda *grande ano*, do qual o Grande Ano de Platão que, ao termo de 76 mil anos, faz voltar todas as Almas ao mesmo ponto de seu curso, seria o múltiplo 4 mil. Nos tempos de Meton, todos os calendários gregos eram lunissolares, ou seja, os meses eram teoricamente lunares cujo primeiro dia era marcado pela lua nova, enquanto o ano era solar. Já que o mês sinódico médio mal ultrapassa 29,5 dias, os meses civis eram ou de 29 dias, *meses cavos*, ou de 30 dias, *meses plenos*; e como 12 desses meses perfazem apenas 354 dias, enquanto que o ano solar compreende cerca de 365 dias e um quarto, era necessário intercalar um décimo terceiro mês ao fim de alguns anos para permanecer de acordo com as estações.

Primeiro sinal de uma influência mesopotâmica: para construir seu ciclo, Meton utilizou o fato, conhecido dos babilônios, de que 19 anos solares correspondem a 235 meses lunares sinódicos verdadeiros, constatação que leva à intercalação de sete décimos terceiros meses. Teofrasto afirma, aliás, que Meton derivava seu ciclo de um certo Phaeinos, um grego da Ásia que residia em Atenas. Em todo caso, mesmo que não estivesse em uso no calendário civil da Babilônia, com a intercalação de décimos terceiros meses apenas a partir de 367 a.C., sabe-se que esse ciclo de 19 anos era conhecido por toda a Mesopotâmia desde o começo do século V a.C.

Dados numéricos evidentes permitem supor o seguinte: já que 19 anos solares continham 6.940 dias, um ciclo metônico compreendia 110 meses cavos e 125 meses plenos e, como está provado que Meton extraiu seus cálculos da prática babilônica, pode-se supor que ele intercalou um mês suplementar aos 3º, 6º, 8º, 11º, 14º, 17º e 19º anos de seu ciclo; mas não temos certeza dessa seqüência e muito menos da divisão de meses plenos e cavos, que não existia na Babilônia, onde o comprimento de cada mês era determinado pela observação do primeiro aparecimento do crescente delgado após a lua nova. Além dessa, a única informação de que dispomos sobre o ciclo de Meton é que ele empregava os meses do calendário de Atenas, e que o primeiro ciclo de Meton principia a 27 de junho de 432 a.C., sob o arcontato dos Apseudos em Atenas, dia em que ele próprio observou o solstício de verão (do hemisfério norte).

Criou-se uma grande confusão a propósito do ciclo de Meton, porque numerosos sábios, desde Scaliger, supuseram que a finalidade desse astrônomo era a reforma do calendário civil ateniense, como o deixa perceber Aristófanes nas *Nuvens*, ao passo que sua finalidade era, mais certamente, produzir um calendário de combinação fixa para registrar as datas astronômicas. Assim, se se afirmava que um acontecimento A ocorria a 6 do mês de Metageitnion do segundo ano de um ciclo, e um acontecimento B a 21 do mês de Anthesterion do quarto ano, era fácil determinar exatamente o intervalo de tempo entre ambos, o que em geral não era possível no calendário civil ateniense ou em qualquer outro calendário civil grego.

Se Columela diz a verdade em seu *De re rustica*, temos um sinal suplementar dos laços entre Meton e a astronomia babilônica quando ele coloca os equinócios e os solstícios a 8° em seus signos zodiacais respectivos, o que é característico de um dos sistemas da astronomia babilônica. O ciclo de Meton, embora rapidamente suplantado por outros sistemas de referência, permanece, depois do sistema dos anos egípcios, como a primeira construção apta a situar com facilidade os dados astronômicos em uma escala de tempo.

O programa de Platão

No tempo de Platão, o solo era mais firme sob os pés dos historiadores de astronomia. A acreditarmos em Simplício, à tradição platônica, que desejava impor a noção de que o movimento dos corpos celestes era circular, uniforme e constantemente regular — compreendam que não podiam mudar de sentido —, que se deve a formulação do problema astronômico. Em seu *Comentário à Física de Aristóteles*, Simplício escreve: "Platão [...] expõe então este problema aos matemáticos: Quais são os movimentos circulares uniformes e perfeitamente regulares que convém tomar por hipótese, a fim de que se possa salvar as aparências que os astros errantes apresentam?"

O objetivo da astronomia está claramente definido; uma tradição deseja que ele tenha solicitado, em primeiro lugar, os esforços de Eudóxio de Cnido, mas essa espécie de tradição gosta de sublinhar com belas perspectivas que levam tudo ao mestre, e parece antes que foi Eudóxio, certamente um antigo aluno da Academia porém já muito bom matemático, quem, por suas combinações de esferas, influenciou o pensamento cosmológico de Platão. Seja como for, salvar as aparências deve ter sido o único motivo pelo qual Eudóxio agenciou as esferas girantes e homocêntricas, e se o seu discípulo Calipo de Cízico modificou o sistema, foi porque as hipóteses de seu predecessor não concordavam com certos fenômenos e ele quis salvá-los, por sua vez.

As esferas homocêntricas de Eudóxio

A esfera de estrelas fixas fecha o universo, gira uniformemente de oriente para ocidente ao redor do eixo do mundo, a duração de sua revolução constitui o dia sideral e, como os astrônomos gregos entendem por dia a duração do dia solar, dizem que a esfera das estrelas é a *inerrante*, e efetua sua rotação mais ou menos em um dia. Para os astros errantes, o sistema é mais complicado e, assim como Platão o deseja no *Epinomis* — onde afirma que as oito potências do céu são irmãs, e que nenhuma delas dá ordens a qualquer das outras —, cada um tem seu mecanismo independente... Platão, ou, segundo alguns, um de seus colaboradores da Academia, Filipe de Oponte, já que a paternidade de Platão não é admitida por unanimidade quanto a esse "suplemento às *Leis*". No encaixe geocêntrico das esferas que vão salvar as aparências, o astro está situado sobre o equador da esfera mais interior. As outras esferas não conduzem nenhum astro; Teofrasto lhes dará o nome de *esfera sem astro* e Eudóxio o de *esfera que gira em sentido contrário*. A primeira esfera, a mais externa, gira ao redor de um eixo que passa pelo centro do mundo. A segunda participa do movimento da primeira, porém, nela, esse movimento se compõe com um segundo movimento de rotação uniforme, cujo eixo, sentido e velocidade lhe são próprios. A terceira esfera recebe o movimento já composto e lhe acrescenta sua própria rotação uniforme, e a composição prossegue dessa maneira até que a esfera portadora do astro produza o movimento composto que salva os movimentos aparentes. Os diferentes agenciamentos oferecem duas características comuns: em todos, a primeira esfera gira de leste para oeste e a duração de sua rotação é a mesma da inerrante — por ela, cada astro participa da rotação diurna; em todos, a segunda esfera gira de oeste para leste ao redor de um eixo perpendicular à eclíptica, mas a duração dessa revolução não é a mesma para todos — para cada planeta, essa duração é igual ao tempo que o astro emprega para percorrer a eclíptica. O movimento das fixas só exige uma esfera, os do sol e da lua exigem, para cada um, três esferas, e os dos planetas, quatro. Ou seja, ao todo 27 esferas!

O agenciamento eudoxiano das esferas pode parecer simplista e arbitrário. Não é nada disso. Voltemos ao caso dos planetas. Se o sistema só comportasse as duas esferas que acabamos de mencionar, os planetas não apresentariam estações nem retrogradações: o sistema só simularia seus movimentos médios. Eudóxio então ajuntou duas esferas suplementares para cada planeta. Assim a terceira esfera tem os pólos situados, sobre a segunda esfera, em dois pontos opostos do zodíaco, e o tempo de sua revolução é o de um período sinódico do planeta ao qual está associada. Sobre a superfície dessa terceira esfera são fixados os pólos da quarta e última esfera; seu eixo faz um ângulo constante com o eixo da terceira. O planeta está situado sobre o equador dessa quarta esfera, que gira no

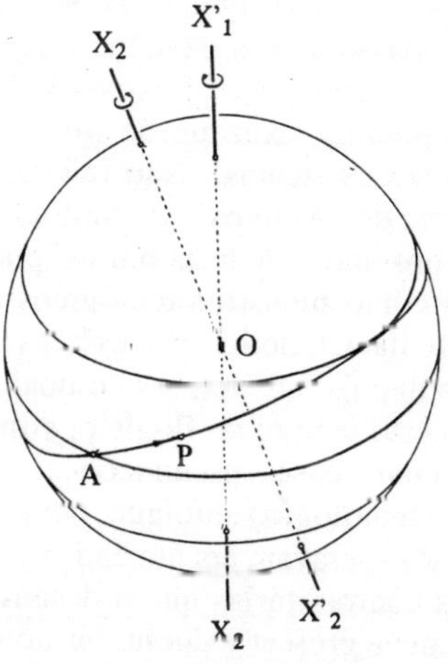

Figura 3

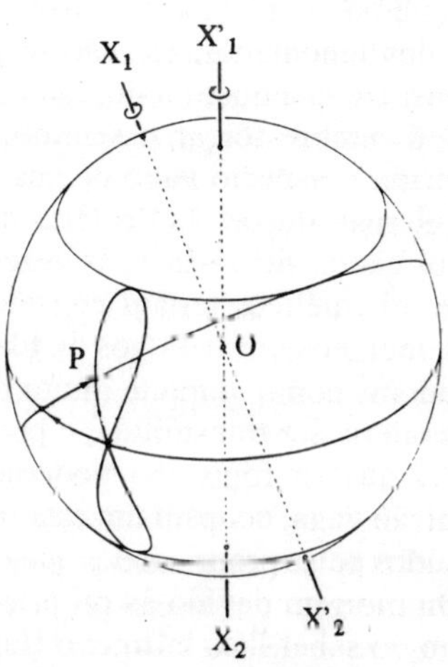

Figura 4

mesmo ritmo da terceira mas em sentido oposto (*Fig. 3*). G. Schiaparelli procedeu ao estudo geométrico da curva resultante, sujeitando-se a não empregar nenhum processo que fosse desconhecido de Eudóxio: essa curva tem a forma de um oito com dois laços simétricos (*Fig. 4*). Quando o planeta percorre essa curva, encontra-se quatro vezes com a eclíptica e então apresenta uma latitude nula quatro vezes em cada revolução sinódica. Simplício nos diz que Eudóxio dava a essa curva o nome de *hipopédio*, e Xenofonte nos dá a explicação desse vocábulo: em seu *Tratado de equitação*, é o nome da linha curva que acostuma o cavalo a rodar quando está sendo puxado pela brida e pelo freio.

Esferas corporais?

Tratando das esferas homocêntricas de Eudóxio no primeiro volume do seu monumental *Système du monde*, Pierre Duhem escreve: "As estrelas estão todas engastadas em um corpo sólido que denominaremos, *brevitatis causa*, um orbe ou uma esfera, mas que, na verdade, é uma camada esférica compreendida entre duas superfícies esféricas concêntricas à Terra." Parece que Duhem se precipita. Se é verdade que, desde Aristóteles, se desenvolve essa distinção entre a esfera matemática explicativa de um movimento e o orbe material que terá a seu cargo conduzir um astro e realizar o seu movimento, não se conhece nada do estatuto ontológico que Eudóxio confere a suas esferas. É bem possível que, tendo se apercebido dos fenômenos, ele não se preocupasse com a existência real das esferas. De qualquer modo, impor a tais esferas o qualificativo de "sólidas" é sempre forçar o sentido; "corporais" exprime de forma mais adequada o aspecto vago de sua natureza existencial. Não falemos das sempiternas alusões às "esferas de cristal dos Antigos", encontradas em muitos cantos de páginas, às vezes até provindas de boas fontes: platônicos e aristotélicos teriam considerado como monstros teológicos esses brinquedinhos dos teólogos da Idade Média. Cuidou-se das esferas transportadoras como, durante muito tempo depois, do éter, sem o qual a luz não poderia ser transmitida, e por um certo tempo, do flogisto, alimento sem o qual o fogo não poderia queimar. Esses pseudoconceitos, de definição vaga, ocupam um estatuto epistemológico ambíguo, pois só são definidos pelas propriedades que deles se esperavam em um dado momento. Ou morrem devido às propriedades contraditórias que o desenvolvimento do saber lhes inflige: o flogisto deve crescer e decrescer no curso de uma combustão — ou então morrem por se encontrarem despidos: quando Einstein dá o golpe de misericórdia no éter, ele só tem por propriedade o fato de ser imóvel, podendo-se dizer que é apenas o espaço absoluto de Newton que a relatividade einsteiniana envia com justiça à loja de antiguidades.

A reforma de Calipo

As mudanças que Calipo trouxe ao sistema de Eudóxio, das quais Aristóteles nos diz, na sua *Metafísica*, que se resumem ao acréscimo de duas esferas para salvar os movimentos do sol e da lua, e de uma esfera para salvar o dos planetas, com exceção de Júpiter e Saturno — são o testemunho provável das observações escrupulosas de Calipo. O *Papiro de Eudóxio*, que afirma que esse astrônomo determinou o comprimento das estações com mais precisão que seus predecessores, é outro testemunho disso. Os valores que Calipo encontra (94, 92, 89 e 90 dias, a partir do equinócio da primavera) o levarão a pensar que o ciclo de Meton é um pouco longo demais, e a combinar quatro períodos de 19 anos em um ciclo de 76 anos do qual bastará eliminar um dia no fim de cada um deles. Assim Calipo reduz o comprimento do ano a um valor mais justo; seu ciclo se torna a referência comum dos astrônomos dos séculos seguintes e conservará a sua utilidade mesmo quando o sistema das esferas homocêntricas for substituído pelo dos epiciclos e dos excêntricos de Apolônio e de Hiparco. Podemos ver, reportando-nos ao *Almagesto* de Ptolomeu, que esse ciclo, tal como foi reformado por Calipo, era empregado para datar os acontecimentos astronômicos ainda no tempo de Hiparco e já dissemos que, por esse emprego, Ptolomeu há de preferir voltar ao calendário civil egípcio, com seu ano constante de 365 dias inteiros.

Salvar os fenômenos?

Sôdzéin ta phainoména? Salvar os fenômenos? Salvar as aparências? Seria preciso adivinhar ainda que última exigência encobre a fórmula de Platão e que exigência mais física acrescentará Aristóteles, mesmo se a brecha que P. Dunhem distingue, a esse respeito, entre os dois filósofos nao e tao profunda como se pensa. Segundo Dunhem, quando as combinações dos movimentos circulares e uniformes consignam a cada planeta uma marcha conforme a que revelam as observações, está alcançado o objetivo, pois as hipóteses salvaram as aparências e, ao lado desse método dos astrônomos, que bastava para Platão, Aristóteles teria pregado um método dos físicos, embora exigindo que essas combinações fossem tais que os princípios da física permitissem a sua realização na natureza. Assim, o realismo físico de Aristóteles se oporia ao "ficcionalismo" astronômico de Platão.

É certo que Aristóteles escreveu uma Física e que Platão se dispensou de tal tarefa, ainda que no século XII, antes de redescobrir Aristóteles, tenha se considerado o *Timeu* como uma obra de física. É verdade também que Aristóteles fez questão de marcar o que diferençava o físico do matemático, e que, a esse propósito, recordou Platão. E é verdade que Aristóteles exige explicitamente que o universo seja esférico, que os mundos celestes sejam corpóreos, que cada um deles seja dotado de um movimento circular e uniforme em torno do centro do mundo, que esse centro seja ocupado por uma terra imóvel, e que estas são outras tantas condições restritivas que ele impõe às hipóteses dos astrônomos, e que não hesitaria em rejeitar uma combinação de movimentos que pretendesse se livrar de quaisquer dessas condições. Porém Eudóxio, respondendo a Platão, ou questionando-o, não terá, implicitamente, levado em conta as futuras exigências de Aristóteles? É na seleção das hipóteses que devem salvar as aparências que Aristóteles se afasta de Platão ou, mais fundamentalmente, é nas razões dessa escolha? Visto que, depois que Calipo elevou o número das esferas do mundo de 27 para 34, Aristóteles o elevará a 56, examinemos os motivos dessa complicação aristotélica.

Recordemos, primeiro, a ordem do mundo segundo Aristóteles: elevando-se a partir da Terra, se encontrariam primeiro os orbes da lua, depois os orbes do sol, depois os de Mercúrio, Vênus, Marte, Júpiter e Saturno, e enfim o céu das estrelas fixas. Esses grupos de mundos são independentes, separados pelo vácuo? Aristóteles não teria condições de admiti-lo. São então contíguos? Mas então, do mesmo modo que em cada sistema parcial um orbe participa das rotações de todos os orbes situados acima dele, assim, no universo, cada sistema seguirá as rotações de todos os sistemas que o envolvem... As oito potências do céu não são mais irmãs! Existe um meio, se não de restabelecer essa independência, ao menos de obter um efeito equivalente: consiste em interpor, entre dois sistemas sucessivos, um certo número de orbes animados de rotações tais que compensam exatamente, para o sistema interior, o efeito das rotações dos sistemas externos. Esses orbes, cujo fim é permitir a realização de um sistema que respeite seus princípios, Aristóteles os denominou *esferas girando às avessas*, e Teofrasto *esferas recondutoras*. Esses sistemas, no entanto, não terão uma independência absoluta: já que todos os astros participam do movimento cotidiano, é preciso que a esfera das fixas reine sobre todas as que envolve. Se o desejo de salvar a independência das oito potências do céu levou Aristóteles a acrescentar esferas compensadoras, em troca do poder da oitava esfera, que o primeiro móbil arrasta em 24 horas, esse poder sobre as outras esferas, portanto, lhe permite fazer a economia do primeiro de todos os orbes parciais eudoxianos. A realização dos sistemas de Eudóxio e de Calipo respeitava igualmente os princípios cosmológicos que deviam ser os de Platão, e parece que Aristóteles modificou esses sistemas não porque exigisse mais hipóteses, mas por ter mudado tais hipóteses.

Hiparco

Aureolado pela descoberta da precessão dos equinócios, esse movimento vagaroso e retrógrado que faz deslizar os nodos da órbita terrestre ao longo da eclíptica, Hiparco inaugura o grande período da astronomia geométrica grega, do qual a suma e o ápice serão o *Almagesto* de Ptolomeu. As únicas certezas biográficas que possuímos acerca de Hiparco são o local de nascimento, Nicéia, na Bitínia, região noroeste da Ásia Menor, e o período de sua atividade astronômica: a primeira observação que se lhe pode atribuir sem qualquer dúvida é a do equinócio do outono, a 26 de setembro de 147 a.C., e a última, a da posição da lua em 7 de julho de 127 a.C. Conhecemos os pormenores de suas teorias astronômicas através de Ptolomeu, que nunca esconde o que deve a seu ilustre predecessor. A panóplia dos modelos geométricos que sustentam essas teorias, Hiparco a deve a Apolônio, que o precedeu de cerca de 75 anos. Mas, para determinar os parâmetros subjacentes a cada um desses modelos, Hiparco aplica uma atenção e um cuidado muito peculiares na utilização das observações, efetuadas por ele mesmo, ou as que extraiu dos arquivos. Quando chegarmos a Ptolomeu, evocaremos a história da complicação crescente das combinações de movimentos circulares destinados a salvar as aparências.

Para a sua teoria do sol, Hiparco postula que o astro do dia não apresenta, em termos astronômicos, senão uma anomalia simples, o que, em termos geométricos, significa que ele pode tomar como modelo, ou um excêntrico de apogeu fixo, ou um deferente de epiciclo único. Voltaremos a esses sistemas de círculos. Para elaborar tal teoria, bastou a Hiparco determinar os comprimentos das quatro estações — encontrou as cifras de 94 1/2, 92 1/2, 88 1/8 e 90 1/8 dias — e conhecer um valor do comprimento do ano trópico — considerou o que Calipo havia estimado em 365 dias e um quarto (o valor mais preciso, que determinou no fim da vida, 365 dias e um quarto menos 1/300, não teria em nada melhorado a sua teoria). A partir daí, Hiparco determinou a excentricidade, 1/24, e a posição do apogeu, 5°30' na constelação de Gêmeos.

Estabelecer uma teoria de lua é uma tarefa diferentemente árdua de estabelecer a do sol. Ao conhecimento do mês sinódico, que é o intervalo entre duas mesmas fases, ou seja, as mesmas posições em relação ao sol, é necessário acrescentar a do mês anomalístico, intervalo de tempo que separa a volta a uma mesma velocidade da lua, e a do mês draconítico, intervalo de tempo que leva para trazer a lua de volta ao nodo ascendente de sua órbita, ou, o que dá no mesmo, a uma mesma latitude. Hiparco calcula que, em 126.007 dias e uma hora, há 4.267 meses sinódicos, 4.573 meses anomalísticos, 4.612 meses siderais menos 7°30'. Além disso, determina que 5.458 meses sinódicos correspondem a 5.923 meses draconíticos. Uma simples comparação com os valores admitidos hoje esclarece a qualidade do trabalho de Hiparco: para o mês sinódico, por exemplo, o valor de Hiparco é de 29d 12h 44min e 24s confrontados com os 29d 12h 44min e 2,8s do valor atual. A precisão dos valores antigos ilustra o quanto a astronomia é filha do tempo; de fato, Kugler mostrou que todos os parâmetros subjacentes a essa teoria hiparquiana da lua podem ser encontrados a partir de textos astronômicos da Babilônia. Ocorre, porém, que não conhecemos com certeza nem as vias nem as épocas da transmissão desses dados.

A descoberta à qual o nome de Hiparco permanece ligado, a da precessão dos equinócios, mostra igualmente o quanto a astronomia se beneficia da passagem do tempo. Cada ano os pontos equinociais remontam a eclíptica ao encontro do sol. Dois efeitos observáveis decorrem desse lento deslizar anual: as mudanças das longitudes eclípticas das estrelas, cerca de 50s de arco por ano, e a diferença de comprimento entre o ano sideral e o ano trópico, cerca de 20min do tempo. Foi por essa dupla aproximação que Hiparco provou a realidade da precessão dos equinócios e determinou o seu valor, e, se hoje o sabemos com exatidão, é no entanto provável, como o imaginava o próprio Ptolomeu, que tenha sido o primeiro efeito, ínfimo mas beneficiando-se do efeito de acumulação no tempo, que pôs Hiparco na pista. Certo, não se pode dissociar o ano trópico do ano sideral e preocupar-se em medir sua diferença de duração, a não ser que se assegure a existência da precessão, mas essa diferença pode ser descoberta incidentalmente na ocasião de outro problema.

Ao abrir o livro VII que, no *Almagesto*, consagra ao catálogo das 1.022 estrelas que quadricularão os céus até a época de Copérnico e de Kepler, Ptolomeu escreve: "Primeiramente, é bom saber que, considerando que as estrelas conservam as mesmas distâncias e as mesmas configurações, tem-se razão em chamá-las fixas, mas que, se no que diz respeito ao movimento que transporta, segundo a ordem dos signos, a esfera à qual elas parecem pregadas, não se vê como essa denominação de fixas lhes convenha. Descobrimos, de fato, que cada uma dessas duas asserções está verificada, pelo que se passou durante todo o tempo que transcorreu até hoje, desde Hiparco, o primeiro a suspeitar dessas duas verdades, conforme o que possuía em matéria de observações. Mas ele apenas fazia conjeturas, pois antes dele havia poucas observações de estrelas fixas." Depois Ptolomeu nos ensina que Hiparco foi o primeiro a formular a hipótese de que todas as estrelas fixas se movem em relação aos pontos equinociais e que confirmou essa hipótese de duas maneiras. Em primeiro lugar, comparou a distância de Spica, a Alfa da Virgem, ou seja, *Alpha Virginis*, no equinócio de outono no tempo das observações de Timocáris, entre 294 e 283 a.C., e essa distância em sua própria época. Deduziu que a longitude de Spica tinha aumentado de 2° nos cento e sessenta anos que o separavam de Timocáris.

Em segundo lugar, sempre de acordo com Ptolomeu, Hiparco procurou uma confirmação da precessão dos equinócios a partir do comprimento do ano. No primeiro capítulo do terceiro livro, aquele que consagra ao movimento do sol, Ptolomeu escreve: "A primeira pesquisa a fazer, na teoria do sol, é a do comprimento do ano. Sabemos, pelas obras dos Antigos, de suas opiniões diversas e de suas dúvidas a esse respeito; e sobretudo, pela obra de Hiparco, o qual, cheio de amor pela verdade, não poupou pesquisas nem trabalhos para descobri-la. O que mais o surpreende é que, comparando os regressos do sol aos pontos solsticiais e equinociais, o ano lhe pareceu não ser absolutamente composto de 365 dias e 1/4, e que, comparando os regressos das mesmas estrelas fixas, ele o achou mais longo; donde conjetura que a esfera das fixas é dotada de uma certa marcha lenta que a faz percorrer a seqüência dos pontos do céu, e que, como a dos planetas, gira em sentido oposto ao primeiro movimento pelo qual todo o céu se deixa arrastar." Essa passagem nos confirma não apenas que é difícil que tenha sido o problema das longitudes, em vez do problema do comprimento do ano trópico, o primeiro indício, para Hiparco, apesar do que diz Ptolomeu, mas também, ainda uma vez, mostra a importância dos problemas de calendário como impulsionador da astronomia, pelo menos em seus primórdios.

Seja como for, para determinar o comprimento do ano Hiparco recolheu as observações feitas entre 162 e 128 a.C. Infelizmente, os valores determinados pareciam indicar que o comprimento do ano trópico era variável, como se os pontos equinociais se deslocassem com velocidades diferentes de acordo com os anos. Conjetura que Ptolomeu haverá de recusar, mas que Copérnico aceitará, e a partir da qual estabelecerá uma espécie de libração de 1.717 anos egípcios de período. Hiparco preferiu comparar o solstício observado por ele mesmo em 135 a.C., unicamente com os observados por Aristarco, em 280 a.C., e por Meton, em 432 a.C. Daí deduziu que os pontos equinociais se movem à razão de 1/100 de grau por ano e que o comprimento do ano trópico vale 365 dias e um quarto menos 1/300 de dia; de onde se tem o valor calculado do ano sideral, ou seja, 365 dias e um quarto mais 1/144 de dia. Tais valores são notáveis de precisão, pois correspondem a 365d 5h 55min 12s para o ano trópico, frente ao valor atual de 365d 5h 48min 46s, e de 365d 6h 10min para o ano sideral, face ao valor atual de 365d 6h 9min 9,74s.

O material de observação

Para conseguir salvar as aparências é necessário ainda observá-las com relativa precisão. De Hiparco a Tycho Brahe, ou seja, durante quase dois mil anos, o material de observação será extremamente reduzido e permanecerá praticamente o mesmo, assim como permanecerão as mesmas técnicas de construção desses instrumentos, suas dimensões (mais ou menos do tamanho de um homem) e seu desempenho. Todos fabricados de madeira, os instrumentos de observação utilizados, digamos de posto fixo, são em número de três: o quadrante estático, o *triquetrum* e a esfera armilar, também denominada astrolábio esférico, expressão que eliminaremos para evitar a confusão com o astrolábio planisférico da Idade Média, que nunca foi um verdadeiro instrumento de observação, a não ser para a determinação da hora, e sim um instrumento de uso pedagógico — devia familiarizar os estudantes com as projeções estereográficas dos círculos da esfera celeste, e ajudá-los a resolver os problemas clássicos da astronomia tradicional: determinação da hora do nascer ou do pôr de uma estrela em um dia determinado, determinação da hora desigual do dia ou da noite, determinação da duração do dia...

O quadrante estático é um quarto de círculo munido de um sistema de visada, ou de uma simples cavilha que, perpendicular ao dito quadrante, projeta nele a sua sombra (*Fig. 5*). Colocado verticalmente sobre um plano rigorosamente horizontal, esse quarto de círculo era geralmente imobilizado no plano do meridiano para tomar as alturas meridianas do sol, mas também podia ser móvel ao redor do eixo vertical para tomar, ao mesmo tempo, quaisquer das alturas acima do horizonte e os ângulos azimutais. Outro instrumento de medida das alturas, o *triquetrum*, é um conjunto de três réguas, uma fixa e colocada verticalmente, as duas outras móveis e articuladas sobre a primeira no plano do meridiano e dotadas, uma de pínulas, e a outra de graduação (*Fig. 6*). O astrolábio esférico, também chamado esfera armilar, é uma correspondência, em três dimen-

Figura 5

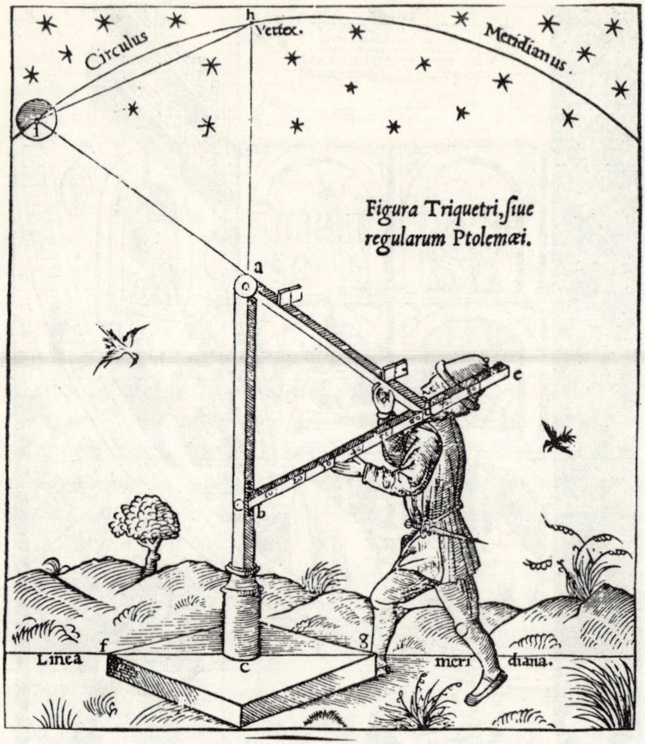

Figura 6

sões, da esfera celeste reduzida aos seus maiores círculos de referência e equipada com um sistema de visada, e onde os círculos de referência são graduados (*Fig. 7*). Desse material fixo são raras as descrições, além de relativamente sumárias, mas seus autores têm prestígio: Ptolomeu, Al Battani, Jean de Lignières e Copérnico.

A Escola de Alexandria

Desde o século XI a.C., a decadência política do Egito tem início: desaparece a sua unidade, o império se cinde em dois Estados, um no Baixo Egito, o outro no Alto Egito. Um e outro são invadidos, primeiro pelos assírios, no século VII a.C., depois duas vezes pelos persas, de 525 a 405 e de 341 a 333, até que, em 332, Alexandre o Grande se oferece ao Egito... como libertador. É verdade que a essa época, sob os Lágidas, de Ptolomeu I (323-283), filho de Lagos, até Ptolomeu V (205-181), o Egito se tornou a região mais rica do Oriente e o pólo mais brilhante do helenismo. Alexandria esplende com uma vida intelectual intensa, seu *Museu de mármore* hospeda sábios e professores, sua *Biblioteca* acolhe mais de 700 mil manuscritos. Conta-se que ela ardeu durante a revolta contra Cleópatra e César, quando o chefe romano incendiou a frota dos alexandrinos em 47 a.C.; parece que, na realidade, o sinistro só destruiu um depósito. Se esse foi o primeiro atentado, não foi o único, pois infelizmente não resta quase nenhum de seus 700 mil volumes. Em todo caso, o incêndio voluntário e sistemático que Omar teria acendido após a capitulação de 642, é hoje tido por lendário. Pensa-se agora que sua destruição remonta a 372, por ocasião do conflito entre Zenóbia, rainha de Palmira, e Aureliano. Seja como for, o brilho intelectual de Alexandria continuou sob a dominação romana e até cresceu quando, em 395 da nossa era, o Egito foi anexado ao Império do Oriente.

Ptolomeu

Foi nesse ambiente altamente favorável que Cláudio Ptolomeu, de Alexandria, de modo nenhum aparentado com os descendentes reais de Lagos, porém último astrônomo importante da astronomia grega, floresceu no século II da nossa era. Não sabemos quase nada de sua vida, nem as datas de nascimento e morte, mas podemos situar o período de sua atividade científica a partir de suas observações entre 127 e 150. Sua *Grande sintaxe matemática*, que chegou até nós dos árabes sob o nome de *Almagesto*, verdadeira suma da astronomia antiga, data de 140.

Nos dois séculos e meio que separam Hiparco de Ptolomeu, a astronomia não parece ter progredido muito; somente os trabalhos de

SPHERE
Page. 1.
MERIDIEN
HORIZON
Horaire
des Solstices
de Cancer
Colure
Eclip-tique
PISCES ARIES
TAV
Equateur
AQVAR
Tropique
Cercle Polaire
Pole Antarctique

Figura 7

Possidônio, que retomam e completam os de Eratóstenes e de Hiparco sobre a medida da Terra, deixaram alguns vestígios e, mesmo assim, estão sujeitos a restrições. Voltaremos ao assunto. As observações retomadas por Ptolomeu a respeito desse pequeno espaço de tempo são uma ocultação das Plêiades em 92 d.C., observada por Agripa de Bitínia, duas ocultações de Spica e de *Beta Scorpii*, observadas por Menelau em Roma, em 92 d.C. Mesmo que isso não signifique de modo algum que ele não tenha utilizado outras observações sem mencioná-las, e muito menos que tais observações não tenham sido feitas. De qualquer modo, o pouco que se sabe a respeito da astronomia dos primórdios da nossa era deve-se ao próprio Ptolomeu!

É útil recordar a ordem das exposições no *Almagesto*; veremos mais adiante quantas diferenças de estrutura, leves porém significativas, apresentará o *De revolutionibus* de Copérnico relativamente ao seu grande modelo ptolomaico. Ptolomeu principia apresentando sua cosmologia, ou seja, considerando as relações da Terra com o conjunto do céu; a seguir, entra nos detalhes da prática astronômica e trata primeiramente da situação do círculo oblíquo, que se chama eclíptica, e da posição dos lugares dessa parte da Terra que habitamos (o hemisfério norte), bem como das diferenças que existem entre uns e outros, devido às diversas inclinações de seus respectivos horizontes. Em segundo lugar, considera o movimento do sol, da lua e todas as suas circunstâncias, pois, sem esse conhecimento prévio, seria impossível apoiar em um método correto a teoria das estrelas, que ele encerra com o catálogo das coordenadas eclípticas de suas 1.022 estrelas de referência. Depois, portanto, de ter exposto a esfera de astros que são denominados fixos, Ptolomeu passa aos cinco astros chamados planetas. Para explicar cada uma dessas coisas, coloca de início, por princípios e bases do que deseja descobrir, os fatos claros e evidentes e as observações incontestáveis, antigas tanto quanto modernas, e em seguida, pelos recursos que lhe dão a geometria e a trigonometria plana e esférica, extrai os parâmetros de modelos geométricos de onde sairão finalmente as tabelas de dados numéricos que vão permitir conhecer as posições dos astros errantes.

O Almagesto

O livro se abre, assim, com um resumo das hipóteses fundamentais da astronomia. O céu é uma vasta esfera que gira em torno de um eixo como nos faz pensar a revolução circular das estrelas sempre visíveis, as circumpolares, ainda mais que essa revolução se faz ao redor de um centro único para todas as estrelas. Esse ponto, aliás, é necessariamente tomado como pólo da esfera celeste, pois as estrelas que lhe são mais vizinhas percorrem círculos menores que aquelas que estão mais afastadas. A tais motivos observacionais se acrescenta um outro, filosófico-matemático. Esse outro motivo, que milita em favor da esfericidade, é que de todas as figuras diferentes, mas "isoperimétricas", as maiores são as que têm o máximo de ângulos, ou, por esse ponto de vista, o círculo é o maior dos planos, a esfera o maior dos sólidos, e o céu... o maior dos corpos!

A Terra também é uma esfera. Para nos convencermos disso, basta observar que o sol, a lua e os outros astros não se erguem nem se põem ao mesmo tempo para todos os habitantes da Terra, mas primeiro para aqueles que estão no oriente, ou observar que, no mar, de qualquer ponto ou em qualquer direção para a qual olharmos as montanhas, vemos sempre os picos saírem primeiro das águas onde estavam escondidos; ou, por fim, observar que, da terra, o viajante que prossegue para o norte vê a Estrela Polar se erguer no horizonte à medida que ele caminha. Além do mais, a Terra ocupa o centro dos céus. Caso não fosse assim, um lado dos céus nos apareceria melhor que o outro e, nele, as estrelas se mostrariam maiores. Se a Terra se colocasse fora do eixo, estaria mais perto de um pólo que de outro, a eclíptica seria desigualmente dividida pelo horizonte, e se, mesmo que estivesse sobre o eixo, ficasse mais perto de um pólo que de outro, o horizonte não seria cortado pelo equador. No entanto, a Terra não passa de um ponto aos olhos dos espaços celestes, visto que, na verdade, as estrelas parecem ser da mesma grandeza e estar à mesma distância entre elas, seja qual for o ponto da Terra de onde sejam observadas, o que se exprime dizendo que elas não apresentam paralaxe diurna.

Paremos um momento. É curioso que Ptolomeu, capaz de uma observação tão pertinente sobre as conseqüências da grandeza dos céus em face da modesta dimensão da Terra, não tenha compreendido que esse mesmo argumento impõe-se aos precedentes, sobre a posição central da Terra no cosmo, argumentos nulos e anulados.

Enfim a Terra é rigorosamente imóvel. Aliás, se tivesse um movimento retilíneo oblíquo, este a afastaria do centro do mundo onde acabamos de mostrar que ela se achava. É imóvel, porque deve haver um ponto fixo ao qual possam ser relativos os movimentos dos outros astros, e porque os corpos pesados descem ao centro dos céus e esse centro para o qual eles voltam é o centro da Terra, centro dos corpos pesados. Se a própria Terra caísse desse movimento que transporta os corpos pesados para baixo, então, por efeito de sua grande massa, ela os precederia logo e deixaria os animais e os outros corpos pesados sem outro apoio que o ar, e logo seria levada para fora do próprio céu. Além do mais, se tivesse movimento de rotação, esse seria proporcional ao grande volume da Terra e deixaria para trás os objetos lançados no ar, e os pássaros a voar, sem dúvida por preguiça, no sentido do movimento, não poderiam voltar a seus ninhos! Esse último argumento elimina também uma eventual revolução da Terra em torno do sol.

A entrada no corpo mesmo da obra é acompanhada de duas surpresas, a primeira no tocante à teoria do sol, a segunda, à teoria da lua. Para a teoria do sol Ptolomeu se contenta em retomar a de Hiparco, ainda que os trezentos anos decorridos entre ambos tenham posto em evidência as pequenas inexatidões dos valores hiparquianos. Consideremos apenas o comprimento do ano trópico que, conforme vimos acima, foi um pouco superestimado por Hiparco (365d 5h 55min 12s em vez de 365d 5h 48min 46s), o que daria ao sol um movimento médio muito lento. No entanto, Ptolomeu aceita esse comprimento. Tal erro, acumulado em três séculos, leva a uma separação de 76min de arco, a que se junta uma outra separação de 22min, devida ao erro de Hiparco quanto à excentricidade de seu deferente: logo, no total, um afastamento de mais de um grau entre a longitude calculada e a longitude observada à época de Ptolomeu. Um tal afastamento não podia escapar a Ptolomeu e, mesmo se em seu tempo as longitudes absolutas do sol só eram medidas em um grau próximo, permanece um enigma o fato de que não tenha corrigido pelo menos o comprimento do ano trópico.

Um modelo estranho

Arago relata o seguinte diálogo entre um professor e um aluno da Escola Politécnica que o interrogava:

— Senhor, já viu a lua?
— Nunca, senhor.
— Como, o senhor diz que nunca viu a lua?
— Não, nunca, senhor. Mas devo dizer que já ouvi falar dela.

Ptolomeu já tinha ouvido falar da lua... por Hiparco; e pode-se indagar se a vira alguma vez: os progressos que traz à teoria das longitudes — é a Ptolomeu que se deve a descoberta da evecção, importante desigualdade do movimento da lua, cujo período é de 32 dias e a amplitude de 1°16' —, tais progressos, portanto, são compensados por uma incrível imprecisão sobre as variações da distância entre a Terra e seu satélite. De fato, de sua teoria resulta que, quando a lua está em quadratura, e ao mesmo tempo se encontra na parte inferior do epiciclo, deveria parecer quase quatro vezes maior que quando se acha em conjunção e em oposição, a menos que se admita que, ao mesmo tempo, seu raio cresça e diminua por um fator igual a 2. Essa importante discordância entre a teoria ptolomaica e a observação raramente foi notada, antes que, no *Epítome*, Regiomontanus manifestasse o seu espanto. Contudo, no século XIV, Ibn al-Shatir e Levi ben Gerson tinham sido ofuscados com isso, como Copérnico se ofuscaria, no século XVI, e adotaria um modelo de dois epiciclos parecido, quanto aos parâmetros, ao de Ibn al-Shatir. Mas o triunfo de Ptolomeu reside em sua teoria dos planetas: às vezes levemente retocada, ela estará na base de todas as tábuas da Idade Média, sejam as *Tábuas alfonsinas* ou as de *Toulouse*, ou as de *Toledo*. Até o fim do século XVI, sua teoria epicíclica dos planetas será unanimemente aceita.

A teoria dos planetas

A história da teoria dos planetas antes de Ptolomeu é mal conhecida. Os documentos são raros. Natural que o sejam sempre: a astronomia matemática na Antiguidade, como em nossos dias, era reservada a especialistas pouco numerosos e, depois que Ptolomeu publicou, para os planetas, uma forma acabada da teoria que se manteve, com pequenos retoques, durante mil e quatrocentos anos, as obras de seus predecessores perderam todo o interesse. Ninguém as leu, ninguém as copiou. No que diz respeito a essa história antes de Ptolomeu, quase tudo o que sabemos depende das observações e dos comentários que ele mesmo faz no *Almagesto*. Entretanto, dos movimentos dos planetas, tais como são conhecidos hoje, e dos princípios, dos quais sabemos que se impunham mais ou menos imperativamente aos Antigos para salvar as aparências, pode-se pesquisar qual foi o desenvolvimento da teoria dos planetas até a descoberta do ponto equante. Por exemplo, é evidente que Hiparco conhecia os epiciclos e os excêntricos e Apolônio antes dele, visto que se deve a este último a demonstração da equivalência geométrica do sistema epicíclico e do sistema de excêntricos; é igualmente a Apolônio que se deve o teorema básico da teoria das retrogradações. Porém, por que introduzir essas primeiras complicações?

O sistema das esferas homocêntricas, imaginado por Eudóxio, reformado por Calipo e retomado por Aristóteles, representava os planetas se deslocando a distâncias invariáveis da Terra. Uma aparência ao menos não estava salva, a da variação do brilho que as observações dos planetas revelavam, em especial as de Marte. Ora, visto que, pelo princípio aristotélico, nada podia mudar no céu acima do orbe lunar, era impensável considerar essas diferenças de brilho como sendo intrínsecas. Portanto, foi logo necessário atribuir tais variações de brilho a variações das distâncias e abandonar as esferas e seus grandes círculos concêntricos à Terra.

Antes de tentar seguir os caminhos das complicações dos modelos iniciais, lembremos primeiro que os Antigos chamavam desigualdade ou anomalia no movimento de um corpo celeste a todo afastamento de uma velocidade constantemente uniforme. Essa terminologia reflete, assim, as afirmações apriorísticas da astronomia grega, hauridas na filosofia, mas está igualmente ligada à metodologia dos astrônomos, que calculam primeiro a posição média de um corpo que se desloca uniformemente sobre o quadriculado das fixas, e depois acrescentam ou subtraem uma ou várias pequenas correções — as *equações* — que medem o afastamento entre a posição média e a posição verdadeira. Se os planetas apresentam duas desigualdades distintas, o sol mostra apenas uma: a desigualdade zodiacal, assim denominada porque o sol parece se deslocar mais ou menos depressa conforme os signos do zodíaco que percorre. As diferenças de comprimento das estações são o sinal tangível das desigualdades de velocidade do sol. Vimos que no tempo de Hiparco os valores aceitos para os comprimentos das estações não são mais os de Calipo: a primavera dura 94 1/2 dias, o verão 92 1/2, o outono 88 1/8, e o inverno 90 1/8.

É provavelmente a Apolônio que se deve, para salvar o movimento do sol, um primeiro aperfeiçoamento, bastante fecundo, tanto para a astronomia como para as matemáticas: a utilização do excêntrico. Suponhamos um círculo do centro C (*Fig. 8*) e seja T um ponto qualquer situado

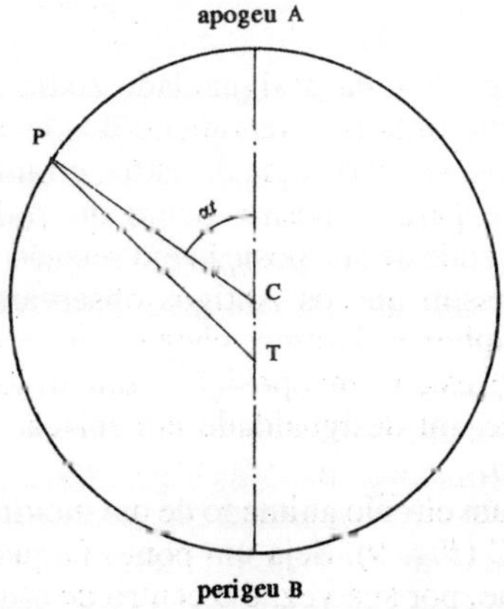

Figura 8

no interior do círculo mas diferente do centro. P é um ponto qualquer da circunferência, representando um planeta. Façamos girar o círculo com um movimento uniforme em torno do seu centro C. É evidente que, se o movimento do planeta é observado desde o ponto T, sua distância, tanto quanto a rapidez, parecem variar. O movimento próprio do astro é bem uniforme em relação ao centro do círculo; infelizmente um observador terrestre, colocado em T, não ocupa o posto privilegiado do cosmo para desfrutá-lo diretamente. Situação perturbadora em um mundo centrado, em todos os sentidos do termo, no homem, mas enfim um afastamento menor dos princípios: se a Terra não está no centro geométrico do cosmo, ao menos podemos afirmar que ela se mostra em seu "meio", e que Deus ou os deuses deram ao homem os meios para remontar ao verdadeiro sistema do mundo.

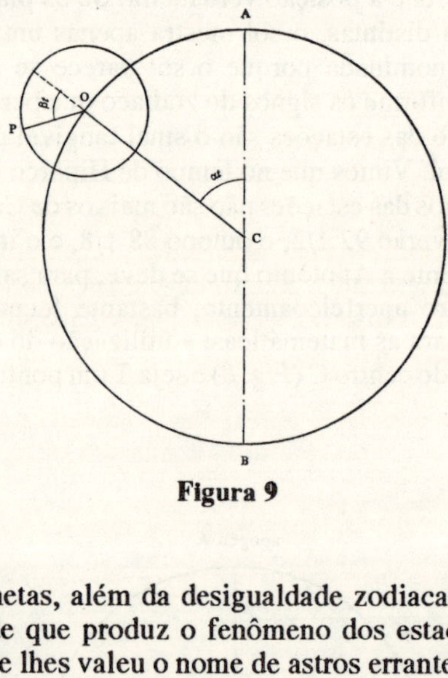

Figura 9

Mas os planetas, além da desigualdade zodiacal, apresentam uma outra desigualdade que produz o fenômeno dos estacionamentos e das retrogradações que lhes valeu o nome de astros errantes. Ora, um planeta não retrocede sempre para o mesmo ponto do zodíaco, ou seja, essa desigualdade não depende de sua posição em relação às estrelas e sim em relação ao sol. Foi assim que os Antigos observaram que os planetas superiores, Marte, Júpiter e Saturno, chegam ao centro de seu arco de retrogradação quanto estão em oposição com o sol. Para salvar essa segunda desigualdade, ou desigualdade em relação ao sol, os Antigos inventaram o epiciclo.

Consideremos um círculo animado de um movimento de rotação em torno de seu centro C (*Fig. 9*). Seja um ponto O qualquer situado sobre sua circunferência que, por sua vez, é o centro de um círculo menor. Um ponto P qualquer sobre a circunferência do círculo pequeno representa um planeta. Enquanto o grande círculo, ou deferente, gira ao redor de C, façamos girar uniformemente o círculo pequeno, ou epiciclo, ao redor de seu centro móvel. Ainda aqui, nessa combinação de um epiciclo e de um deferente homocêntrico, é possível ajustar as dimensões dos raios dos dois círculos, sua velocidade e sentido de rotação, de maneira a reproduzir as variações aparentes de distância e velocidade, bem como os estacionamentos e as retrogradações.

Enfim, para obter uma concordância melhor entre as posições teóricas e as posições observadas, tomava-se às vezes um excêntrico como deferente (em vez de um homocêntrico), ou se introduzia um segundo epiciclo (*Fig. 10*), ou um excêntrico de centro uniformemente móvel. Mais interessante, essa prática acabou por ser acompanhada do emprego do equante.

Uma trapaça genial

Coloquemos P sobre um círculo excêntrico de centro fixo C (*fig. 11*). T representa a Terra. Sobre a linha dos apsides, tracemos CQ = TC. Façamos girar o círculo de modo que o ângulo PQA cresça uniformemente, isto é, de quantidades iguais em tempos iguais. Nesse caso, embora P permaneça sempre à mesma distância do centro C, o ponto em relação ao qual o movimento é uniforme é o ponto Q, dito ponto equante. Pode-se então falar de movimento circular em relação a C, e de movimento uniforme em relação a Q, mas não de movimento circular uniforme.

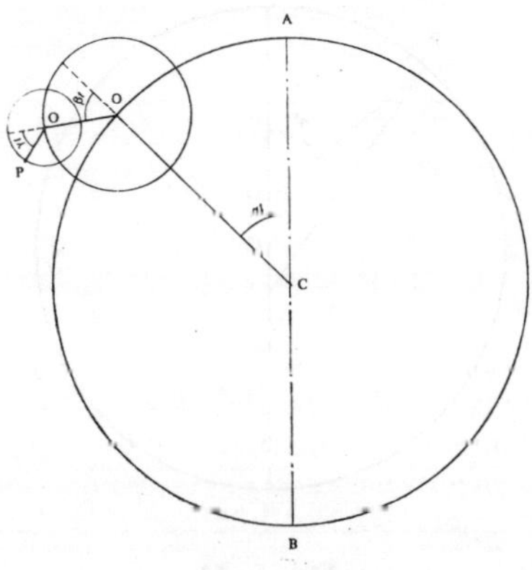

Figura 10

Portanto, é interessante tentar adivinhar quais aparências teriam de ser salvas e que justificassem tal distorção nos princípios. Em um artigo publicado, em 1984, na *Revue d'Histoire des Sciences*, James Evans faz uma interpretação inteligente e bem verossímil sobre o que obrigou Ptolomeu a introduzir o ponto equante. Se as combinações até então inventadas salvavam as variações de distância e de velocidade, se salvavam qualitativamente as errâncias dos planetas, surgiam algumas dificuldades desde que se entrasse no detalhe das retrogradações: pode-se jogar durante muito tempo, e de modo sagaz, com os excentrepiciclos, porém jamais se poderá justificar, ao mesmo tempo, o valor dos arcos de retrogradação e dos intervalos de tempos que os separam. Foi essa dificuldade que levou à descoberta e prática do equante, como para marcar os limites da empresa ideológica sobre a prática científica, mas foram necessários ainda séculos e séculos para que a astronomia rompesse em primeiro lugar com os teólogos e depois com os filósofos.

No caso de Marte, Evans mostra que um modelo simples de deferente homocêntrico, conduzindo um epiciclo, produz anéis de retrogradações com a mesma grandeza, e que se separam por arcos da eclíptica todos iguais, por exemplo 50° se o raio do epiciclo vale 0,66 raio do deferente. Ora, a observação de Marte em uma quinzena de anos mostra que a amplitude dos anéis pode variar de 10 a 20°, e que tais anéis podem estar separados por arcos que variam de 35 a 75°. Certamente, pode-se manejar a relação do raio do epiciclo com o do deferente para obter anéis cuja amplitude média seja próxima de 15°, porém nada mais do que isso.

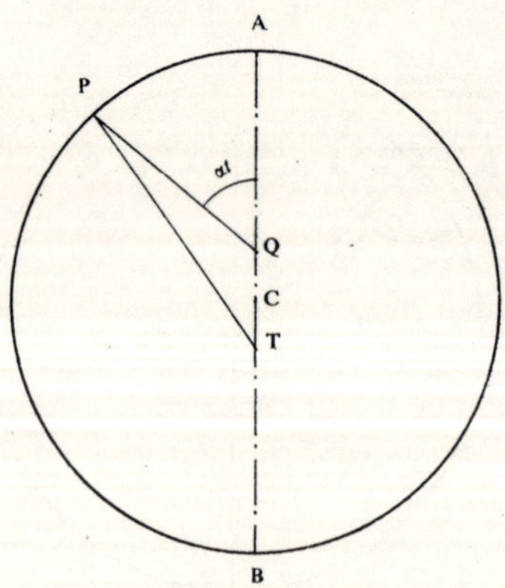

Figura 11

Pode-se também complicar um pouco mais o modelo e introduzir um excentrepiciclo; nota-se então que, de acordo com as posições respectivas do centro C do círculo e da Terra T, os valores dos anéis variam e podem vir a ser exatos, mas aí os intervalos que os separam se tornam inaceitáveis, ou inversamente: para obter intervalos variáveis e exatos entre as retrogradações, é preciso deslocar o centro do deferente em uma dada direção, mas para obter arcos retrógrados exatos de amplitudes variáveis é necessário deslocar o centro do deferente na direção oposta. O "desdobramento" do centro do excêntrico em um ponto C, centro geométrico do círculo, e um ponto Q, referência do movimento uniforme, somado ao descentramento simétrico do observador, resolve o problema das retrogradações. Eis os caminhos que os astrônomos tiveram de trilhar para que um deles, provavelmente Ptolomeu, descobrisse o ponto equante.

Se a teoria das longitudes dos planetas manifesta o triunfo da astronomia ptolomaica, o mesmo não se dá com a das latitudes. Para explicar as fraquezas da teoria das latitudes em Ptolomeu, evoca-se com freqüência o fato de que a maioria dos que se utilizavam de teorias astronômicas eram astrólogos, e que só se preocupavam com as longitudes. Provavelmente há verdade nessa explicação, embora se possa igualmente pensar que os astrólogos negligenciam as latitudes justamente porque a sua teoria é difícil e seus resultados não são tão bons. De qualquer modo, há razões mais objetivas. Lembremos primeiro que, já que as inclinações das órbitas sobre os planetas sobre o plano da eclíptica são pequenas, tratar das longitudes sem levar em conta seus pequenos ângulos de inclinação não leva a erros sensíveis. Pode-se então, numa primeira etapa, estabelecer uma boa teoria das longitudes esquecendo que os planetas também se movem em latitude. Em compensação, quando se enfrenta a própria teoria das latitudes, as coisas se deterioram, por um motivo fundamental; conquanto as intersecções dos planos orbitais dos planetas e do plano da eclíptica, o que se denomina linha dos nodos, passem na verdade pelo sol, Ptolomeu supôs claramente que passassem pela Terra: as complicações daí resultantes têm muito mais importância que as que resultam do erro de referencial no caso da teoria das longitudes. Ptolomeu é o responsável por tudo, especialmente quanto à teoria das latitudes dos planetas interiores, já que, nesse caso, ao primeiro erro se acrescenta o de julgar que suas órbitas contornam a Terra, quando é a Terra que as abrange. Paradoxalmente, Copérnico, não tirando todas as conseqüências de sua escolha heliocêntrica, continuou a fazer passar todos os planos orbitais pela Terra, e portanto também as linhas de nodos. Não se sairá melhor do problema das latitudes que Ptolomeu: esse problema permaneceu sendo o calcanhar-de-aquiles dos astrônomos até Kepler.

Ptolomeu estava consciente da dificuldade que existia em compreender sua teoria das latitudes; quase chega a desculpar-se, no começo do livro XIII. Citemos integralmente a passagem; seu alcance ultrapassa o simples problema complexo das latitudes e esclarece o método ptolomaico: "Que não se façam objeções a essas hipóteses, que elas são difíceis de compreender devido à complicação dos meios que empregamos. Pois qual comparação poderia ser feita das coisas celestes com as terrestres, e por meio de quais exemplos seria possível representar coisas tão diferentes? E que relação pode haver entre a constância invariável e eterna, e as mudanças contínuas? Ou o que há de mais diferente das coisas que não podem de modo algum ser alteradas, nem por si mesmas, nem por nada exterior a elas, do que essas que estão sujeitas a variações que provêm de todo tipo de causas? É preciso, pois, que se possa adaptar as hipóteses mais simples aos movimentos celestes, porém se elas não bastam, é necessário escolher outras hipóteses que os expliquem melhor. Pois se só após haver estabelecido suposições, deduzem-se delas facilmente todos os fenômenos como outras tantas conseqüências, qual a razão para espanto caso ocorra uma complicação tão grande nos movimentos dos corpos celestes? De fato, não há nada na sua natureza que se oponha a isso, mas tudo os beneficia, prestando-se aos movimentos próprios a cada um deles, em sentido contrário; de forma que todos podem se realizar e ser vistos na matéria etérea espalhada por toda parte. E não somente tudo aquilo caminha ordenadamente, sem empecilhos, em suas órbitas respectivas, mas ainda ao redor das esferas e dos eixos de revolução.

"Na verdade, as complicações e as relações desses movimentos diversos nos parecem não só difíceis de compreender nas representações figuradas que delas fazemos, como também difíceis de aplicar aos movimentos celestes; mas tais dificuldades desaparecem quando se consideram esses movimentos no próprio céu, onde não se apresentam embaralhados uns nos outros. Logo, não é necessário julgar a simplicidade das coisas celestes, pelas coisas familiares que nos parecem simples, já que essas não são igualmente simples para todos os homens. Aliás, não se acharia nada de simples naquilo que se vê no céu, nem mesmo a imutabilidade do primeiro movimento. Como ele continua sempre da mesma forma, é-nos, já não digo difícil, mas impossível explicá-lo, a não ser pela constância dos corpos celestes e de seus movimentos. Então tudo ali nos parecerá simples e muito mais simples do que aquilo que nos é familiar, e não teremos embaraços nem dificuldades de conceber seus movimentos e suas revoluções."

Encontra-se aí, ao mesmo tempo, uma fidelidade fundamental aos postulados da física aristotélica, mas também uma confissão da fragilidade e da incerteza, ao limite da inadequação, de todo modelo humano que pretenda simular as coisas celestes, inadequação que legitima o recurso ao equante, mesmo se ele viola, aparentemente, os princípios fundadores da simplicidade divina dos movimentos celestes.

6. A revolução copernicana

Nicolau Copérnico

Nicolau, filho de Nicolau Copérnico e de Bárbara Watzenrode, nasceu a 19 de fevereiro de 1473, em Torun. Hoje verdadeiro museu da arquitetura hanseática, essa cidade, cujo nome deriva de uma palavra polonesa (*tarn*, depois *tarnina*) que designa a ameixeira, abundante na região, está situada num ponto estratégico da margem norte do Vístula. Em princípios do século XIII, a cidade fora transformada em fortaleza pelos cavaleiros da ordem teutônica, que germanizaram seu nome para *Thorn*. Introduziram nela colonos de língua alemã a fim de reforçar o domínio sobre as terras que haviam conquistado dos antigos habitantes. Outros imigrantes da mesma língua se haviam instalado pacificamente em numerosas regiões da Polônia.

Essa caminhada dos alemães para o leste, em parte militar e em parte pacífica, expulsou os avós de Nicolau, por volta de 1275, para uma aldeola da Alta Silésia chamada Copernik: *koper* é, em polonês, o nome do funcho odorífero, e no polonês antigo o sufixo *nik* podia ter o sentido de abundante. Quando um habitante de uma aldeia se instalava em uma cidade, associava, com freqüência, a seu nome de batismo (o único nome correntemente empregado à época), a designação de seu antigo local de residência. Foi o que se fez na família de Copérnico, provavelmente quando, cerca de 1400, um dos ancestrais de Nicolau deixou a aldeia de Copernik para se estabelecer em Cracóvia, então capital do reino da Polônia.

"Nicolau filho de Nicolau, de Torun, pagou tudo": é a única menção oficial da passagem de Nicolau Copérnico pela Universidade Jagellone, de Cracóvia, onde ele se inscreveu para o semestre de inverno de 1491. A Universidade de Cracóvia fora fundada em 1364; era a segunda dessa parte da Europa, depois da de Praga, criada em 1348, e antes da de Viena... de 1365. Casimiro o Grande lhe dera uma orientação jurídica, e depois, em 1400, a universidade fora reorganizada de acordo com os modelos das universidades de Paris e de Praga, e se vira dotada de uma faculdade de teologia. Foi o começo de sua glória ascendente, em parte graças à agitação hussita que provocou o afluxo, para Cracóvia, de estudantes e professores poloneses que abandonavam a Universidade de Praga. Certamente Copérnico, como todo estudante da época, submeteu-se ao curso do *trivium* — gramática, dialética e retórica —, e depois o do *quadrivium* — aritmética, geometria, música e astronomia —, mas parece que, quanto à astronomia, ele encontrou em Cracóvia mais do que o ensino tradicional e em geral medíocre (a leitura do tratado de iniciação à astronomia, o *Tractatus de sphaera* de João de Sacrobosco, e o da *Theorica planetarum Gerardi* são, sob esse aspecto, edificantes): cerca de meados do século XV, logo antes que Copérnico freqüentasse a Universidade de Cracóvia, Albert de Brudzewo fundara ali uma escola de astronomia e matemática, enquanto que já existia uma tradição de prática astronômica: as *Tabulae resolutae super meridianum Cracoviensem* datam de 1428, e comentários cracovianos sobre o *De sphaera*, desde 1430. É possível, mas nenhum documento o prova, que Copérnico se tenha beneficiado dos cursos privados de Albert de Brudzewo; semelhante ensino suplementar não era excepcional, e foi o caso, por exemplo, de um outro estudante da Cracóvia, Jean Virdung de Hassfurt.

A viagem à Itália

Em todo caso, quando, no outono de 1496, sem ter acabado os quatro anos exigidos para a obtenção de um diploma cracoviano e seguindo os passos de seu tio Lucas Watzenrode, Copérnico se dirigiu à Universidade de Bolonha, encontrou rapidamente ali o assistente de Domenico Maria Novara, astrônomo relativamente conhecido na época devido a um escrito, publicado em 1489, no qual afirmava que as latitudes das cidades mediterrâneas estavam então 1°10' mais elevadas que as indicadas pela *Geografia* de Ptolomeu. Desse acréscimo sistemático das latitudes, Novara concluíra haver uma modificação lenta e progressiva da direção do eixo da Terra, movimento que tinha por período 395 mil anos. Copérnico deve ter retido a idéia que, se o pólo norte mudava de direção, a Terra não devia desfrutar daquela imobilidade absoluta que Ptolomeu, seguindo Aristóteles, lhe impusera; encontrar-se-á no *De revolutionibus* um movimento do eixo da Terra. Embora fosse oficialmente inscrito em Bolonha como estudante de direito canônico, e mais tarde de direito civil, sua preferência devia dirigir-se à astronomia, visto que, além de ter vivido durante algum tempo em casa de Novara, o qual, como diversos outros professores, era mal pago e hospedava em sua casa estudantes como hóspedes pagantes, Copérnico realizou sua primeira observação conhecida em Bolonha, a 9 de março de 1497. Após o pôr-do-sol, observou a lua se aproximando de Aldebarã; a ocultação ocorreu às onze horas. No seu *De revolutionibus*, Copérnico utilizará essa primeira observação para calcular a paralaxe da lua.

Outra indicação de seus conhecimentos astronômicos e de um interesse já seguro por essa ciência está no seguinte fato: tendo o papa Alexandre VI proclamado o ano de 1500 como ano de jubileu, Copérnico a 6 de setembro, no fim do curso, deixou Bolonha e se dirigiu para Roma, e, a crer em Rheticus em sua *Narratio prima*: "Cerca do ano 1500, com aproximadamente 27 anos, [Copérnico] foi [em Roma] professor de matemáticas diante de grande assistência de estudantes e um círculo de homens eminentes e de especialistas nesse ramo da ciência." Evidentemente, Copérnico nunca foi professor de matemáticas em Roma, mas o contexto dessa passagem e a volta ao vocabulário da época permitem compreender que ele aí fez uma ou outra conferência sobre astronomia. Sabe-se, além disso, que durante essa curta fuga para Roma ele observou o eclipse parcial de 6 de novembro de 1500, no curso do qual, às duas horas da manhã, cinco sextos da superfície lunar ficaram obscurecidos.

A 27 de julho de 1501, Nicolau Copérnico se apresentava diante do capítulo de Frombork, onde, cinco dias antes, seu tio Lucas, então bispo de Warmie, lhe conseguira um cargo de cônego. Sempre sem diploma universitário e, já que os estatutos do capítulo concediam uma bolsa a todo cônego que desejasse terminar os estudos que começara, Nicolau solicitou dois anos suplementares... para aprender medicina na célebre Universidade de Pádua, ainda que a obtenção do diploma de medicina exigisse três anos de estudos!

A volta para Warmie

Na primavera de 1503, a licença para estudos concedida pelo capítulo de Warmie chegava ao fim. Copérnico, desejoso de não voltar de mãos vazias, mas não tendo o direito de postular em medicina, dirigiu-se à Universidade de Ferrara, onde as despesas referentes à defesa de teses eram menores que em Pádua, para ser proclamado doutor em direito canônico, o que foi feito a 31 de maio de 1503. Depois, voltou para a Polônia. Por alguns anos, acompanhou o tio em suas peregrinações eclesiásticas e diplomáticas, como secretário e como médico, e depois regressou definitivamente para o isolamento da cidadezinha de Frombork. Ali, naquele ducado de Warmie, enclave do reino da Polônia, rodeado pelos últimos feudos dos cavaleiros da ordem teutônica, chegou a participar da gestão do capítulo, nas últimas lutas contra os cavaleiros, e continuou a exercer um pouco a medicina, consagrando-se à obra da sua vida: o *De revolutionibus orbium coelestium.*

O livro saiu em 1543 das oficinas gráficas de Johannes Petreius, em Nuremberg, no próprio ano da morte de Copérnico, e é provável que não fosse editado, pelo menos durante a sua vida, sem a intervenção do único discípulo que ele teve logo antes de morrer, Georg Joachim Rheticus, nem a pressão permanente e firme do bispo de Chelmno, Tiedemann Giese, o amigo mais íntimo de Copérnico. Escreveu-se muitas vezes que Copérnico adiava a publicação de seu livro por temer uma reação bem desfavorável da hierarquia católica. A imagem penetrante mas um pouco simplista de cônego medroso, que Arthur Koestler, em *Os sonâmbulos*, nos dá de Copérnico para melhor enaltecer a coragem sem falhas do protestante Rheticus, é excessiva. A leitura do prefácio, que Copérnico dedica ao papa Paulo III, mostra que ele não é nada disso, e aquela... mais que ingrata... do conjunto de *De revolutionibus* ilumina outros motivos mais tangíveis e mais certos das reticências do autor: o estado de inacabamento dos livros V e VI.

Um prefácio corajoso

Nesse prefácio, depois de ter proclamado que a Terra se move, com o risco de chocar "os que sabem estar confirmada pelo julgamento de numerosos séculos a opinião de que a Terra está imóvel no meio do céu como se ela fosse o seu centro", Copérnico roga ao papa Paulo III que "impeça os caluniadores de morder, mesmo se, como diz o provérbio, não haja remédio contra a mordida de um sicofanta", e termina tornando pública a sua determinação, sejam quais forem as conseqüências: "Se por acaso argumentadores vãos que, sendo inteiramente ignorantes das matemáticas, pretendem não obstante julgar tais matérias e que, em razão de alguma passagem da Escritura malignamente deturpada para se acomodar às suas opiniões, ousam censurar e atacar minha obra, muito bem! Não me preocupo absolutamente com eles; ou melhor, desprezo o seu julgamento como temerário. De fato, não se ignora que Lactâncio, por outro lado célebre escritor, mas reles matemático, fala de um modo totalmente pueril sobre a forma da Terra, quando zomba daqueles que ensinaram que a Terra tem a forma de um globo. Por isso é que os sábios não devem se espantar que tais pessoas zombem de nós. As matemáticas são escritas para os matemáticos, a cujos olhos os meus próprios trabalhos, se não me engano, parecerão trazer algo à república eclesiástica, da qual Vossa Santidade ocupa atualmente a chefia suprema."

Será preciso esperar muito tempo para que um escrito científico reclame, junto à mais alta autoridade religiosa, de modo tão claro e tão firme como o desse cônego medroso, sua independência em face dos teólogos em um terreno tão sensível como o da cosmologia. Estamos longe das alusões técnicas, discretas e veladas da *Narrativa prima* de Rheticus, mas mesmo se as afirmações de Koestler são exageradas, e injustas quanto a Copérnico, é verdade que sua dívida para com Rheticus é imensa, e que ela não se limita à batalha que travou para a publicação do livro que considerava como "o *Almagesto* dos tempos modernos".

A chegada de Rheticus

Foi durante o verão de 1539 que Rheticus, então com 25 anos, chegou a Frombork, vindo de Wittenberg, onde era professor de matemática. Wittenberg, onde Melâncton, na época ainda amigo de Martinho Lutero, o havia encorajado a estudar as matemáticas e a astronomia; Wittenberg, onde vinte e dois anos antes Lutero havia afixado suas famosas teses que denunciavam a Cúria dos banqueiros e todos aqueles que faziam da graça uma mercadoria como a seda ou as especiarias. Embora um edito interditasse a entrada dos protestantes no ducado de Warmie, Rheticus o percorreu tranqüilamente e se instalou no muito católico capítulo de Frombork para trabalhar junto do muito católico cônego astrônomo. Copérnico, que estava com mais de sessenta anos, meditava há muito a idéia de seu sistema. Em 1539, o essencial do *De revolutionibus* já estava com certeza redigido, como o deixa entender a formulação do próprio Rheticus que declara, no começo da *Narratio prima*, ter estudado a fundo os três primeiros livros, compreendido a idéia geral do quarto, e começado a entender as hipóteses dos dois últimos.

Desde sua chegada, Rheticus se pôs a estudar o manuscrito do *De revolutionibus*, e não tardou a manifestar o seu entusiasmo pelo novo sistema, do qual tivera conhecimento anterior apenas de ouvir falar. Após dez semanas só de trabalho, começou a redigir, sob a forma de uma carta ao matemático e astrônomo Johannes Schöner, uma exposição sumária das teorias de Copérnico: a *Narratio prima*, editada em Gdansk em princípios de 1540. No entanto, a *Narratio prima* não é um simples resumo do *De revolutionibus*: apresenta, em relação a seu modelo, diferenças de articulação que não são claramente desprovidas de sentido. Além disso, no decurso da própria redação, produziu-se uma certa evolução na composição da *Narratio prima*, cujo plano e extensão aos poucos se modificam. Assim, é indispensável recordar, em primeiro lugar, que o *De revolutionibus* se compõe de seis livros que tratam das matérias seguindo, no conjunto, a ordem adotada por Ptolomeu no *Almagesto*, com algumas modificações significativas, e entrar um pouco em pormenores.

O De revolutionibus

O primeiro livro apresenta a descrição cosmológica geral do mundo e os fundamentos físicos em que Copérnico se baseou para tentar salvar as aparências e justificar todas as observações conhecidas. Nele se encontram igualmente as noções de trigonometria que julga indispensáveis para o acompanhamento da obra, e que, diferentemente de Ptolomeu que as introduzia na medida de suas necessidades, Copérnico agrupa no final do primeiro livro. O segundo livro é consagrado aos problemas matemáticos da astronomia esférica; além disso, contém o catálogo das estrelas de Copérnico. O terceiro livro trata do movimento aparente do sol. O quarto cuida do movimento da lua e da teoria dos eclipses. O quinto e sexto livros são dedicados, respectivamente, aos movimentos em latitude e em longitude dos planetas.

Antes de examinar mais de perto a cosmologia de Copérnico e de apresentar com muita brevidade a sua astronomia prática, notemos que Ptolomeu só introduziu seu catálogo de estrelas depois de haver apresentado suas teorias sobre o sol e a lua. Certamente tal ordem lhe era imposta pela própria maneira de como os catálogos eram estabelecidos, mas também porque no *Almagesto* os movimentos uniformes são determinados em relação aos pontos equinociais. Copérnico altera a ordem da exposição e apresenta o catálogo das fixas antes de expor totalmente os movimentos, não só porque pode dar as coordenadas delas por uma simples aplicação do valor da precessão da sua época às coordenadas ptolomaicas, mas porque escolheu relacionar os movimentos às estrelas. De fato, Copérnico, à diferença de Ptolomeu, pensa que os pontos equinociais são levados por um movimento não uniforme e que, então, não só o ano trópico é mais curto que o ano sideral, mas que seu comprimento é variável. Rheticus insistirá sobre esse aspecto particular, e raramente ressaltado, mas importante da reforma copernicana.

Seguindo os dez primeiros capítulos do primeiro livro do *De revolutionibus*, descobre-se a caminhada crítica de Copérnico. Os quatro primeiros capítulos não contêm nada que possa enfurecer o aristotélico mais fanático. No capítulo 1, Copérnico lembra que os astros são esféricos, e depois, nos capítulos 2 e 3, que a Terra também é esférica; enfim, no capítulo 4, que todos os astros são animados por movimentos circulares. Depois, eis que no capítulo 5 a dúvida se insinua sob forma interrogativa: se a Terra, como o céu e todos os astros, é esférica, e se os astros são animados por movimentos circulares, por que não teria a Terra esse mesmo movimento circular?

Entretanto, o julgamento dos séculos passados confirmava que a Terra é imóvel no meio do mundo, como se fosse o centro do mesmo. Quais são então os motivos de uma crença tão fundamente estabelecida? No capítulo 6, Copérnico revela que a geometria não resolve, muito embora Ptolomeu tenha dito: assinalamos acima que, de fato, a confissão da modéstia das dimensões da Terra em face da grandeza do céu destruía a demonstração da posição central da Terra. Depois, no capítulo 7, Copérnico afirma que a física aristotélica crê haver resolvido... mas sem razão, e que ele o demonstrará no capítulo seguinte, o oitavo, que adiante examinaremos mais de perto. No capítulo 9, Copérnico não faz mais do que prender Aristóteles em sua própria armadilha, visto que este afirmara, imprudentemente, que se a Terra fosse dotada de um movimento, poderia ter vários, e já que Copérnico acaba de atribuir à Terra a rotação sobre si mesma, é preciso admitir, em conclusão, que ela está animada por três movimentos e que a ordem dos orbes não é aquela que se julga ser.

Em seu sistema de refutação, Copérnico joga habilmente com um par: física de Aristóteles e astronomia de Ptolomeu. Numa primeira etapa, adotando e empregando certos conceitos da física aristotélica, Copérnico demonstra, ou julga demonstrar, que seu sistema heliocêntrico é compatível com essa física, e que, se duvidam, então é preciso duvidar ainda mais do sistema geocêntrico de Ptolomeu e até da física de Aristóteles. Uma vez aberto o caminho, Copérnico destrói discretamente certos conceitos fundamentais da física aristotélica: a classificação dos movimentos, por exemplo, no caso que iremos agora considerar.

A crítica de Aristóteles e de Ptolomeu

Examinemos o capítulo 8 do livro I. "Se se julga que a Terra se move, dir-se-á que esse movimento é natural e não violento. Pois bem, o que está conforme à natureza produz efeitos contrários ao que resulta de uma violência. E portanto não temos por que temer que a Terra e todas as coisas terrestres se dispersem sob o efeito de uma rotação produzida pela natureza." Eis quanto a Aristóteles. Passemos a Ptolomeu. Copérnico se pergunta por que este não sente o medo de uma dispersão do mundo ao invés da Terra, pois um movimento é tanto mais rápido se o corpo movido é maior, e Ptolomeu deveria temer, além disso, que se iniciasse um processo que dilataria o mundo ao infinito, visto que, além da esfera das estrelas, não existe nada que possa conter os céus. Assim, o céu está necessariamente em repouso e subentende-se que a Terra está em movimento.

Voltemos a Aristóteles. Se a Terra se move, ela arrasta em seu movimento circular não só o elemento aquoso que lhe está estreitamente ligado, mas também uma porção considerável do ar. Considere-se que o ar vizinho, por estar mesclado de matéria terrosa ou aquosa, se comporte da mesma maneira que a Terra. Considere-se que o ar adquira um movimento no qual dispõe de uma parte sem resistência e sob a ação da revolução perpétua da Terra, devido à sua contigüidade. Senão, como explica Ptolomeu que os astros, que os gregos denominavam barbudos ou cabeludos, nasçam na região sublunar mas se ergam e se ponham como corpos celestes?

Eis que são postos na berlinda os elementos e os movimentos de Aristóteles. Quanto às coisas que caem e as que sobem, reconhecemos que seus movimentos devem ser duplos, quer dizer, compostos de movimentos retilíneos e circulares. Ora, para um corpo simples, um movimento simples, durante tanto tempo quanto o corpo permaneça em seu lugar natural e em sua unidade. Isto é verdadeiro quanto ao movimento circular, pois, em um lugar natural, não há outro movimento que não o circular, que é um movimento que permanece em si mesmo e que, por isso, parece em repouso. O movimento retilíneo só pertence aos corpos que estão afastados de seu lugar natural, pertence às coisas que não estão em ordem. Por outro lado, as coisas que são arrastadas para cima ou para baixo, sem sequer sofrer a intervenção do movimento circular, não possuem movimento simples, uniforme e igual. De fato, elas não podem ser governadas por sua leveza ou pelo seu peso. Todas as que descem, começam por ter um movimento lento que se acelera à medida que caem. Em compensação, o fogo, quando é arrastado para o alto, enfraquece bem depressa, como se dessa forma se manifestasse a violência da matéria terrestre. Lamenta-se aqui que, depois desse começo de uma crítica extremamente pertinente do erro fundamental da física de Aristóteles, Copérnico recaia nas categorias aristotélicas.

Ao contrário, o movimento circular se move sempre de modo igual, pois tem uma causa que nunca cessa, enquanto que o movimento retilíneo tem uma causa que desaparece bem depressa, e os corpos, quando atingem o seu lugar, deixam de ser pesados ou leves, ao mesmo tempo que cessa o movimento.

"Portanto, visto que o movimento circular pertence às totalidades, e o retilíneo às partes, podemos dizer que o circular se mantém com o retilíneo... como a doença coexiste com o ser vivo." Essa metáfora pode parecer obscura. R. Hooykaas demonstrou que a comparação copernicana entre o movimento retilíneo de uma porção de terra "doente" que deseja recuperar o todo, no seio do qual há de se sentir bem, e o processo geral da cura, cujo fim é a saúde, é uma comparação freqüente na pena de Aristóteles, e é reencontrada em alguns de seus comentaristas medievais. E, desde então, a divisão do movimento simples, instituída por Aristóteles, em três espécies: movimento a partir do centro, em direção ao centro e ao redor do centro, será encarada exclusivamente como um ato de razão. Do mesmo modo, distinguimos entre ponto, linha e superfície, e no entanto nenhum deles pode subsistir sem os outros, assim como sem corpo. É o mesmo que dizer que não resta coisa alguma da física de Aristóteles.

A técnica de refutação de Copérnico é simples e pode parecer sedutora: consiste, na maioria das vezes, em virar pelo avesso os silogismos de Aristóteles, como se fossem luvas, crendo, ou dando a impressão de crer, que a física aristotélica é um puro jogo de lógica formal. Não podia convencer um bom aristotélico que sabia que essa lógica estava a serviço de uma física do bom senso e do cotidiano. Copérnico deve tê-lo pressentido, visto que, por exemplo, depois de ter deduzido dessa virada pelo avesso formal o movimento de rotação da Terra, julga de bom aviso acrescentar que, por essa rotação, a Terra exprime a sua forma, argumento físico que deveria fazer sorrir um aristotélico e que, em uma *disputatio*, teria valido a Copérnico esta pergunta embaraçadora: se a rotação exprime a forma do esférico, por que o senhor imobiliza a esfera das fixas? Voltaremos às relações da física e da astronomia para mostrar que todo o enigma da revolução copernicana repousa no problema de tais relações.

A Narratio prima

Depois dessa advertência, escutemos Rheticus anunciar a Johannes Schöner o seu próprio plano: "No que se refere aos dois primeiros livros, pensei que não devia te escrever nada a respeito, e isso porque, em parte devido a uma certa intenção particular que formei, em parte porque na doutrina do primeiro movimento [ou seja, a rotação diurna], meu mestre não se afasta em nada da explicação comumente aceita." Assim, desde as primeiras linhas, Rheticus proclama sua intenção de não tratar do movimento diurno, pelo motivo no mínimo paradoxal de que Copérnico segue, nesse assunto, a opinião geral, e sob o pretexto de que formou o projeto de escrever, a esse respeito, uma exposição complementar, uma *Narratio secunda* que jamais viu a luz do dia. E, já que ele estende esse silêncio aos dois primeiros livros do *De revolutionibus*, proíbe a si mesmo cuidar dos três movimentos da Terra, movimento diurno, movimento anual e movimento em declinação, que, no entanto, formam a essência da revolução copernicana.

Como anunciou, Rheticus expõe, logo à primeira vista, a teoria copernicana dos movimentos das estrelas fixas relativamente ao ponto equinocial da primavera e as questões que dizem respeito ao comprimento do ano trópico e à precessão. Esta inversão da ordem de exposição das idéias copernicanas não deixa de ter suas conseqüências sobre a apresentação da teoria do sol. Obrigando-se a economizar as hipóteses fundamentais do sistema copernicano, Rheticus não pode ligar diretamente, como o faz Copérnico, as desigualdades aparentes do movimento solar às dos movimentos da Terra. Assim, por exemplo, a precessão dos equinócios e a variação da obliqüidade da eclíptica são apresentadas unicamente através de dados numéricos resultantes das observações feitas no decorrer do tempo, sem que seja sequer mencionada a causa à qual Copérnico ligava essa precessão e essa variação, a saber, o movimento imaginário em declinação do eixo terrestre. Veremos que a apresentação de Rheticus não é desprovida de interesse.

Não obstante, no curso da exposição, Rheticus não evita alusões aos assuntos que dizem respeito aos dois primeiros livros do *De revolutionibus*. As primeiras alusões concernem precisamente ao movimento de declinação, o mais "inofensivo", pode-se dizer, dos três movimentos da Terra, visto que somente a orientação do eixo terrestre nele figura como variável: hipótese que Domenico Maria Novara já havia sugerido. Assim, no capítulo 2, depois de ter tratado do comprimento do ano trópico comparado ao movimento das estrelas, conclui que os pontos equinociais estão dotados de um movimento retrógrado, como os nodos no caso da lua, e não que as estrelas progridam segundo a ordem dos signos. Isso significa dizer que a precessão dos equinócios não é devida a um movimento da esfera das fixas, mas ao movimento relativo do equador e da eclíptica. É o que diz o próprio Rheticus, no capítulo seguinte, tratando das variações da obliqüidade da eclíptica, que ele atribui a um certo movimento de libração: "O pólo do equador ou da eclíptica esteve, portanto, mais ou menos na época de Al Battani, na direção do meio desse movimento de libração, ao passo que atualmente está próximo do segundo termo, onde o movimento é bem vagaroso, e onde é máxima a aproximação dos dois pólos." Entre as duas possibilidades evocadas, movimento do equador e movimento da eclíptica, Rheticus se decide logo, ou antes finge acreditar que já se decidiu, pois, mesmo quando deixava aberta a alternativa equador-eclíptica, escreve: "Mas já colocamos, acima, que os movimentos das estrelas fixas e a variação de comprimento do ano estavam salvas pelo movimento do equador." E Rheticus conclui: "Vês então, para atrair tua atenção para a passagem, meu muito sábio Schöner, quais hipóteses ou teorias relativas aos movimentos exigem as observações."

De fato, a conseqüência é clara, e não podia escapar a nenhum astrônomo: a Terra não é absolutamente imóvel, porém seu eixo sofre um certo movimento que é a verdadeira razão das variações da velocidade da precessão e da obliqüidade da eclíptica. A apresentação desse primeiro movimento da Terra é portanto pedagogicamente astuciosa e diplomaticamente hábil. Mais adiante, por um novo paradoxo, é no final de um desenvolvimento consagrado à teoria lunar que se enuncia, pela primeira vez, o movimento anual da Terra, ainda que uma teoria da lua seja justa e inteiramente independente do sistema, geocêntrico ou heliocêntrico, em que nos coloquemos. Segue-se então um comentário, inicialmente não previsto, sobre os dois primeiros livros do *De revolutionibus*.

De fato, a ordem de exposição das matérias encontra-se, dessa forma, invertida em relação ao tratado de Copérnico. Talvez uma tal inversão corresponda em parte a fins pedagógicos, na medida em que a *Narratio prima* possa ser considerada uma obra de iniciação à nova teoria astronômica. De um ponto de vista puramente astronômico, pode-se pensar, de fato, que as questões ligadas à precessão e ao comprimento do ano é que estão no centro das preocupações, notadamente no que se refere ao calendário, cuja reforma no tempo de Copérnico estava na ordem do dia, enquanto que a teoria planetária ptolomaica, sempre em vigor, salvava as aparências de modo satisfatório. A propósito, notemos que a teoria copernicana dos planetas, da maneira como é apresentada por Rheticus, e até, como vimos, como a apresenta Copérnico no *De revolutionibus*, dá impressão de pura transposição das construções geocêntricas de Ptolomeu para a linguagem matemática do heliocentrismo. Em compensação, é exatamente no caso do movimento do sol, ou da Terra, descrito em termos heliocêntricos, que as inovações matemáticas de Copérnico são mais importantes: variações concomitantes do comprimento do ano trópico, da obliqüidade da eclíptica e da excentricidade do sol, todas explicadas pela invenção de um mecanismo engenhoso de libração dupla dos pólos terrestres.

Se, pelo contrário, abandona-se o terreno da astronomia operacional pelo da cosmologia, é certamente sobre a compreensão do sistema planetário que a teoria de Copérnico lança a mais viva luz, e não mais sobre a dos movimentos da Terra ou do sol. Às razões pedagógicas se acrescenta uma outra, suplementar: pode-se supor, com alguma verossimilhança, que a necessidade de abordar os aspectos cosmológicos da nova teoria se impôs aos poucos a Rheticus, à medida que tomava um melhor conhecimento do *De revolutionibus* e, principalmente, dos últimos livros consagrados aos planetas.

Uma revolução contestada

Em breve se completarão 450 anos que Copérnico faleceu, deixando ao mundo científico a sua suma astronômica, o *De revolutionibus orbium coelestium*, justo no ano de sua morte, em 1543. Entre as obras que marcam positivamente os caminhos da astronomia, o *De revolutionibus* é aquela cujo posto e mérito permanecem entre os mais contestados, e Copérnico surge duas vezes como causador de discórdias: causador de discórdias, em seu tempo, no meio dos astrônomos, dos filósofos e dos teólogos; causador de discórdias, nos dias de hoje, entre os historiadores de ciência. Uns o consideram não só o pai da astronomia moderna, mas também de toda a ciência moderna; outros o tratam como um sábio desprezível. Com freqüência é um falso debate, ilustrado por esta falsa pergunta: Copérnico é o último astrônomo da Idade Média ou o primeiro dos tempos modernos? Pergunta ainda mais vã que a dos precursores: Copérnico é uma coisa e outra; profundamente enraizado na tradição, dá um passo avante que o impele para o mundo moderno sem que disso tivesse consciência; e não seria isso porque o conceito de mundo moderno ainda não existia, enquanto que a Idade Média já terminou? Será preciso lembrar que o vocábulo Renascença ainda não fora forjado enquanto que a expressão Idade Média já datava de mais de um século? Foi o bibliotecário pontifical Giovanni Andrea de Bussi quem empregou, primeiramente, a propósito de Nicolau de Cusa, em 1469, a expressão *media tempestas*.

Ora, se é verdade que a obra de Copérnico é desorientadora — desorientadora por sua própria exigüidade, pelas condições em que apareceu e, é preciso confessá-lo, por algumas de suas fraquezas — se é verdade que Copérnico era às vezes ignorante das próprias riquezas — um Copérnico mau copernicano —, a simples objetividade obriga a esta constatação: com Copérnico, e somente com ele, se iniciou uma subversão da qual irão sair a astronomia e a física modernas. Os julgamentos e as escolhas de Galileu e de Kepler pesam mais fortemente na balança do que as argúcias dos contadores de epiciclos! Portanto, existe, se não uma revolução, o começo de uma revolução e abertura de uma primeira brecha profunda no recinto fechado da cidade aristotélica, que no entanto parecia inexpugnável.

O mundo criado por Aristóteles

No tempo de Copérnico, a astronomia esteve sempre dominada pela obra de Ptolomeu. Esse domínio dura há quatorze séculos. Se não é no próprio *Almagesto*, é em suas adaptações e em seus comentários que os estudantes aprendem astronomia. Numerosos parâmetros utilizados por Copérnico provêm de um dos mais célebres desses trabalhos, a *Epítome* de Regiomontanus.

No *Almagesto* se mesclam três componentes bem distintos. Primeiro, uma visão global do mundo: uma cosmologia. A seguir, uma ferramenta matemática, essencialmente a trigonometria, a serviço da resolução dos triângulos planos e esféricos. Enfim, uma astronomia prática de ocasião, um conjunto de modelos geométricos, de quadros de números e de regras de calcular, verdadeiras "receitas de cozinha", que permitem localizar num dado momento os astros errantes — os planetas, a lua e o sol — sobre o quadriculado imóvel das estrelas fixas.

Se a trigonometria e a prática astronômica são disciplinas inocentes, o mesmo não se daria com a cosmologia. Uma cosmologia supõe uma filosofia da natureza ou, pelo menos, uma física, no sentido atual do termo. A cosmologia de Ptolomeu é tributária de uma física que a precedeu de cinco séculos, a de Aristóteles: física falsa, é certo, e particularmente dinâmica falsa, em que as forças são proporcionais às velocidades, porém física no bom sentido, de uma certa vivência, e a cujo serviço Aristóteles pusera sua lógica implacável.

Em Aristóteles, é pela teoria do movimento que a cosmologia e a física estão intimamente ligadas. Falar do cosmos é afirmar, primeiro, que o mundo tem uma forma, uma estrutura e uma ordem, e que são essa forma, essa estrutura e essa ordem que a cosmologia leva à física. Em troca, a física dá à cosmologia a garantia da estabilidade da ordem do mundo, sempre se opondo ao delicado problema das mudanças. Ela irá elaborar as noções filosóficas e os princípios básicos que as tornam possíveis e que satisfazem aos dados da experiência e às exigências da razão, pois, no tempo de Aristóteles, os filósofos da natureza nem sempre respondiam aos desafios dos eleatas.

Segundo Parmênides, só se pode recusar a experiência vivida e denunciar os fenômenos como ilusórios. No capítulo 8 do livro I de sua *Física*, Aristóteles assim resume os argumentos de Parmênides: "Nenhum ser é engendrado, nem destruído, porque o que é engendrado deve sê-lo necessariamente do ser ou do não-ser, duas soluções igualmente impossíveis: de fato, o ser não pode ser engendrado, pois já existia, e nada pode ser engendrado do não-ser, pois é preciso algo como sujeito." Em outras palavras, o que não é, não pode começar a ser; o que é, permanece idêntico a si mesmo eternamente; se se transforma em outro, alguma coisa que não era começaria a ser. O que vale dizer que a física é uma ciência sem objeto.

O movimento, do qual Aristóteles só fará uma categoria de mudança, tampouco é possível; os paradoxos de Zenão não são mais facilmente contornáveis que os de Parmênides. O corredor jamais alcançará a chegada! Antes de tocar a extremidade da pista, terá de atingir a sua metade, e antes ainda, a metade da metade... Aquiles não alcançará a tartaruga, pois, quando tiver alcançado o ponto onde ela se encontrava, a tartaruga terá avançado, e o tempo que ele levar para atingir o ponto a que ela alcançou, ela já terá avançado de novo...

Ora, para Aristóteles, a experiência sensível nos impõe a evidência da realidade da mudança e do movimento; e, já que, em seu tempo, esses problemas estão ligados aos do ser e do não-ser, começará por introduzir as noções do ser em ação e do ser em potencial: distinção pela qual introduz o não-ser no ser e suprime o dilema no qual os eleatas, pretendendo estabelecer a incompatibilidade do ser e da mudança, encerravam a física.

Depois, ele emitirá os princípios — a forma e a matéria — dos quais dependem a existência em ação e a existência em potencial. A forma será o princípio de organização e de estabilidade, e também de evolução. Um ser existe em ação por uma forma atual e por suas propriedades efetivamente realizadas em um dado momento; existe em potencial por uma forma possível e por suas determinações potenciais. Mas, como a forma é geral, ainda que os seres só existam individualmente, ela não saberia ser bastante para criar a existência; é preciso acrescentar-lhe um segundo princípio: a matéria. A matéria será o receptáculo indeterminado de onde procedem os seres concretos determinados. Ela será o primeiro sujeito de cada, ser, mas sujeito sem essência. Ela é, como diz Aristóteles pela célebre metáfora do bronze e da estátua, o informe em relação ao que tem forma: "Com efeito, a relação entre o bronze e a estátua, ou da madeira e o leito, ou em geral, da matéria e do informe com o que tem forma, anteriormente à recepção e à posse da forma, é a relação da matéria com a substância, com o indivíduo particular, com o ser." Assim, ser e mudança não são incompatíveis, mas, muito ao contrário, estão ontologicamente unidos.

Sobre tais bases, Aristóteles desenvolveu uma teoria da mudança, e em particular do movimento, visto que este é apenas a mudança conforme o lugar: quer dizer, a translação. Logo, o movimento será tratado como o é a mudança segundo a qualidade — a alteração —, a mudança segundo a quantidade — o aumento e a diminuição —: mudanças que afetam a substância, e acima das quais Aristóteles coloca a mudança segundo a própria substância — a geração e a corrupção —, retomando desse modo a tabela de categorias e reforçando ainda a interdependência entre a mudança e a ontologia.

Constrangimentos e acomodações

Esse conjunto imponente e coerente tira a física do impasse em que os sofistas a tinham posto. Dele emerge uma teoria do movimento que é o laço privilegiado entre a cosmologia e a física, mas essa coerência geral e o estatuto particular atribuído ao movimento se contentam com uma concepção muito estreita deste último.

À teoria do movimento se acham intimamente associadas uma teoria do lugar e, portanto, a estrutura de ordem do cosmo: assim, as linhas geométricas "simples" (a reta e o círculo), os elementos (terra, água, fogo, ar e éter), enfim, o leve e o pesado, que Aristóteles transforma em qualidades absolutas da matéria, vão se encontrar fisicamente ligadas. A cada elemento corresponderá um movimento natural; impor-lhe um outro será violentá-lo; enviá-lo para um lugar que não é o seu será infligir-lhe uma privação, que ele preencherá em ocasião oportuna. Aos pesados, como a terra e a água, voltará o movimento retilíneo para baixo; aos leves, ar e fogo, o movimento retilíneo para cima; ao éter, o movimento circular uniforme.

As conseqüências para a ciência do movimento serão graves. O movimento, como todas as outras categorias de mudança, não passará de um processo finito, efêmero, cuja função se limitará a assegurar a translação de um ponto A a um ponto B. Só pode ser relativo a objetos concretos e não seria estudado por si mesmo. Seria não apenas baldado, mas perigoso, emprestar-lhe atributos, com o risco de vê-lo perder sua função ontológica e de recair nos erros dos eleatas. Aristóteles determina, por exemplo, que falar de movimento do movimento é desprovido de senso. Explicam-se as dificuldades que os filósofos da natureza tiveram em tratar corretamente o movimento uniformemente acelerado, por não poderem considerá-lo um movimento do movimento. Para a astronomia, as conseqüências disso serão ainda mais graves. Daí resultará uma série de "axiomas" que haveriam de aferrolhar essa disciplina por muito tempo. É em relação a esse aferrolhamento que se necessita julgar a obra de Copérnico.

Primeiro ferrolho, o geocentrismo, que impõe que a Terra seja rigorosamente imóvel, centro a que todos os corpos pesados só podem se juntar, situada no meio do universo, centro único de todos os movimentos celestes. Segundo ferrolho, a dicotomia do universo: de uma parte o mundo terrestre, que vai da Terra ao orbe lunar, mundo do mutável, do perecível, da geração e da corrupção, mundo dos movimentos retilíneos (para cima, quanto aos leves — o ar e o fogo — para baixo, quanto aos pesados — a terra e a água); de outra parte o cosmo, além do orbe da lua, mundo do imutável, do não-físico, mundo do quinto elemento, o éter, mundo da pureza permanente; durante mais de vinte séculos, os astrônomos ocidentais não viram nem as manchas solares, nem as estrelas novas, não fosse a supernova de 1054, que brilhou mais que Vênus durante vários meses e que é mencionada por numerosas crônicas asiáticas. Enfim, último ferrolho, o movimento circular uniforme, considerado o único movimento possível para os astros; certo, o movimento circular... mas também, contudo, todas as suas combinações possíveis com, como que para marcar os limites da influência ideológica sobre a ciência, a trapaça genial de Ptolomeu: o círculo de ponto equante (cf. *supra*, p. 58).

Seja como for, a astronomia ptolomaica devia funcionar sem transtornos graves por quatorze séculos. Os astrônomos, a partir de modelos e parâmetros de Ptolomeu, levemente modificados em caso de necessidade, estabeleciam tabelas dos movimentos dos planetas e dos dois luminares. Essas tabelas eram atualizadas quando os afastamentos entre as previsões e as observações se tornavam intoleráveis. E, singularidade dessa revolução astronômica, na época de Copérnico tal situação podia se perpetuar: nenhum progresso na precisão das observações, nem, aliás, no instrumental matemático ou na física ocorria algo que obrigasse à subversão do sistema do mundo. Outras tantas singularidades que, além da novidade incômoda dessa nova astronomia, podem explicar as reticências de uns e a recusa de outros. No entanto, o jovem Rheticus pressentiu logo a importância da subversão copernicana, compreendeu uma parte de suas implicações e as apresentou talvez com mais força e pertinência que o próprio Copérnico.

Rheticus e a revolução copernicana

O sistema de Copérnico é apresentado, mais freqüentemente e com toda a justiça, como uma reforma da astronomia planetária, e vê-se a principal superioridade de Copérnico sobre Ptolomeu na explicação mais racional dos movimentos planetários aparentes, explicação que fornece a hipótese do movimento da Terra. No *De revolutionibus*, Copérnico insiste, desde o prefácio, no fato de que o movimento da Terra introduz no sistema planetário uma nova conexão entre os movimentos, a ordem e as dimensões dos orbes planetários. E é também aos problemas da teoria planetária que consagra os capítulos 9 e 10 do livro I, logo depois de ter enunciado o movimento da Terra no fim do capítulo 8.

Ao contrário, como já vimos nas páginas precedentes, Rheticus passa em silêncio pelo movimento da Terra em toda a primeira parte de seu tratado. Paradoxalmente, começa a sua exposição sobre a nova astronomia pela teoria copernicana dos movimentos das estrelas e do sol. Adiantaram-se motivos de prudência diplomática e de necessidade pedagógica para explicar a inversão operada por Rheticus na apresentação da nova astronomia; porém há mais, e uma análise atenta da *Narratio prima* nos revela aos poucos o que, para Rheticus, é o sentido profundo da revolução copernicana.

Para Rheticus, dois fatos essenciais são prioritários para a reforma da astronomia ptolomaica: o movimento não uniforme das estrelas em longitude e as variações, também não uniformes, do comprimento do ano trópico. E seguindo Copérnico, que se esforça por integrar em uma lei matemática todos os resultados de seus predecessores, Rheticus decompõe o movimento das estrelas na soma de um movimento médio e de um movimento anomalístico. Procedendo da mesma maneira quanto ao comprimento do ano trópico, concluiu pelo sincronismo das variações do comprimento do ano trópico com a variação da velocidade do movimento das estrelas.

Justapondo assim a teoria das estrelas e a do sol, que a tradição astronômica em geral deixava separadas, Rheticus deduz da concordância desses movimentos variáveis a conclusão de que os movimentos uniformes devem ser determinados não a partir dos pontos equinociais, e sim a partir das estrelas fixas, e afirma que os pontos equinociais são dotados de um movimento retrógrado e que as estrelas não progridem segundo a ordem dos signos. Isso significa, em particular, que se é escolhido um ano sideral de comprimento constante, o verdadeiro movimento de precessão corresponde sempre à diferença entre o ano sideral e o ano trópico. Além disso, segundo Rheticus, o movimento não uniforme do equinócio sobre a eclíptica, combinado com o movimento não uniforme de variação da obliqüidade da eclíptica, produz um movimento não uniforme do equador celeste, que conduz imediatamente à hipótese do movimento da Terra. Argumento mais astronômico que o de Copérnico, fundado no *a priori* filosófico de que é preferível mover o menor, o equador, do que o maior, a eclíptica. O primeiro resultado a deduzir da reforma copernicana, tal como Rheticus nos apresenta, é portanto a escolha de um novo referencial cuja origem não é mais a Terra, mas o centro do movimento circular uniforme das estrelas.

Apoiando-se apenas no exame dos movimentos das estrelas fixas e do sol, essa mudança de referencial pode parecer arbitrária, mas é justificada, segundo Rheticus, por uma dupla vantagem, quanto à predição e quanto à explicação dos fenômenos. De um lado, essa mudança nos revela uma lei que governa o comprimento do ano, permitindo, pois, uma avaliação segura do mesmo e, daí, a construção de uma astronomia perpétua. Em outras palavras, os parâmetros não terão de ser mais indefinidamente aferidos pela observação, mas são dados, de uma vez por todas, nas próprias hipóteses, e as tábuas compostas por Copérnico não terão necessidade de ser atualizadas periodicamente, ao contrário das tábuas de seus predecessores. Portanto, não se trata de uma astronomia perpétua no sentido de Pierre de la Ramée, que dispensa a astronomia de hipóteses, visto que justamente essa perenidade está inscrita nas hipóteses mesmas de um sistema, mas essa ilusão é estranha, pois, por outro caminho, Rheticus relata suas permutas com Copérnico acerca da imprecisão das medidas que determinam os parâmetros e, assim, sobre a imprecisão das tábuas que daí decorrem. De outro lado, o caráter eterno da astronomia de Copérnico não visa somente o futuro, abre-nos as portas do passado, permitindo, a partir da teoria, justificar *a posteriori* os valores das observações encontrados pelos Antigos e fornecer, desse modo, a explicação dos fenômenos.

Rheticus, no capítulo 6 da *Narratio*, justifica a nova astronomia e canta assim a glória do mestre: "Porém as observações de todos os sábios, o próprio céu e a razão matemática nos convencem que as hipóteses de Ptolomeu e as comumente adotadas, de modo nenhum são suficientes para estabelecer a combinação perpétua e coerente em si mesma, e a harmonia dos fenômenos celestes, nem a serem parecidas com eles nas tábuas e nas regras. Meu mestre deve ter também imaginado novas hipóteses que, uma vez colocadas, lhe permitissem deduzir em boa lógica, geométrica e aritmeticamente, sistemas de movimentos semelhantes àqueles que os Antigos e Ptolomeu, de rosto voltado para o céu, descobriram outrora pelo olho divino da alma, e semelhantes aos que as observações escrupulosas ensinam que existem no céu, às pessoas que hoje recolhem a herança dos Antigos."

Se se considera que as hipóteses de Copérnico só representam uma mudança de referencial em relação à teoria de Ptolomeu, o raciocínio que extrai dessas hipóteses a confirmação das observações dos Antigos é evidentemente circular. Para Rheticus, em compensação, a reforma de Copérnico não se reduz à simples tradução do sistema de Ptolomeu em um sistema ligado ao sol. Sem dúvida as teorias geocêntrica e heliocêntrica dão conta igualmente das aparências, são equivalentes do ponto de vista observacional, mas o heliocentrismo introduz uma nova relação entre a observação e a teoria. A teoria geocêntrica se limita a uma descrição pura e simples dos movimentos celestes, e necessita de uma constante adaptação das hipóteses aos dados da observação; é capaz de se adaptar *a posteriori*, manejando novos artifícios matemáticos, a toda nova aparência celeste. Inversamente a essa teoria "fraca", a teoria heliocêntrica forma um sistema racionalmente ordenado, como diz bem claramente Rheticus: "Em sexto e último lugar, isto determinou, sobretudo, o meu sábio mestre: ele via a causa principal de toda incerteza na astronomia no fato que [...] os sábios puseram pouco rigor em conformar suas teorias e métodos de correção do movimento dos corpos celestes a essa regra que quer que a ordem e os movimentos dos orbes celestes constituam um sistema absolutamente perfeito."

O caráter perpétuo da astronomia copernicana nesse nível estrutural é menos ilusório que o das tábuas que daí decorrem; de fato, o novo sistema responde a essa regra: possui uma unidade orgânica, uma necessidade interna que faz falta ao de Ptolomeu. É um sistema rígido, como observa Rheticus: "Assim, uma vez colocado o movimento da Terra sobre um excêntrico, dispõe-se de uma teoria segura acerca dos fenômenos celestes, na qual nada se deve mudar sem que, ao mesmo tempo, o sistema inteiro, como é lógico, seja novamente reconstruído conforme as relações apropriadas."

Em conclusão, para Rheticus, as hipóteses de Ptolomeu e de Copérnico não são equivalentes: a reforma copernicana não é uma simples mudança de referencial, não consiste apenas em deslocar da Terra ao sol a origem de uma descrição, e sim numa verdadeira modificação do modelo mesmo do sistema solar. Claro que a nova descrição do mundo é essencialmente cinemática e não mecânica, mas ela transforma a aporia famosa de Aristóteles, que liga os planetas ao primeiro móvel, em uma aporia nova, que liga os planetas ao sol. De agora em diante as velocidades das revoluções dos orbes se relacionam com a distância deles ao sol.

Um mundo que se harmoniza

Recordemos. Em Ptolomeu, no centro do mundo jaz a Terra, imóvel; depois vem a lua que gira ao redor da Terra em um mês, depois Mercúrio, Vênus e o sol, completando todos os três as suas revoluções em um ano; depois Marte, em dois anos; depois Júpiter, em doze, e Saturno, em trinta; por fim, fechando o conjunto do sistema em uma esfera de dimensão modesta, vêm as estrelas fixas, que fazem suas revoluções em um dia! Quantas rupturas, a ponto que as discussões sempre foram ásperas a respeito da ordem de Mercúrio e Vênus. Além do mais, para dar conta do comportamento diferente entre os planetas inferiores — Mercúrio e Vênus que jamais se afastam muito, angularmente, do sol — e os planetas superiores — Marte, Júpiter e Saturno que assumem todas as elongações possíveis —, era necessário lhes dar dois estatutos cosmológicos diversos, a saber, cruzar os papéis dos deferentes e dos primeiros epiciclos. Mais grave, para perceber a economia geral do sistema sem sequer desejar iniciar o menor cálculo de posição, é impossível não fazer intervir o primeiro e grande epiciclo, visto que é responsável pela aparente errância dos planetas: movimentos diretos, estacionamentos e retrogradações. É dizer que, apesar do que pensa A. Koestler em *Os sonâmbulos*, o número de círculos não tem nada a ver com a complexidade do mundo, são suas funções que importam.

Em Copérnico, o universo se harmoniza. No centro, o sol; depois vêm Mercúrio, Vênus, a Terra, que assume o papel de um simples planeta, Marte, Júpiter e Saturno; por fim, a esfera das fixas, que Copérnico não ousa dizer ser infinita — deixa aos filósofos o cuidado de resolver isto —, mas em todo caso bem mais vasta que a do cosmo da Antiguidade, como o atesta a ausência de paralaxe ânua. Nesse sistema, ponto de ruptura, há um elo simples, como faz notar Copérnico, entre as distâncias dos planetas ao sol e a duração das revoluções: da de Mercúrio, 88 dias, à de Saturno, 30 anos, acabando pela imobilidade da esfera das fixas.

À luz dessa simplificação, que com toda a evidência foi determinante na descoberta do heliocentrismo por Copérnico, Rheticus vai mais longe que o mestre: "Acresce que os orbes de maiores dimensões cumprem suas revoluções com maior lentidão, como convém, enquanto que o fazem mais velozmente os orbes mais próximos do sol, de onde se poderia dizer que isso está no princípio do movimento e da luz." Mais audacioso que Copérnico sobre esse ponto de física de acentos keplerianos, Rheticus, portanto, acaba por considerar o sol como origem do movimento, ao passo que em Copérnico o centro dos movimentos está simplesmente perto do sol. Por aí precisamente se introduzirá a noção dinâmica que ainda falta ao cosmo descrito por Copérnico e Rheticus, para dar nascimento à astronomia nova de Kepler e de Newton.

Outra simplificação: no sistema heliocêntrico, os pontos de estação e as retrogradações dos planetas são explicados pelo jogo dos movimentos destes e da Terra. Todos os planetas têm o mesmo estatuto cosmológico: se o comportamento de Mercúrio e de Vênus difere do de Marte, Júpiter ou Saturno, é devido à sua posição entre a Terra e o sol. Numa primeira abordagem, o mundo se decifra sem a intervenção do primeiro epiciclo, os deferentes bastam: o primeiro epiciclo, de dimensão modesta, só está ali para melhorar a precisão das predições e, sabemos hoje, para tomar conhecimento do afastamento entre o movimento circular, supostamente próprio dos astros, e o movimento real, que é elíptico. Pois o movimento uniforme é mantido e seu princípio sai até reforçado da batalha: um dos orgulhos de Copérnico, além do sentimento de dar aos homens uma nova cosmologia, mais harmoniosa que a antiga, é a abolição do equante, inadmissível distorção ptolomaica ao princípio do movimento circular uniforme. Astúcia diplomática, destinada a acalmar os teólogos, ou convicção profunda, pouco importa, eis um ferrolho que não salta sob a pressão da cosmologia copernicana. Pode-se, aliás, avaliar o peso desse *a priori* da primazia do movimento circular uniforme, ao se lembrar que Galileu, embora contemporâneo de Kepler e difamador de Aristóteles, permanecerá persuadido de que os planetas se deslocam em círculos.

Uma nova abordagem do mundo

Assim, um só dos três ferrolhos salta explicitamente: o do geocentrismo. Copérnico não se manifesta acerca da dicotomia do mundo, porém, em seu sistema, com a lua sendo um simples satélite da Terra, essa separação do mundo em duas zonas diferenciadas em tudo torna-se insustentável: o orbe da lua, no interior do qual está encerrado o mundo da impureza, acompanhando a Terra em seu curso ao redor do sol, a cada instante esse mundo impuro penetra no da pureza e da imobilidade.

O ganho parece bem pequeno; no entanto, que bomba de retardo Copérnico deixa a seus sucessores... O movimento da Terra ao redor do sol abre uma estratégia nova na prática astronômica, mesmo se Copérnico parece ele próprio incapaz de utilizá-la. Assim, paradoxalmente, enquanto que o movimento da Terra, combinado com o dos planetas, esclarece o enigma dos estacionamentos e das retrogradações, não se encontram no *De revolutionibus* as tábuas desses fenômenos, tábuas que existem contudo no *Almagesto* de Ptolomeu! Pior ainda, para sua imagem marcante de astrônomo prático, Copérnico tenta fazer uma teoria à maneira de Ptolomeu, isto é, com a ajuda do teorema de Apolônio aplicado a um corpo móvel. Não importa, outros haverão de utilizar a dinâmica ofertada. E em primeiro lugar Kepler que, estudando o movimento de Marte após lhe ter subtraído o da Terra, irá descobrir que esse planeta descreve uma elipse da qual o sol ocupa um dos focos. O mesmo Kepler, sem essa evidência de um elo simples entre distâncias e revoluções planetárias, jamais teria tido o desejo de colocar seu zelo de observador louco à procura da terceira lei dos movimentos planetários: para todas as órbitas planetárias do sistema solar, a relação do quadrado dos períodos com os cubos dos semi-eixos maiores é constante. Porém, mais profundamente talvez, a nova astronomia deverla subverter a física. Uma cosmologia, dizíamos, não saberia ser inocente: a de Ptolomeu se apoiava numa física, a de Aristóteles, que a precedera de muito; o conjunto formava um todo, certamente não isento de fraquezas, e até de contradições parciais, mas globalmente coerente. Copérnico propõe uma nova cosmologia sem fazer obra de físico, ainda que essa cosmologia seja incompatível com a física de Aristóteles. O mundo científico se encontra diante de uma cosmologia, por assim dizer, suspensa no vácuo. O dilema é simples: ou aderir à nova cosmologia, por motivos astronômicos ou filosóficos, e repudiar a física de Aristóteles, e, portanto, ver-se obrigado a construir uma nova física, ou então conservar a física aristotélica e recusar o heliocentrismo.

A Copérnico, e somente a ele, cabe a glória de ter criado tal situação de desafio aberto ao sistema monolítico de Aristóteles e de Ptolomeu, e de ter intimado os físicos a escolherem. Galileu e Kepler seguirão caminhos diversos, mas um e outro farão a escolha correta. Não é uma recomendação desprezível para Copérnico.

Foi bem nesses termos que Galileu colocou o problema desde a primeira jornada do *Diálogo sobre os dois grandes sistemas do mundo*. Pois Galileu tem, se não provas, ao menos razões objetivas para aderir ao heliocentrismo e recusar a cosmologia e a física de Aristóteles: em sua luneta, viu as fases de Vênus e, sobretudo, os satélites de Júpiter. Se as fases de Vênus são incompatíveis com a ordem do sistema solar segundo Aristóteles, os satélites de Júpiter são incompatíveis com os próprios fundamentos da cosmologia e da física antigas; de fato, Aristóteles afirma não só que os astros têm movimentos circulares, mas que no mundo existe apenas um único centro físico de revolução, e acrescenta, muito imprudentemente, que se houvesse mais de um então poderia haver uma infinidade. Desde o momento em que corpos celestes giram ao redor de Júpiter, mesmo se alguém permanece adepto do geocentrismo, será forçado a admitir que há pelo menos dois centros físicos de rotação no universo: a Terra e Júpiter. E, se existe mais de um, haverá tantos quantos se queira! Galileu adotará então a cosmologia de Copérnico e construirá uma nova física com o êxito e as conseqüências que todos sabemos.

Se Galileu determina, entre outras, as leis da queda dos corpos pesados, Kepler, por sua vez, lança as leis empíricas dos movimentos celestes, e Huygens as da força centrífuga, no caso do movimento circular. Caberá ao gênio de Newton unificar essas conquistas diferentes, descobrir a gravitação universal e fundar a mecânica celeste.

Aparecido sem necessidade imperiosa, o heliocentrismo, numa primeira etapa, não trouxe nenhuma facilidade nova à prática cotidiana da astronomia, nem mesmo para Copérnico, nos domínios em que o ganho parecia imediato. Já tomamos o exemplo das retrogradações; poderíamos expor o dos movimentos em latitude, aos quais Copérnico não traz qualquer simplificação por ter deixado de passar todos os planos orbitais dos planetas pelo sol verdadeiro. De qualquer modo, numa época em que a dinâmica — isto é, a determinação dos movimentos a partir das forças postas em jogo — simplesmente não existe, em que a ambição dos astrônomos se limita a uma descrição cinemática racional das aparências celestes, o melhor sistema de referência não é o de Copérnico, e sim o de Tycho Brahe, que acumula a vantagem ptolomaica de um observador terrestre fixo e uma das vantagens copernicanas: a compreensão imediata dos comportamentos diferentes dos planetas inferiores e dos planetas superiores. Quando os astrônomos, utilizando a lei da gravitação universal, determinarem os movimentos dos corpos celestes a partir de suas posições, velocidades e forças em presença de um dado instante, é que a superioridade do sistema copernicano ficará evidente: é nesse sistema que as equações, cuja resolução dá os movimentos, se formulam da maneira mais simples. Logo, foi 150 anos depois do aparecimento do *De revolutionibus* que resplandeceu a superioridade do heliocentrismo em um terreno inimaginável no tempo de seu inventor. E é exatamente na singularidade de sua aparição e em suas virtualidades excepcionais que reside a grandeza da obra de Copérnico. Todos esses aspectos complexos e contraditórios da revolução copernicana irão intervir na recepção do heliocentrismo.

7. A difusão e a recepção do heliocentrismo

Vimos que a difusão do heliocentrismo tinha começado antes do aparecimento do *De revolutionibus*, pela difusão impressa da *Narratio prima* de Rheticus. Além disso, sabemos que ela foi precedida por uma difusão manuscrita, restrita e provavelmente entre amigos, devida ao próprio Copérnico.

A 1º de maio de 1514, Matthias de Miechow, professor da Universidade de Cracóvia, assinalou no catálogo de sua biblioteca particular um manuscrito de seis folhas que expunham a teoria de um autor que afirmava que a Terra se movia, enquanto o sol permanecia imóvel. Essa referência faz alusão a um manuscrito que teria circulado anonimamente e sem título; entretanto, o breve resumo que dele faz Matthias de Miechow nos permite afirmar que se trata do primeiro escrito astronômico de Copérnico. Não se pode estabelecer com precisão a data em que foi composto esse pequeno opúsculo, que mais tarde tomou o título de *Nicolai Copernici de hipothesibus motuum caelestium a se constitutis commentariolus*, mas podemos razoavelmente situar os primeiros esboços da nova astronomia dos anos 1509-10, e a composição do pequeno tratado por volta de 1511-13. Em todo caso, uma cópia do *Commentariolus* estava a 1º de maio de 1514 em posse de Miechow.

Um segundo exemplar pertenceu a um amigo de Copérnico, o cônego Bernard Wapowski, o qual, tendo entrado para a Universidade de Cracóvia dois anos depois de Copérnico, residiu mais tarde nessa cidade, então capital da Polônia. Secretário do rei da Polônia, Wapowski mantinha relações com outras cortes reais, entre as quais a do Sacro Império Romano Germânico. E talvez por intermédio de Wapowski foi que Thaddeus Hagecius obteve o exemplar do *Commentariolus* que ofereceu a Tycho Brahe quando este, a 1º de novembro de 1575, assistiu à coroação de Rodolfo II, em Ratisbona. Em 1596, com efeito, em sua correspondência astronômica, Brahe recorda: "Um pequeno tratado de Copérnico sobre as hipóteses que formulou me foi oferecido em manuscrito há algum tempo, em Ratisbona, por Thaddeus Hagecius, homem muito distinto a quem estou ligado por amizade desde longa data. A seguir, enviei esse tratado a certos matemáticos da Alemanha. Assinalo esse fato para que as pessoas em cujas mãos vier a ter esse escrito possam conhecer-lhe a procedência."

Assim, trinta anos após a publicação do *De revolutionibus*, não havia mais dúvida sobre a identidade do autor dessa primeira exposição do sistema heliocêntrico. Além disso, o *Commentariolus* pareceu a Tycho Brahe suficientemente importante para que ele se decidisse a difundi-lo junto a certos matemáticos alemães, quando o *De revolutionibus* e a *Narratio prima* já haviam tido grande circulação, e apesar de que ele mesmo não aceitava o sistema de Copérnico.

Depois de ter sido assinalado por Tycho, o *Commentariolus* ficou esquecido por três séculos. O historiador alemão Maximilian Curtze, tendo encontrado em Viena uma cópia manuscrita desse texto, publicou-o em 1878. Uma outra cópia foi descoberta em Estocolmo, e publicada em 1881. As lições desses dois manuscritos, rapidamente colacionados, permitiram a Prowe publicar o *Commentariolus* em edição crítica a partir de 1884, em sua célebre biografia de Copérnico. Recentemente, um terceiro manuscrito foi encontrado em Aberdeen. Note-se que nenhum desses três é do punho de Copérnico.

O impacto do *Commentariolus* é difícil de avaliar; provavelmente foi pequeno; pode-se, ao menos, afirmar que se estendeu aos meios universitários, diplomáticos e religiosos. Por outras fontes, sabemos que Copérnico teve apoiadores eminentes no seu círculo mais próximo, bem antes de 1543. E, primeiro de todos, Tiedemann Giese, que sempre animou Copérnico a publicar todos os seus trabalhos e tentou mobilizar Rheticus contra o prefácio anônimo do *De revolutionibus*. Logo depois que Copérnico morreu a 24 de maio de 1543, em Frombork, em julho Giese escreveu a Rheticus: "A leitura de seu livro, que me parecia pôr de novo diante de mim Copérnico vivo, deveria compensar a dor que senti com a perda desse homem eminente, que era como meu irmão, mas, desde a primeira página, percebi a má-fé e, como dizer com toda a verdade, a impiedade de Petreius, as quais me encheram de uma indignação ainda mais violenta que meu desgosto anterior. De fato, quem não se sentiria afligido por semelhante perversidade, disfarçada sob a proteção da boa-fé? No entanto, não sei se essa malvadez deve ser imputada a esse impressor que depende da indústria de outrem, em vez de a algum indivíduo invejoso que, lamentando dever afastar-se de sua antiga opinião se esse livro jamais obtivesse a glória, tenha talvez abusado da simplicidade desse impressor para retirar todo crédito à obra." Como Giese o pressentia, as primeiras páginas não se devem a Petreius, mas ao teólogo e amador de matemáticas Andreas Osiander, ao qual Rheticus, obrigado a retomar seu cargo de professor em Leipzig, em fins de 1542, havia confiado a tarefa de supervisionar o final da edição do *De revolutionibus*. Em um prefácio anônimo, Osiander exprime a interpretação, que se tornará corrente, não só nos meios eclesiásticos mas também entre os astrônomos, segundo a qual a teoria copernicana é uma hipótese matemática cômoda que não saberia descrever os verdadeiros movimentos do sistema do mundo. Foi contra esse amortecimento da mensagem de Copérnico que se ergueu Giese — o mesmo Giese irá até mesmo interceder junto ao conselho municipal de Nuremberg.

Rheticus, para quem o sistema de Copérnico era o verdadeiro sistema do mundo, não interveio nessa questão, julgando o prefácio de Osiander pelo que era: uma precaução diplomática. Osiander não tinha se explicado com Rheticus desde a publicação da *Narratio prima*. Em abril de 1540, escreveu a Rheticus: "Os peripatéticos e os teólogos serão facilmente acalmados se ouvem dizer que para um mesmo movimento aparente pode haver hipóteses diversas, e que as de Copérnico não são apresentadas porque as coisas se sucedem exatamente dessa forma, mas porque elas permitem mais comodamente calcular o movimento aparente e o composto; e que é possível a algum outro astrônomo inventar outras hipóteses, e que um astrônomo pode apresentar, para explicar um mesmo movimento aparente, hipóteses adaptadas, e que um outro apresenta hipóteses ainda mais bem adaptadas, e que é permitido a todos — ou melhor, que se espera de todos — que inventem as mais cômodas." Todavia, é curioso que Rheticus não tenha esclarecido Tiedemann Giese quando do envio a este de dois exemplares do *De revolutionibus*.

Único aluno de Copérnico, junto de quem permaneceu por mais de dois anos, Georg Joachim Rheticus obteve a celebridade compondo a primeira exposição impressa da nova astronomia, a *Narratio prima*, publicada em 1540, portanto três anos antes do *De revolutionibus* do mestre. A iniciativa de Rheticus nos ensina mais sobre a recepção do heliocentrismo do que a circulação do *Commentariolus*. Primeiro, Rheticus não foi por acaso se encontrar com Copérnico em Frombork. Em seu prefácio às *Orationes duae, prima de astronomia et geographia, altera de physica*, publicadas em 1542, em Nuremberg, Rheticus escreve: "Quando enfim ouvi falar da considerável reputação do dr. Nicolau Copérnico na região norte, embora naquele momento a Universidade de Wittenberg me houvesse nomeado professor público nessas disciplinas, pensei no entanto que não devia descansar enquanto não tivesse aprendido algo de seus conhecimentos." Essa declaração confirma as primeiras linhas da *Narratio prima*, que se abre com uma lembrança ao dedicatário, Johann Schöner: "No dia 14 de maio, enviei a você, de Poznan, uma carta em que anunciava que ia fazer uma viagem à Prússia, e na qual prometi lhe dar ciência, desde que possível, se a realidade correspondia à minha expectativa e aos rumores que correm [...]. Mas, em primeiro lugar, gostaria que você ficasse bem convencido, meu sábio Schöner, de que esse homem, cujos trabalhos sigo atualmente, não é inferior a Regiomontanus em nenhum ramo da ciência, e particularmente no conhecimento da astronomia; mas se o comparo com mais freqüência a Ptolomeu, não é por considerar Regiomontanus inferior a Ptolomeu, mas porque meu mestre tem a felicidade, em comum com Ptolomeu, de ter acabado, com a ajuda da clemência divina, a reforma da astronomia que havia intentado, enquanto que Regiomontanus, infelizmente devido ao destino cruel, deixou a vida antes de ter erguido o seu edifício."

Foi portanto a fama de Copérnico, enquanto astrônomo, que atraiu Rheticus a Frombork. Logo que chegou, em fins de maio de 1539, estudou os manuscritos de Copérnico e redigiu, sob a forma de uma exposição endereçada a Schöner, a *Narratio prima*, terminada a 23 de setembro de 1539. A obra foi editada em Gdansk, em princípios de 1540, aos cuidados do secretário de Rheticus, Heinrich Zell. Tal obra deve sua importância ao fato de ser o único texto, com o *Commentariolus* do próprio Copérnico, consagrado ao novo sistema antes da publicação do *De revolutionibus*; e, sobretudo, apesar de ser incompleta, e sem dúvida graças à clareza de sua apresentação do heliocentrismo, a *Narratio prima* viu sempre serem reconhecidos os seus méritos pedagógicos. Além disso, mesmo depois da publicação do *De revolutionibus*, a *Narratio* ficou sendo o único comentário seguidamente impresso desse tratado, e a exposição mais facilmente acessível da nova astronomia, como Maestlin e Kepler não deixarão de sublinhar. A *Narratio prima* acompanha a edição do *De revolutionibus* feita na Basiléia em 1566, e as edições do *Mysterium cosmographicum* de Kepler, em 1596 e 1621.

A primeira edição da *Narratio*, anônima, por prudência elementar, foi bastante bem acolhida de modo que no ano seguinte, 1541, apareceu, na Basiléia, uma segunda edição, dessa vez assinada. Tal edição deve-se aos cuidados de Achille Gasser, a quem Rheticus havia enviado um exemplar da primeira; foi provavelmente o primeiro adepto de Copérnico, fora do círculo restrito que o cercava em Warmie, e depois de Rheticus, é claro. Gasser rapidamente compartilhou seu entusiasmo com Georg Vögeli. Dedicatário da segunda edição da *Narratio*, Vögeli estava então instalado em Constança, onde praticava a medicina e as matemáticas. Em seu prefácio à *Narratio* de 1541, Gasser escreve: "Ao muito sábio mestre Georg Vögeli de Constança, filósofo, médico e amigo fraternal, Achille Pirmin Gasser de Lindau saúda. Envio-lhe, excelente homem, como se você fosse uma pedra de Heracléia, este pequeno tratado que não é apenas novo e desconhecido de nossos contemporâneos, mas que também você há de achar, se não me engano, perfeitamente admirável e absolutamente surpreendente, porque vai ao encontro do senso comum. Foi Georg Joachim Rheticus, mestre em artes e antigo professor de matemáticas em

Wittenberg, um compatriota e meu melhor amigo, quem me enviou nesses últimos dias, de Gdansk, esta obra com uma carta cheia de todas essas coisas. Embora não corresponda aos modos de ensinar em uso até hoje, e possa ser julgado contrário, por mais de uma tese, às teorias habituais das escolas, e herético (como diriam os monges), este livro, no entanto, parece de fato oferecer o restabelecimento, e até a renascença, de uma nova astronomia e absolutamente de acordo com a verdade, notadamente porque apresenta teses muito claras sobre esses assuntos que, você sabe, há muito são controvertidos na terra inteira, com a última energia, como se diz, não só pelos mais sábios matemáticos, mas pelos maiores filósofos: [trata-se] do número das esferas celestes, da distância das estrelas, do papel preponderante do sol, do lugar e dos círculos dos planetas, da fixidez do comprimento do ano, do conhecimento dos pontos equinociais e solsticiais, enfim, do lugar e do movimento da Terra."

Vê-se que se trata de uma concordância total sobre a própria substância do heliocentrismo, a partir de uma escolha feita com todo o conhecimento de causa. Notar-se-á igualmente que estamos longe das teses ficcionistas pedagógico-diplomáticas da carta ao leitor, que o teólogo luterano Osiander pusera na abertura do *De revolutionibus*. A continuação desse prefácio mostra, aliás, que Gasser se considera um prosélito do heliocentrismo: a verdade, não é mais possível escondê-la, nem encobri-la, ela não está reservada a um pequeno grupo de amigos. E prossegue: "Assim, meu muito caro Georg, como vemos que estamos liberados da maior parte das dificuldades da astronomia e que, além disso, os pontos mais obscuros nos são esclarecidos, leia por inteiro e com cuidado, é o que lhe peço, este pequeno tratado que envio; depois de o ter lido, critique-o com rigor; e, depois de o ter julgado, muito bem, recomende-o a todos aqueles que lhe sejam próximos e ofereça-o para que leiam, na esperança de que, desse modo, não só a segunda exposição veja mais cedo a luz do dia, mas que esta obra perfeitamente singular e quase divina (da qual estas exposições mostram o conteúdo como se fossem um quadro), uma vez mais bem conhecida, possa ser apreciada e exigida por solicitações bem freqüentes ao próprio autor. O que desejo alcançar ao remeter a você esta obra, é isso: por intermédio de você, que é verdadeiramente bem versado nas ciências físicas, quero dar oportunidade aos que, como você, se entregam a tais estudos tão belos, de oferecer larga e abundantemente aos mais jovens os recursos para que se desenvolvam com justo reconhecimento, e aos mais velhos o meio de descobrir a verdade, mesmo se opondo à multidão de espíritos vulgares."

A acolhida no círculo protestante de Rheticus foi, assim, às vezes tão boa quanto a acolhida no círculo católico de Copérnico, mesmo levando em conta que Lutero, numa conversa à mesa, a 4 de junho de 1539, tinha se referido com desprezo ao "louco que quer virar de cabeça para baixo toda a arte da astronomia". Uma segunda edição da *Narratio*, menos de um ano após a primeira, e, dessa vez assinada por Rheticus, é o sinal mais seguro de uma acolhida favorável. Ademais, sabe-se que, ao voltar a Wittenberg em outubro de 1541, Rheticus retomou o ensino de matemática e de astronomia, sem ter de sofrer devido ao seu elogio da teoria copernicana. Ao contrário, foi logo eleito deão e publicou por esse tempo os dois discursos que mencionamos; todavia, não ensinará a astronomia copernicana e seu curso será consagrado à astronomia de al-Farghani e ao *Almagesto* de Ptolomeu.

Já que evocamos a atitude de Lutero, convém precisar que a versão dada provém de Andreas Aurifaber, muito ligado a Rheticus; uma outra versão, a de Lauterbach, foi transmitida sob uma forma ligeiramente diversa. Lauterbach escreve, relatando essa conversa à mesa: "Fez-se menção de um novo astrólogo que queria provar que a Terra se move, e não o céu, o sol e a lua, como se alguém, se deslocando num veículo ou num barco, quisesse imaginar que ele estava imóvel, mas que a terra e as árvores se deslocavam." E Lauterbach põe na boca de Lutero as seguintes palavras: "Aquele que deseja ser inteligente não deve se satisfazer com a opinião de outros. Deve sempre adiantar algo de sua lavra, como o faz o que deseja subverter toda a astrologia. Mas já que a astrologia foi subvertida, eu creio, quanto a mim, nas Sagradas Escrituras, que Josué ordenou ao sol e não à Terra que parasse." Certos protestantes, hoje, preferem esta versão à de Aurifaber, sem dúvida achando que ela dá de Lutero uma imagem menos grosseira, mas ela dá também a imagem de um homem que pensava poder reduzir uma maneira de pensar radicalmente nova, e o trabalho de toda uma vida, ao simples desejo de brilhar entre os contemporâneos pela novidade de suas proposições. Ambas as versões indicam sobretudo o maniqueísmo desse lugar-comum que insiste que a ciência nova tenha sido mais bem acolhida no ambiente da Reforma que no da Igreja Católica. Os partidários dessa tese esquecem que o *De revolutionibus* foi publicado antes do início do Concílio de Trento, e que então os protestantes estavam, aliás, mais preocupados com o estrito respeito às Escrituras do que os católicos. Foi só depois do final do Concílio de Trento, que durou de 1545 a 1563, que a escalada ideológica entre os irmãos inimigos conduziu às sentenças tão brutais como ineficazes que conhecemos.

O próprio Melâncton, apesar de sua estima pela sabedoria de Rheticus, adotará uma atitude mais que reservada quanto ao heliocentrismo. Nos *Initia doctrinae physicae*, que publicou em 1549, ele aborda, sem nomeá-los, Copérnico e sua obra. Certo, releva as passagens da Bíblia, não numerosas nem fundamentais, que falam do movimento do sol e não do movimento da Terra, mas sua crítica se apóia nas objeções que os aristotélicos de Alexandria erguiam contra o sistema de Aristarco, predecessor e não precursor de Copérnico. Para Melâncton o sistema de Copérnico seria apenas a retomada de um sistema há muito ultrapassado. Voltaremos ao assunto.

Quanto a Calvino, certos historiadores afirmam que ele simplesmente não se interessou pela nova astronomia. Richard Stauffer mostrou que Calvino trata ao menos uma vez do heliocentrismo. No 8º sermão sobre os capítulos 10 e 11 da primeira Epístola aos Coríntios, datado provavelmente de 1556, Calvino admoesta suas ovelhas nesses termos: "Vemos que instrução temos a recolher desta passagem: não se trata de dissimular o Bem nem o Mal, mas de andar na harmonia e na verdade. Quando vemos algo bom e louvável, então que confessemos que assim seja, e não sejamos iguais a esses fantasiosos que têm espírito amargo e de contradição, que acham defeitos em tudo, e tudo fazem para perverter a ordem da natureza. Desses, veremos alguns tão frenéticos, não só em matéria de religião, mas que mostram em toda parte que têm uma natureza monstruosa, que dirão que o sol não se move, que é a Terra que se movimenta e gira. Quando vemos tais espíritos, é bem necessário afirmar que o diabo os possui e que Deus os apresenta como espelhos para nos fazer persistir em seu temor."

Já vimos como o bispo de Chelmno, Tiedemann Giese, sustentou sempre Copérnico com firmeza. O mesmo se deu com Nicolau Schönberg, cardeal de Cápua. A 1º de novembro de 1536, ele escreveu de Roma a Copérnico: "Como há alguns anos já não ouvia em toda parte senão louvores ao seu gênio, comecei a tê-lo em alta estima, e a felicitar nossos contemporâneos entre os quais você se cobre de glória semelhante. Pois soube que não só você conhece admiravelmente as descobertas dos antigos matemáticos, mas que, da mesma forma, criou uma nova doutrina do mundo, segundo a qual a Terra se move enquanto que o Sol ocupa o ponto mais baixo e, por conseqüência, o mais central do universo; que a oitava esfera permanece fixa e eternamente imóvel; e que a lua, com os elementos incluídos em sua esfera, se move ao redor do sol em um percurso anual situado entre os céus de Marte e de Vênus; que, de todos, este sistema você o elaborou nos *Comentários* e que, tendo submetido ao cálculo os movimentos dos astros errantes, compôs tábuas que são a grande admiração de todos. É por isso, homem muito sábio, que lhe peço com muita instância — se não for importuná-lo — que comunique aos sábios a sua descoberta, e que me envie, o mais rápido que puder, os frutos de suas meditações noturnas sobre a esfera do mundo, com as tábuas e tudo o mais que poderia ter ainda a respeito do assunto. Encarreguei Théodore de Reden de mandar copiar tudo isso e de mandar colocar nas minhas despesas. E se quiser enviar tão depressa como desejo, verá que está se relacionando com um homem que o tem em muito alta estima e tem pleno desejo de render justiça ao seu gênio. Até mais ver."

Mas voltemos a Gasser. Se a história lhe devia dar razão, não parece que a afirmativa, segundo a qual o sistema de Copérnico liberta a astronomia de todas as dificuldades, tenha sido partilhada por muitos praticantes nos anos que se seguiram à publicação do *De revolutionibus*. Mas o emprego último de um tratado como o de Copérnico não estava à disposição de astrônomos medíocres e ainda menos de astrólogos: estes utilizavam tábuas mais práticas. No tempo de Copérnico, as tábuas mais célebres eram ainda as *Tábuas alfonsinas*, que devem seu nome a Alfonso X de Castela, a pedido de quem teriam sido elaboradas. Essas tábuas só foram difundidas no Ocidente através da versão estabelecida cerca de 1320 pelos astrônomos parisienses Jean de Murs ou Jean de Lignières. O sucesso delas foi tal, junto aos práticos, que as *Tábuas alfonsinas* praticamente eliminaram todas as suas concorrentes, mesmo as mais célebres, como as de Toledo e de Toulouse. O motivo desse êxito, como assinala Emmanuel Poulle, baseia-se mais na qualidade da compilação dos cânones — ou seja, do modo de empregar — redigida por Jean de Saxe, do que à qualidade das previsões de posições.

Um astrônomo hábil calculador

Famoso por sua grande habilidade no cálculo, E. Reinhold tinha estofo para utilizar a obra de Copérnico; será o primeiro astrônomo a elaborar e publicar tábuas astronômicas baseadas no *De revolutionibus* (dizemos no *De revolutionibus* e não no "heliocentrismo"). Essas tábuas, que aparecerão em 1551, serão a última obra editada de Reinhold, mas sabe-se que tinha em preparo várias obras, pelas quais o imperador Ferdinando havia combinado pagar um privilégio em 1549: entre essas estava previsto um comentário sobre o *De revolutionibus*. As *Tábuas prussianas* de Reinhold mencionam esse comentário em dois trechos e, desde os fins do século XVI, pensava-se que ao menos uma parte do comentário fora redigida antes da morte prematura de Reinhold em 1553, e já se deplorava que estivesse perdida. Ora, em princípios do nosso século, dois sábios, Ludwik Birkenmajer e Valentin Rose, descobriram, quase simultaneamente, uma grande parte desse comentário em um manuscrito de Berlim, e provaram que fora escrito pelo próprio punho de Reinhold.

As *Tábuas prussianas* desfrutaram logo de grande prestígio; destronaram as *Tábuas alfonsinas* e muito fizeram pela difusão do copernicismo. Daí se poderia deduzir que Reinhold era um heliocentrista convicto. Absolutamente. As tábuas astronômicas, e até os capítulos de astronomia prática do *Almagesto* ou do *De revolutionibus*, são ferramentas de cálculo cuja prática não implica a escolha de uma cosmologia: tratar da natureza das esferas celestes, da ordem de sua sucessão no universo, do poder que elas têm umas sobre as outras é uma coisa, dar com a melhor precisão possível a posição dos planetas no céu é outra. Dois indícios, pelo menos, mostram que Reinhold não foi um heliocentrista entusiasmado como Rheticus ou Gasser. Encontrou-se o exemplar do *De revolutionibus* que pertenceu a Reinhold, e que está cuidadosamente anotado; nenhum erro de Copérnico escapa à vigilância de Reinhold, e o exame atento que Owen Gingerich fez dessas notas marginais demonstra que Reinhold se interessa bem mais pelo detalhe das construções geométricas de Copérnico (especialmente as que eliminam o equante ptolomaico), do que pela combinação heliocêntrica das esferas celestes. Por outro lado, em 1957, Alexandre Birkenmajer verificou, no manuscrito de Berlim, duas frases curtas que mostravam que Reinhold elaborava "novas hipóteses" para a astronomia e que tais hipóteses diferiam bastante, tanto das de Ptolomeu como das de Copérnico: inclinam-se para o mesmo compromisso que pouco mais tarde Tycho Brahe haveria de elaborar (hoje duvida-se que Tycho tenha sido o autor), ou seja, que acumulam as vantagens do sistema ptolomaico, preservando a fixidez da Terra, e as do sistema copernicano, fazendo os planetas girarem ao redor do sol.

Se é verdade que as *Tábuas prussianas* contribuíram grandemente para a divulgação do sistema de Copérnico, mostrando de certo modo a superioridade do *De revolutionibus* sobre o *Almagesto*, é também certo que os contemporâneos de Reinhold não puderam deixar de se impressionar pelo eloqüente silêncio desse célebre astrônomo acerca da própria substância do heliocentrismo. Tal silêncio só fez reforçar a corrente dos que, a exemplo de Osiander em seu prefácio, consideravam o sistema de Copérnico uma ficção, tanto mais que alguns acreditavam que esse prefácio anônimo era de autoria do próprio Copérnico: enquanto que Kepler indica o autor, duzentos anos depois, Delambre, um bom historiador de astronomia, ainda achava que o prefácio fosse da pena do autor do *De revolutionibus*.

Um astrólogo desastrado

Cyprianus Leovitius não é Reinhold, jamais foi considerado um hábil calculador. É astrólogo, e apenas astrólogo, e, como tal, sua crítica se dirige às tábuas de Copérnico em relação com as *Tábuas alfonsinas*. As críticas de Leovitius chegaram até nós por diversas fontes indiretas (cadernos de Brozek, confidências de Moleti e de Tycho Brahe, cartas de reprimendas de Rheticus), e por uma única fonte direta (as *Efemérides*, de Leovitius para os anos 1556-1606). A circunstância estranha é que Leovitius compara as *Tábuas alfonsinas*, que se sabe terem sido, durante muito tempo, a ferramenta básica dos astrólogos ou dos astrônomos de segunda ordem, incapazes de utilizar diretamente o *De revolutionibus* ou o *Almagesto*, com as "tábuas de Copérnico", isto é, as tabelas de números e seu modo de emprego, tais como são encontrados nos capítulos de astronomia prática da grande obra de Copérnico, sem nunca falar das *Tábuas prussianas* de Reinhold, já bastante famosas. Seja como for, Leovitius censura à nova astronomia o fato de renegar os princípios da astronomia tradicional, assegurando que não censura em conjunto todos os sábios que se engajam nesses novos caminhos. Mas Leovitius poderia recusar o heliocentrismo e aceitar as tábuas resultantes dos novos modelos planetários; se recusa igualmente as tábuas de Copérnico, é porque pensa que o mérito delas não é bastante para que se possa arriscar o abandono de tábuas que o tempo consagrou. Foi sobre essa dúvida que Rheticus, para quem a astronomia de Copérnico era "por assim dizer, eterna", respondeu com duas cartas de protesto endereçadas a Joachim Camerarius e Hieronimus Wolf.

Um grande observador

Outra personagem, e de outra estatura, a recusar o sistema de Copérnico: Tycho Brahe. Dentre as razões alegadas por Tycho ressalta-se uma particularmente interessante. Falecido em 1601, portanto oito anos antes que Galileu apontasse uma luneta para o céu pela primeira vez, Tycho Brahe é um dos maiores observadores de todos os tempos: enquanto que, de Hiparco a Copérnico, os astrônomos só tinham determinado as posições dos astros em cerca de meio grau aproximadamente, Tycho Brahe consegue um pouco mais que um fator de dez, e aumenta a precisão das observações até dois minutos de arco. Ora, um dos argumentos anticopernicanos de Tycho será de ordem observacional. Iludido pela difusão das imagens estelares sobre nossa retina, Tycho Brahe aplica diâmetros aparentes às estrelas: 120s (logo, dois minutos de arco) às de primeira grandeza; 90s às de segunda grandeza etc. Dois minutos de arco é justamente a precisão média de suas observações de posição. Ora, com seis meses de intervalo, enquanto que a Terra deveria estar em dois pontos diametralmente opostos de seu orbe copernicano, Tycho não mede nenhum deslocamento perspectivo das estrelas. A conclusão é evidente: se o diâmetro aparente da órbita terrestre, visto das estrelas mais brilhantes, é menor que o diâmetro aparente das ditas estrelas, é que o diâmetro verdadeiro das estrelas é maior que o diâmetro verdadeiro da órbita terrestre! Tycho Brahe recusa um universo no qual o tamanho dos objetos é maior que as distâncias que os separam.

Assim, vários decênios após o aparecimento do *De revolutionibus*, o novo sistema não arrebata inteiramente, num primeiro tempo, a adesão nem dos bons práticos de astronomia, nem dos astrólogos, nem dos observadores, mas às vezes dos teólogos, dos filósofos e dos eruditos. Será necessário esperar o começo de século XVII para que, nas mãos de Galileu e de Kepler, a nova astronomia manifeste toda a sua força revolucionária.

8. A grande subversão

Uma mudança de atitude

Em 1550, Giovanni Maria Ciocchi del Monte foi eleito papa com o nome de Júlio III. Era a ocasião para que Luca Gaurico lhe fizesse o horóscopo. A fortuna parecia sorrir a esse astrólogo já famoso: o caráter e as inclinações do soberano pontífice são descritos com bastante exatidão e claramente previstos certos pormenores de sua vida. Êxito tanto mais meritório que Gaurico elaborou o horóscopo pela data de 15 de outubro de 1488, embora a data correta do nascimento de Ciocchi del Monte seja 10 de setembro de 1487... um ano e trinta e cinco dias mais cedo!

Em vez de se indignar, o historiador de astronomia Willy Hartner preferiu pesquisar o que levara Gaurico a deslizar desse modo a data do nascimento de Júlio III através dos tempos. Encontrou um bom indício na fonte conhecida dos cálculos de Gaurico, as *Efemérides para os anos 1475-1506* publicadas por Regiomontanus em Nuremberg em 1474. Acompanhando essas *Efemérides*, descobre-se que, a 10 de setembro de 1487, tanto o sol e a lua, como Júpiter e Vênus, estavam em quadratura: o aspecto desfavorável dessa geometria celeste rejeitava a possibilidade de que um papa nascesse sob o seu domínio. De fato, não só o aspecto trígono associando os signos, três por três, e sobretudo reunindo os signos do mesmo sexo é considerado a figura eficaz e benfazeja por excelência (sabe-se como as religiões orientais valorizam a tríade pai-mãe-filho, símbolo da vida perpetuada pela geração), como o aspecto quadrato é geralmente assinalado como uma associação antipática e desfavorável, pois compreende um número igual de signos de sexo diferente e porque os signos do mesmo sexo se colocam em posição diametralmente oposta. Fazendo assim, para salvar a teoria astrologicamente fundamental dos aspectos, o astrólogo Gaurico não se incomodava com a realidade histórica mais do que o astrônomo Ptolomeu cuidava da realidade celeste para estabelecer sua teoria da lua (cf. *supra*, p. 53), e o homem da Renascença encarava de modo indulgente esse tipo de arranjos salvadores. O próprio Ptolomeu, aplicando um valor impreciso do ano trópico às observações do equinócio por Hiparco em 147 a.C., e do solstício de verão, por Meton, em 432 a.C., dá os dias e as horas desses mesmos fenômenos para os anos de 132, 139 e 140 da nossa era, e proclama, além disso, que efetivamente os observou com a ajuda de seus instrumentos. Infelizmente, são necessárias trinta horas para que suas datações mereçam crédito.

No século XVI, é preciso ainda acolher tal tipo de declaração com a mesma prudência. Em 1597, Kepler, na idade de 26 anos e no momento em que acabava de publicar seu primeiro livro, o *Mysterium cosmographicun*, não hesita em escrever a Galileu que, para assegurar o triunfo do copernicismo, está pronto para utilizar argumentos "fraudulentos", caso os bons não surtam efeito. Felizmente, alguns anos mais tarde ele se tornou mais exigente e, debruçando-se sobre as observações de Marte feitas por Tycho, e que conservava, preferiu — por 10 pequenos minutos de arco — cingir-se ao veredicto dos dados de seu mestre em vez de adulterá-los, ou escamoteá-los, para salvar o movimento circular uniforme.

Um proprietário dinamarquês

Em 1550, Tycho está com quatro anos: nasceu a 14 de dezembro de 1546 em Knudstrup, na Escânia, hoje pertencente à Suécia, mas à época terra dinamarquesa. Dinamarquês, Tycho o é por toda a família. Seu pai foi governador do castelo de Elsingborg, separado do de Hamlet, o castelo de Elsinore, pelo estreito de Sund. O tio, Jörgen Brahe, que, sem filhos, educará Tycho, é vice-almirante e fidalgo do campo; morrerá de um mergulho na água gelada para salvar do afogamento o seu rei, Frederico II. Aos sete anos, Tycho aprende latim, e com treze, em abril de 1559, inscreve-se na Universidade de Copenhague, muito aristotélica, e à época sob a influência de Melâncton. Inicia-se na retórica e na filosofia. Um ano depois, a 21 de agosto de 1560, Tycho contempla um eclipse do sol. Em Copenhague o eclipse foi apenas parcial, logo pouco espetacular, porém o que impressionou o jovem Tycho Brahe, e decidiu a sua vocação, foi que alguns homens tivessem podido prever o fenômeno.

Depois dos três anos tradicionais, Tycho deixou a Universidade de Copenhague e foi para a de Leipzig. Levou consigo um pequeno globo celeste comprado em segredo. Fora acompanhado por um preceptor quatro anos mais velho, o futuro historiador Anders Sörensen Vedel, que tinha por missão afastá-lo da ciência dos astros e pô-lo no caminho correto que leva às carreiras político-administrativas. Missão à qual renunciou rapidamente. A vagabundagem instrutiva durou até que Tycho chegou aos 25 anos. Conduziu-o de Leipzig a Wittenberg, de Wittenberg a Rostock, depois a Basiléia e a Augsburgo. Levou-o a se encontrar com Caspar Peucer, Cyprian Leowitz e Philippe Apian, filho de Peter, cujo tratado do equatório, o *Astronomicum caesareum*, o mais belo livro de astronomia, fora publicado em 1540 em Ingolstadt. Tycho viajou, portanto, e comprou muito. Comprou livros e desde já instrumentos. Dispunha de um exemplar das *Efemérides* de Stadius, baseadas nas *Tábuas prussianas*, logo, no heliocentrismo, e, sinal de suas preocupações observacionais, não se contentou com essas *Efemérides*; adquiriu também *Tábuas alfonsinas*, as próprias *Tábuas prussianas* e as *Efemérides* de G.B. Carellus. Na década de 1560, para aprender a ler o céu, só dispunha de seu pequeno globo clandestino menor que o punho, e para medir os afastamentos angulares entre os astros tinha apenas um simples compasso.

Sua primeira observação pessoal foi realizada em agosto de 1563. Estava com dezessete anos. Em agosto, portanto, observou a aproximação diária de Júpiter e de Saturno. Fez observações assíduas e as anotou escrupulosamente. A conjunção ocorreu a 17 de agosto. A separação entre a conjunção observada e a calculada, segundo as *Tábuas alfonsinas* de que dispunha, era de cerca de um mês, e segundo as *Tábuas prussianas*, de alguns dias. Essas discordâncias deixaram-no chocado; daí em diante, Tycho consagraria toda a vida a melhorar a precisão das observações. É verdade que o ambiente em que vivia Tycho era inteiramente favorável. Nessa região alemã que engloba Wittenberg, Nuremberg, Leipzig, Ingolstadt e Augsburgo, surgia uma nova atitude frente às observações. O mais importante representante desses astrônomos, que não se contentavam mais em observar o céu quando a necessidade de revisar um parâmetro a isso os obrigava, era Bernard Walther. Se hoje ele é menos conhecido que Peurbach e Regiomontanus, em fins do século XV era considerado um dos melhores astrônomos do seu tempo. Nascido em 1430, observou em Nuremberg desde 1471, ano de seu encontro com Regiomontanus — de quem foi certamente o aluno e talvez o empregador —, até à sua morte, ocorrida em 1504. Portanto, mais de trinta anos consagrados a séries de observações, cujo caráter regular e sistemático assinala uma ruptura com a tradição medieval, mesmo levando em conta que a obra de Walther não oferece a amplitude e o valor da de Tycho. Deve ter sido o primeiro a assinalar a utilização de um relógio para determinar a hora de certas observações. Tais observações, mais de 1.500, só foram publicadas em 1544 por Johannes Schöner, o mesmo que encorajou Rheticus a fazer uma visita a Copérnico. Aliás, foi provavelmente por meio de Rheticus que Copérnico obteve as observações de Walther, pois utilizou três delas para a sua teoria de Mercúrio, enquanto que elas foram publicadas um ano após o aparecimento do *De revolutionibus*. Essa mudança de atitude quanto à observação é apenas um dos aspectos da renovação astronômica que se manifestou na esfera alemã do século XV: uma corrente contínua liga os Peurbach, Regiomontanus, Walther, Schöner, Rheticus, Copérnico, Peucer, Reinhold, Tycho Brahe e Kepler. Esse fenômeno é um tanto ofuscado pela figura isolada, mas imponente e glorificada, do italiano Galileu, e pelo combate dificultoso que teve de manter em favor da nova ciência.

Desde 1564, Tycho adquirira em Leipzig uma balestilha cujo grande braço tinha um metro de comprimento, e o outro, que corre transversalmente ao primeiro, era duas vezes menor. No Museu Britânico, pode-se ver o mesmo instrumento, fabricado em 1571 pelo mesmo artífice — G. Arscenius. Acaba igualmente por um pequeno anel astronômico. Cinco anos depois, em 1569, Tycho começou a construir seus próprios instrumentos: primeiro, um meio-sextante de madeira, cujo raio ultrapassava um metro e meio. Foi nessa época que empreendeu, com os amigos de Augsburgo, Johann Baptist Hainzel, magistrado municipal, e o irmão deste, Paul, burgomestre, a construção de um grande quadrante de madeira de 18 metros de raio. O instrumento era tão pesado e incômodo que foram necessários vinte homens para pô-lo no lugar. Entretanto, declinava a saúde do pai de Tycho, era tempo de voltar à Dinamarca. Tycho partiu, deixando o meio-sextante de presente para Augsburgo; porém, desde seu regresso a Knudstrup, irá construir, conforme os mesmos princípios, um sextante verdadeiro: e foi com esse instrumento que observou a *nova* de 1572... e nessa ocasião Kepler estava com dezoito meses!

Um plebeu alemão

Johannes Kepler, concebido às 4h e 37min da manhã de 16 de maio de 1571, nasceu às 14h e 30min de 27 de dezembro, após uma gravidez de 224 dias, 9 horas e 53 minutos! Tal precisão é do próprio Kepler, assim como as vacilações onomásticas: Kepler, Keppler, Khepler, Kheppler e Keplerus — serão também dele. Em Weil der Stadt, uma cidadezinha da Suábia, entre o Reno e a Floresta Negra, Kepler poderia ter gozado de uma infância agradável. Seu avô, Sebaldus Kepler, fabricante de peles, tinha sido prefeito da cidade, mas, por motivos obscuros, desde 1578, a fortuna e o renome dos Kepler passaram a declinar: o pai, Heinrich Kepler, fez-se mercenário e passou a vagabundear sem cuidar da educação dos filhos; a mãe, Catherine Guldenmann, filha de um estalajadeiro e educada por uma tia que, acusada de feitiçaria, morreu na fogueira, era também de temperamento instável; acusada na velhice de ter se casado com o diabo, escapou por pouco da sorte da tia que a educara.

De natureza débil, agravada por uma miopia que se complicou com uma poliopia anocular, ou seja, às vezes via imagens duplas, Kepler também sofria do estômago e foi um menino doentio, crescendo num lar desunido. Entretanto, teve uma oportunidade: a de nascer e ser educado numa terra em que os duques de Wurtemberg tinham posto em prática um admirável sistema de educação. Tendo abraçado a fé luterana, dispunham de um clero erudito para sustentar as discussões teológicas da época e de uma administração eficaz. Os conventos e mosteiros confiscados tinham sido transformados em escolas primárias e secundárias destinadas a fornecer estudantes para as universidades de Wittenberg e Tübingen. E, principalmente, haviam instituído um sistema de bolsas de estudo, concedidas aos "filhos dos pobres e dos fiéis que denotassem disposição para o aprendizado, piedosos e cristãos..." O gênio precoce de Kepler deve tê-lo dispensado dessa última cláusula, já que, embora seu pai se tenha posto ao serviço do imperador para ir combater os protestantes insurgidos dos Países Baixos, ele se beneficiou desse favor dos duques de Wurtemberg.

Assim, irá seguir o caminho da maioria dos intelectuais da época: escola elementar, escola superior, seminário e universidade. Em 1578, entrou para a escola elementar de Leonberg, onde aprendeu a ler, escrever e os rudimentos de latim; depois, suas passagens pela escola de gramática do convento de Adelberg, para onde entrou em 1584, e pelo seminário de Maulbronn, onde chegou em 1586, levaram-no ao bacharelato obtido em Tübingen, a 25 de setembro de 1588: estava com dezessete anos e, além do latim, conhecia já o grego e praticava a dialética e a retórica. Depois de um outro ano passado no seminário de Maulbronn, entrou para a Universidade de Tübingen em 3 de setembro de 1589. Como todo estudante que se destinava à teologia, deveria primeiro seguir os cursos da faculdade de artes para obter o mestrado. Tendo então aprendido ética, dialética, o grego, o hebraico, a física e a esférica, Kepler foi promovido, em boa posição, a mestre de artes em 1591, e obteve o direito de se consagrar à teologia. Seu destino parecia traçado: seria pastor.

De fato, em 1591 Kepler trocou a faculdade de artes pela de teologia, da qual sairá logo, antes de ter obtido seu título de doutor; em fins de 1593, os Estados de Estíria perderam seu *mathematicus*, Georg Stadius. Na verdade, Stadius, se ministrou aulas muito bem por duas vezes, na Stiftsschule de Graz, jamais conseguiu o título de *mathematicus dos Estados*. Seja como for, os Estados da Estíria solicitaram a opinião da Universidade de Tübingen para a escolha de um novo titular. A universidade propôs Kepler. Depois de alguns dias de hesitação, Kepler aceitou. A 5 de março, recebeu a autorização e partiu a pé para Graz, onde chegou no dia 11. Sua primeira aula na Stiftsschule foi dada a 24 de maio de 1594. Tanto as funções como a remuneração de 200 florins anuais são modestas: ensinar os rudimentos de astronomia a jovens nobres protestantes e compor um calendário acompanhado de um prognóstico para o ano seguinte, o que ainda assim lhe valia 20 florins suplementares! No começo do ano de 1595, os estudantes eram bem mais raros que em 1594. Para atrair os alunos a quem a austeridade da ciência astronômica aborrecia, Kepler decidiu tratar de questões astrológicas. Essa escolha levará, pouco menos de um ano depois, ao encontro de Kepler com a idéia que ia dominar o resto da sua vida e produzir alguns diamantes... perdidos em meio a toneladas de escórias. Os caminhos da descoberta são mais impenetráveis que os do Senhor...

Exatamente a 19 de julho de 1595, como assinalará ele próprio em sua preocupação maníaca de precisão numérica, quando, desejoso de mostrar aos alunos como as grandes conjunções saltam sobre oito signos do zodíaco, desenhava no quadro-negro uma longa seqüência de triângulos inscritos em um círculo, uma idéia lhe ocorreu de súbito, com tanta força que julgou ter obtido a chave dos segredos geométricos da Criação: "Jamais poderei exprimir com palavras a alegria que me deu essa descoberta", escreveu no prefácio à edição de 1596 do seu *Mysterium cosmographicum*.

Os ensinamentos recebidos de Michael Maestlin na Universidade de Tübingen já tinham feito dele um copernicano convicto, e ele já elaborara uma lista das vantagens matemáticas que o sistema de Copérnico apresentava sobre o de Ptolomeu; em lugar de destaque figurava o elo, não ainda matematicamente formulado, mas quantitativamente evidente, entre as dimensões dos orbes e a duração de suas revoluções. Por que esse laço? E também por que eram tais orbes em número de seis, e por que tinham entre eles essas distâncias? Eram outras tantas perguntas que atormentavam o jovem Kepler há alguns anos. Sim, todos os elementos móveis do mundo deveriam estar em harmonia com algum segredo divino, como todos os elementos imóveis — a esfera das fixas, o sol e o espaço que os separa — estão em harmonia com... a Santíssima Trindade.

O método de Kepler

Sigamos portanto o método, sobre o qual Jean-Claude Pecker se pergunta se não se trata de um não-método, que será dado à luz no *Mysterium*. E, em primeiro lugar, lembremos o objetivo de Kepler, confessado desde as primeiras linhas do prefácio: "Meu desígnio, leitor, é demonstrar nesta pequena obra que o Criador, Muito Bom e Muito Grande, se ateve à criação deste mundo móvel, e à disposição dos céus nesses cinco corpos regulares que, desde Pitágoras e Platão até os nossos dias, adquiriram tão grande celebridade, e que Ele ordenou em função de suas naturezas o número dos céus, sua proporção e a relação de seus movimentos." Notemos que, situando-se na linhagem de Deus, de Pitágoras e de Platão, por mais complexado que fosse na aparência, Kepler estava muito bem consciente de seu gênio... ou de sua predestinação. Qualquer outro sábio, que não Kepler, daria os resultados de suas pesquisas, à época, sob forma mais acabada e elegante; Kepler nos daria primeiro todos os seus balbucios, todas as suas apalpadelas no escuro, pistas falsas e erros, exatamente como em 1621 quando, 25 anos depois, publicaria uma nova versão do *Segredo do mundo*, preferindo reeditar o texto de 1596, anotado com as correções e os progressos de seu pensamento em vez de dar diretamente a versão definitiva. Essa preocupação, única em toda a história da ciência, é uma boa oportunidade para os historiadores, os filósofos e os epistemólogos; no caso específico do *Mysterium*, essa preocupação salva a obra do esquecimento que cientificamente mereceria. Assinalemos que o *Mysterium cosmographicum* é freqüentemente traduzido para *O mistério cosmográfico*. É o caso de Arthur Koestler em *Os sonâmbulos* e de Gérard Simon em *Kepler, astrônomo astrólogo*.[1] Subscrevemos inteiramente a forma nuançada de Alain Segonds, que traduz *Mysterium* por segredo.[2] Para Kepler e seus contemporâneos, o mundo, como as Sagradas Escrituras, é um livro que canta a glória de Deus. Esse livro sem palavras contém segredos que o homem pode e deve tentar descobrir, mas aquilo que vela um mistério não poderia ser erguido. Que estejam em harmonia com o mistério da Santíssima Trindade revela, justifica ou explica o segredo dos três corpos imóveis do mundo; nada explicaria jamais o mistério da Santíssima Trindade.

De fracasso em fracasso...

Voltemos ao método de Kepler em sua busca da harmonia do mundo. Mas primeiro, não haveria por acaso, entre os raios dos orbes sucessivos, uma relação simples, que números inteiros poderiam exprimir, ou então essa

1. Paris, Gallimard, 1979.
2. Cf. *Le secret du monde*. Paris, Les Belles Lettres, 1984.

relação não poderia existir entre suas diferenças? Procura vã. Kepler irá consagrar muito "tempo a esse trabalho como a um jogo", já que nenhuma regularidade aparecia entre as proporções dos orbes nem em suas diferenças, e ele não tiraria daí outra utilidade além da de gravar bem profundamente na memória as próprias distâncias, tais como haviam sido ensinadas por Copérnico. Assim, não tendo obtido coisa alguma por esse lado, Kepler explorou outro caminho, também em vão: intercalou entre Marte e Júpiter, bem como entre Mercúrio e Vênus, dois pequenos planetas cujo tamanho diminuto nos impediria de ver; atribuindo-lhes, além disso, um tempo de revolução, pensava produzir uma certa regularidade nas relações entre os orbes. Todavia, desde o começo o procedimento o deixou chocado, pois não podia fazer conjeturas razoáveis acerca da "nobreza" de nenhum número que limitaria o número de planetas entre o sol e a esfera das fixas. Além do mais, parecia-lhe preferível supor que Deus estabelecera seu plano do mundo sobre relações estruturais geométricas em vez de fazê-lo sobre relações numéricas, visto que os números são "coisas posteriores ao mundo". Atingimos aí os limites do pitagorismo, freqüentemente assinalado por Kepler: para ele, como nota Alexandre Koyré, os números não poderiam ser excelentes como tais, seriam sempre número de alguma coisa. Aliás Kepler não concordava com os argumentos de Rheticus, que justificava os seis orbes planetários pela nobreza do número seis, primeiro dos números perfeitos, ou seja, dos números que são iguais à soma de seus divisores, inclusive o um (6=1+2+3). Pelo artifício da procura de uma relação numérica um tanto mais complexa, Kepler introduziu em sua pesquisa a geometria e a física.

Escutemos o próprio Kepler: "De novo, procurei de outra forma, perguntando-me se, sobre um mesmo quarto de círculo, a distância de um planeta qualquer não seria o restante do seno, enquanto que o seu movimento seria o restante do seno do complemento. Imaginemos um quadrado AB, construído sobre AC, semidiâmetro do universo inteiro (*Fig. 12*). Do vértice do ângulo B, oposto ao sol ou ao centro do mundo A, descrevamos com um raio BC o quarto de círculo CED. Depois, sobre o verdadeiro raio do mundo, isto é, AC, marquemos o sol, as fixas e os planetas em função de sua distância; a partir desses pontos, tracemos linhas retas até a interseção com o quarto de círculo oposto ao sol.

"Eu supunha então que existe a mesma relação entre a força que move os planetas e a existente entre os segmentos de paralelas. No caso do sol, a linha AD é infinita, visto que AD toca e não corta o quarto de círculo. Portanto, há uma força de movimento infinita no sol: este, aliás, não é outra coisa senão movimento em nome de seu próprio ato. No caso de Mercúrio, a linha infinita está cortada em K: isto porque seu movimento pode, em conseqüência, ser comparado ao de outros planetas. No caso das fixas, a linha é absolutamente inexistente e reduzida ao ponto C:

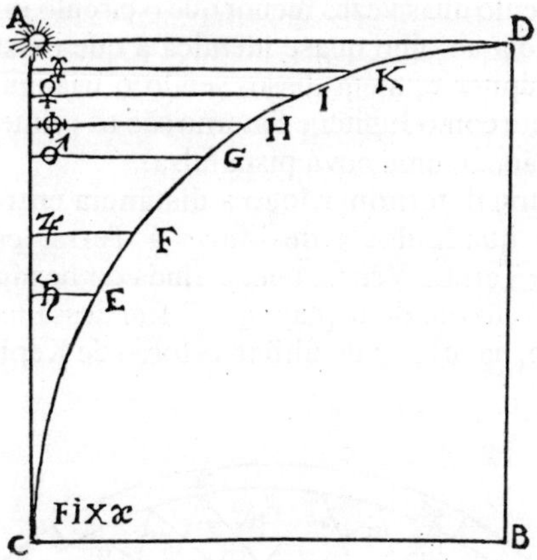

Figura 12

portanto, não há ali nenhuma força de movimento. Eis o teorema que me propunha a examinar no meio do cálculo. Se considerarmos que me faltavam duas coisas — de uma parte, ignorava eu o seno total, ou seja, a dimensão do quarto de círculo proposto, e, de outra parte, a força dos movimentos só era expressa pela relação de um movimento com um outro — se, portanto, dizia eu, considerarmos esses defeitos, poderíamos com razão duvidar das possibilidades que eu teria em conseguir o que fosse por esse meio difícil. E, no entanto, foi-me necessário um longo trabalho e um grande número de idas e vindas entre arco e seno para compreender que essa opinião não podia se sustentar."

Do fracasso ao falso êxito

Novo fracasso, portanto, que teria desanimado qualquer astrônomo que não Kepler. Foi então que o acontecimento de 19 de julho de 1595 interveio em um terreno já bem preparado, no momento em que o verão fora "quase inteiramente perdido a carregar esta cruz". Kepler inscrevia em um mesmo círculo uma multidão de triângulos, ou melhor, quase-triângulos, pois o fim de um formava o começo do seguinte (*Fig. 13*). Os pontos onde se cortavam mutuamente os lados dos triângulos esboçaram a forma de um círculo duas vezes menor que o círculo inicial. A proporção entre ambos parecia ao olho quase idêntica à que existe entre o orbe de Saturno e o de Júpiter e, além disso, sendo o triângulo a primeira das figuras, exatamente como Júpiter e Saturno são os primeiros planetas, isso foi uma iluminação... e uma nova pista falsa!

Kepler tentou determinar logo a distância entre Júpiter e Marte com a ajuda do quadrado; a de Marte à Terra, com o auxílio do pentágono; e a da Terra a Vênus, com a ajuda do hexágono e a de Vênus a Mercúrio com o auxílio do heptágono. O fim dessa tentativa infrutífera esteve, no entanto, na origem do último esforço de Kepler, aquele que iria safisfazê-lo.

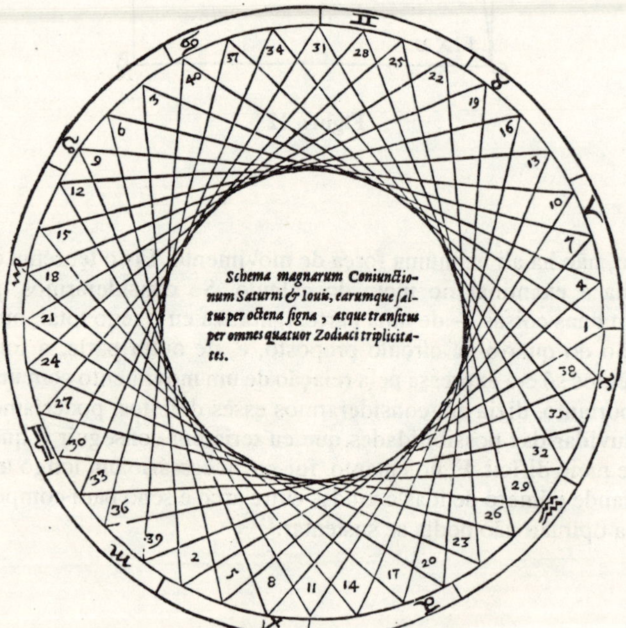

Figura 13

Certo, daí em diante, de deter a chave do segredo do mundo, Kepler analisou os ''motivos'' desse último fracasso; seguindo a ordem das figuras, ele jamais chegaria ao sol e nunca obteria a razão do número dos orbes: por que seis, em vez de vinte ou cem? Assim, resolveu partir da Terra e, passando da geometria plana à geometria espacial, mais apta a dar conta da estrutura do mundo, só utilizaria, para preencher os cinco espaços que separam os seis orbes, os cinco poliedros regulares, dos quais demonstrou Euclides — no comentário que se segue à proposição 18 do livro XIII dos *Elementos* — não poder haver mais de cinco. No entanto, podemos nos espantar que Kepler passe tão tardiamente da infinidade dos polígonos regulares possíveis aos cinco poliedros, que ele sabia que o pseudo-Plutarco, no *De placitis* (II, 6, 5), atribuía aos pitagóricos e que, no tempo de Platão, já eram associados se não à estrutura, ao menos aos elementos do mundo: a Terra seria nascida do cubo, o fogo da pirâmide, o ar do octaedro, a água do icosaedro e a esfera do Todo, ou seja, o éter, do dodecaedro. Para Kepler, os cinco poliedros regulares estruturam o mundo: entre a esfera de Saturno e a de Júpiter, ele insere o cubo; depois, entre a de Júpiter e a de Marte, o tetraedro; depois, entre a de Marte e o Grande Orbe da Terra, o dodecaedro; depois, entre a esfera da Terra e a de Vênus, o icosaedro; enfim, entre a de Vênus e a de Mercúrio, o octaedro (*Fig. 14*). O milagre reside na concordância, se não perfeita, em todo caso

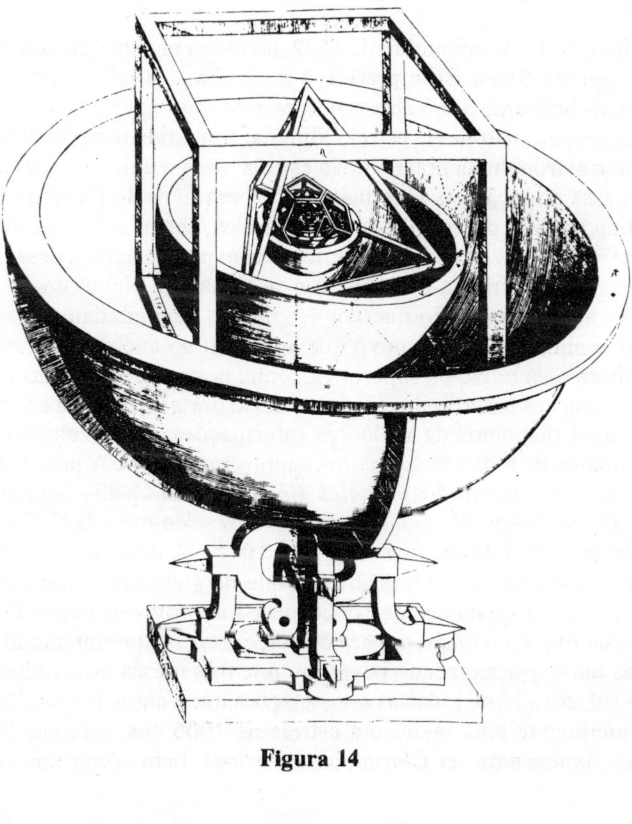

Figura 14

aceitável, entre os raios sucessivos das esferas inscritas e circunscritas aos poliedros regulares tomados nessa ordem e as distâncias relativas dos planetas ao sol no sistema de Copérnico. Teme-se pelo que seria da saúde mental de Kepler se Urano, bem no limite da detecção a olho nu, tivesse sido descoberto quando do surgimento dos óculos de alcance, portanto em vida de Kepler!

A astronomia não conservará coisa alguma do *Segredo do mundo*, mas, cerca de vinte anos depois, a mesma louca obstinação calculadora e a mesma busca desesperada dos porquês, aplicadas não mais a uma concha vazia mas às observações que Tycho Brahe havia acumulado, terá como resultado a descoberta da terceira lei empírica dos movimentos planetários. E já que evocamos Tycho, voltemos à *nova* de 1572.

Os céus não são imutáveis

Na noitinha de 11 de novembro de 1572, no momento em que saía do antro em que seu tio Steen Bille praticava a alquimia, Tycho reparou numa estrela mais brilhante que Vênus a noroeste de Cassiopéia, num local onde ainda na véspera não havia estrela alguma. Sinal dos tempos, Brahe não foi o único astrônomo a notar a nova estrela, nem o único a falar nela. No entanto, essa aparição era algo inaudito: os arquivos do Extremo Oriente tanto abundam em descrições de astros novos, sejam cometas, meteoros ou *novae*, quanto os do Ocidente permanecem mudos acerca desse tipo de eventos; até a supernova de 1054, que se tornaria a Nebulosa do Caranguejo, escapa aos que não querem ver que os céus mudam. Uma única exceção conhecida, o astro novo que apareceu no ano de 1006 da nossa era. Embora essa *nova*, ou supernova, tenha permanecido muito baixa no horizonte das nossas latitudes (do hemisfério norte), continua a ser aquela sobre a qual dispomos de melhores informações. Provavelmente, foi a mais brilhante de todas as *novae* dos tempos medievais. A principal fonte de informação provém dos *Annales Hepidanni* da abadia beneditina de Saint-Gall, na Suíça (cf. *Annales Sangallenses Maiores dicti Hepidanni, Pars altera*, cobrindo os anos de 919 a 1044). A descrição é curta mas invulgarmente precisa: "Uma nova estrela de grandeza incomum apareceu; de aspecto resplandecente e enceguecedor, provocou medo. De forma prodigiosa, ora se contraía, ora era difusa, e às vezes totalmente invisível. Além do mais, permaneceu visível durante três meses nos limites extremos do sul, para lá de todas as constelações que vemos no céu." Encontra-se igualmente uma menção à estrela de 1006 nos arquivos italianos (*Annales Beneventani et Chronicon Venetum*), bem como nos arquivos belgas (*Annales Laubienis et Annales Leodiensis*), mas essas menções não dizem nada de mais e dependem mais ou menos umas das outras.

Dentre os astrônomos que viram a *nova* de 1572, encontram-se Michael Maestlin, o futuro professor de Kepler, e Thomas Digges, o primeiro copernicano a abrir esse mundo que a esfera das fixas ainda fechava. Ambos, sem dispor de nenhum instrumento verdadeiro de observação, tomaram um fio e o estenderam na ponta do braço de modo a fazê-lo passar pela *nova* e duas outras estrelas e, renovando por vários dias essa operação, daí deduziram a imobilidade do novo astro. Outros, provavelmente menos hábeis ou menos conscienciosos, julgaram constatar pequenos deslocamentos. Para Tycho, era a ocasião de mostrar sua superioridade e de publicar seu primeiro opúsculo astronômico.

Para medir as distâncias angulares da *nova* às estrelas vizinhas, Tycho utilizou o sextante que já fabricara desde o seu regresso. Os braços do sextante, de cerca de 1,70m de comprimento, eram de nogueira envelhecida: esse material, mais leve que metais como o latão ou o bronze, está entre as essências menos sensíveis às variações climáticas; em compensação, as alidades da visada, que equipavam os braços, e a articulação, que os ajuntava, eram metálicas. O arco de círculo fora graduado de grau em grau, e depois os graus foram divididos segundo a técnica da "escala oblíqua". Brahe teria obtido esse método de um certo Homilius (morto em 1562), ou de Scultetus, o qual aliás afirmara que Peurbach já conhecia semelhante método. B.R. Golstein demonstrou que esse método foi inventado no século XIV por Levi ben Gerson, ao mesmo tempo que a balestilha. A parte da obra de Gerson que trata do método foi traduzida para o latim pelo papa Clemente VI em 1342, portanto em vida de Levi ben Gerson (1288-1344), e sabe-se que Regiomontanus, aluno de Peurbach, possuía um exemplar desse resumo. A astúcia consiste em desenhar dois círculos concêntricos no centro do instrumento, em marcar os graus sobre um e outro círculo, em juntar o grau 1 do círculo interior ao grau 2 do círculo exterior, e depois este grau 2 ao grau 3 do círculo interior, e assim por diante; enfim, em dividir em tantas partes quantas forem possíveis os segmentos assim obtidos (*Fig. 15*).

Visto que Alpha Cassiopeae transpunha o meridiano quase ao mesmo tempo que a estrela nova, Tycho instalou seu sextante no plano meridiano do vão de uma janela. A extremidade do braço fixo, próximo ao arco graduado, repousava no parapeito da janela, enquanto que a extremidade desse mesmo braço, perto da articulação, repousava sobre um pilar no interior do aposento. Para se assegurar da identidade das condições de observação por ocasião de uma só noite, Tycho escorou o instrumento entre a culminação inferior e a culminação superior do astro. Para ter certeza que o braço fixo estava bem na horizontal, deslocou-o até que um fio de prumo, fixado ao arco graduado, encostasse numa marca

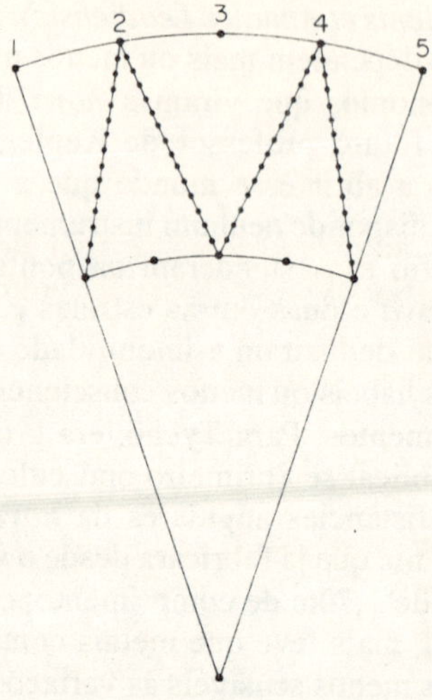

Figura 15

gravada no braço. Tycho media igualmente as distâncias angulares da *nova* às nove estrelas vizinhas. E com toda paciência observou o astro novo todas as noites que a claridade do céu lhe permitiu, durante os dezoito meses em que ele brilhou, isto é, até fins de março de 1574, quando, tendo começado a empalidecer desde dezembro de 1572, desapareceu por fim. Não tendo constatado, ao longo desses dezoito meses, nenhuma variação de distância entre o astro novo e as estrelas fixas, em meio às quais havia aparecido, foi preciso admitir que semelhante astro era uma estrela. É o que Tycho admite no breve opúsculo *De stella nova*, publicado em 1573, quando a estrela brilhava ainda: o dogma aristotélico da imutabilidade dos céus para além do orbe lunar saía enfraquecido do episódio, e Brahe... singularmente engrandecido. Contudo, o fato de Tycho Brahe julgar que a nova estrela era um milagre enfraquecia a sua conclusão: aliás Maestlin, que chegara às mesmas conclusões, não deduziu daí que o "milagre" pudesse refutar a cosmologia de Aristóteles. De fato, desse ponto de vista, uma estrela nova não punha em risco a imutabilidade dos céus, como a ressurreição de Lázaro não faria duvidar da mortalidade humana. Além do mais, tendo Tycho anotado cuidadosamente as variações de cor e de magnitude do astro novo, os astrofísicos de hoje podem nos assegurar de que se tratava de uma supernova. Cinco anos depois, a aparição de um cometa dará a Tycho a oportunidade de renovar sua exploração observacional e iconoclasta.

O primeiro observatório dos tempos modernos

Em 1575, Tycho Brahe, aureolado pela sua nova glória, viajou através da Europa, parou em Frankfurt e na Basiléia, voltou a Augsburgo e a Wittenberg, correu até Veneza e voltou por Cassel, onde se fixou durante algum tempo na residência de um apaixonado pela astronomia, o *landgrave* Guilherme IV. Tycho tanto rogou a Guilherme, que este escreveu a Frederico II, já bastante inclinado a favor dos Brahe, para que se comprometesse a fornecer a Tycho os meios necessários para construir um observatório. Em fevereiro de 1576, as condições de Frederico II foram tão atraentes que Tycho renunciou a seu projeto de se instalar na Basiléia. Ofereceram-lhe uma ilha do estreito de Sund, entre Elsinor e Copenhague, para ali edificar o observatório dos seus sonhos, a expensas do Estado: "Nós, Frederico segundo do nome [...], fazemos saber a todos que, por favor e graça especiais, conferimos e outorgamos, pela presente, ao nosso bem amado Tyge Brahe, filho de Otto, de Knudstrup, nosso varão e servo, nossa terra de Hveen com todos os camponeses e servos nossos e da coroa, que aí habitam, bem como com todas as rendas e os encargos dela oriundos e que são arrecadados a nós e à coroa, para que a possua, use e retenha livre, sem qualquer renda, por todos os dias de sua vida e enquanto desejar prosseguir seus *studia mathematica...*" Assim era redigido o ato de nascimento de Uraniburgo, primeiro observatório dos tempos modernos. Além da ênfase e da redundância próprias dos textos oficiais, é necessário assinalar que os termos "nossos e da coroa" deixam transparecer o conceito, caro a E. Kantorowicz, dos dois corpos do rei: "Pois o Rei tem em si dois Corpos, isto é, um Corpo natural e um Corpo político. Seu Corpo natural, considerado em si mesmo, é um Corpo mortal, sujeito a todas as enfermidades que lhe sobrevêm pela própria Natureza ou por Acidente [...]. Mas seu Corpo político é um corpo que não pode ser visto nem tocado, e consiste de uma sociedade política e de um governo, constituído pela direção do povo e a gestão do Bem público, [...] o que faz com que o Rei em seu Corpo político não possa ser invalidado ou anulado por qualquer incapacidade de seu Corpo natural." Isto significava que Tycho não só dispunha das terras de Hveen até a morte, mas que Frederico II não podia mudar nada ali. Tycho permaneceu vinte anos em Hveen. Não foi expulso por Cristiano IV, filho e sucessor de Frederico II, mas afastou-se por vontade própria, com toda a firmeza, devido ao seu comportamento arrogante e brutal, tanto em relação a seus servidores como ao próprio rei.

No centro de uma fachada renascentista, desenhada por um arquiteto alemão sob a supervisão do próprio Tycho, erguia-se uma cúpula em forma de cebola. Torres cilíndricas de tetos removíveis abrigavam os principais instrumentos, em meio aos quais se achava o grande *triquetrum* de 1582, cuja régua principal chegava a 3,60m de comprimento. Ao nível do chão, na galeria de sudoeste, ficava o quadrante mural de 2,30m de raio, construído também em 1582, e, na biblioteca, pontificava o globo celeste sobre o qual, pacientemente, Tycho e seus auxiliares redesenhavam o céu. No subsolo, existia uma oficina de impressão, uma papelaria, um laboratório de alquimia, os ateliês de fabricação de instrumentos e... uma prisão para rendeiros recalcitrantes.

Assim, foi em Uraniburgo que Tycho observou o grande cometa que apareceu a 13 de novembro de 1577, pouco depois do pôr-do-sol. O grande quadrante mural ainda não fora instalado e Tycho observou o cometa desde 13 de novembro de 1577 até 26 de janeiro de 1578, seja com a ajuda de um sextante, seja com o auxílio do pequeno quadrante montado sobre um círculo azimutal que acabara de comprar. A 13 de novembro, Tycho encontrou o cometa a 26°50' da estrela mais brilhante da constelação da Águia e a 21°40' da mais baixa estrela situada no corno da constelação do Capricórnio, o que lhe permitiu determinar sua longitude e sua latitude eclípticas. Assim, traçou diariamente o caminho do cometa por entre as estrelas fixas, notando além disso a amplitude e a orientação da cauda. Mais tarde, comparando a sua relação com a de outros observadores, demonstrou que o cometa não era um fenômeno sublunar, mas que sua distância à Terra deveria ser no mínimo seis vezes maior que a da Lua. A observação precisa dos fenômenos desmentia a idéia de que o cosmo fosse imutável.

Em 1577, quando Tycho já era um observador tarimbado, Kepler tinha apenas seis anos; suas lembranças de infância, cuidadosamente anotadas e conservadas, nos informam que, no seu sexto aniversário, ele perdeu um dente arrancando-o com um barbante que ele mesmo puxou, e que sua mãe o levara às alturas de Weil der Stadt para ver o cometa, "do qual muito se falava". Portanto, voltaremos a falar dele, e dos que apareceram em 1580, 1582, 1585 e 1590.

O fim dos orbes corporais

Todos os cometas, observados por Tycho e outros com um cuidado e uma precisão que lhes permitiram, pelo método das paralaxes, avaliar a sua distância em função do raio terrestre, confirmaram, como já o fizera a supernova de 1572, que a imutabilidade dos céus, para além do orbe lunar, não passava de uma apriorística afirmação metafísica, sem qualquer realidade física; porém eles fizeram mais, pois reanimaram o debate a respeito das esferas corporais e, portanto, sobre a própria substância dos céus, e contribuíram para a eliminação de tais esferas. Essa eliminação marca uma etapa importante do pensamento cosmológico. Essa passagem de mundos "portadores" pelos quais os planetas se moviam nas órbitas "livres" que percorriam, essa passagem, portanto, abria caminho às verdadeiras pesquisas sobre as trajetórias dos astros e sobre as forças que comandam seus movimentos. Abria caminho às leis de Kepler e à mecânica celeste. Credita-se, um tanto apressadamente, ao menos nas obras de vulgarização, a Tycho Brahe, e somente a ele, a eliminação das esferas corporais desde 1577. Michel Lerner lembrou bem o quanto a história é mais complicada.

Recordemos, em primeiro lugar, que, se o debate sobre a "solidez" ou a "fluidez" ou "liquidez" dos céus é tão velho como a cosmologia, em troca é necessário atingir o fim do século XVI para que os astrônomos intervenham, sob a pressão dos fatos observados, em uma discussão cujo monopólio até então fora deixado aos filósofos. Até mesmo Copérnico adotara uma atitude reservada, não só quanto à divisão aristotélica do mundo em duas zonas, que no entanto colocava em causa, explicitamente, o heliocentrismo que punha "o sol incorruptível em um lugar submetido à corrupção", como se deixou iludir o dominicano Giovanni Maria Tolosani, ou que confere à "Terra o direito de cidadania no céu", como o proclamaria Kepler em *De stella nova*, quanto à infinitude do mundo que a imobilização da esfera das fixas tornava possível. Copérnico não abordaria o primeiro problema e confiaria o segundo aos filósofos. Que o duplo movimento da lua, de um lado em relação ao centro da Terra e de outro em relação ao centro do mundo, pudesse desarrumar a corporeidade das esferas, isto não parece tê-lo atormentado, embora nesse caso seja a existência de dois centros físicos de rotação aquilo que cria problemas, em vez do mecanismo de arrasto que se pode deduzir de um sistema com um deferente e um epiciclo.

O fato é que Copérnico acreditava na corporeidade das esferas; a melhor prova disso é a necessidade de atribuir um terceiro movimento à Terra. Tal necessidade se impôs a Copérnico porque ele pensava que a Terra e os planetas eram movidos por seus orbes e não que se movessem livremente. Daí decorria que, por ocasião de uma revolução completa da Terra (*Fig. 16*), o eixo da rotação diurna, inclinado em relaçao ao eixo da eclíptica, deveria descrever um cone de revolução de vértice O. A observação mostra que não é nada disso, e que o eixo da Terra se situa, ao longo do ano inteiro, em direção à mesma região do céu, perto da Estrela Polar. Para levar em consideração esse fato observacional, Copérnico imaginou que o eixo da Terra descrevia um cone de revolução no sentido oposto ao da revolução anual, de tal modo que, quando a Terra percorresse o seu orbe em um ângulo A (*Fig. 17*), seu eixo descreveria um ângulo ligeiramente maior A + *e*. Esse deslizamento *e*, muito fraco, dava conta da precessão dos equinócios que, na verdade, faz o eixo da Terra descrever um cone de vértice O, mas em 26 mil anos. Kepler desembaraçou a astronomia copernicana desse terceiro movimento da Terra, inventado para compensar um movimento que não existia!

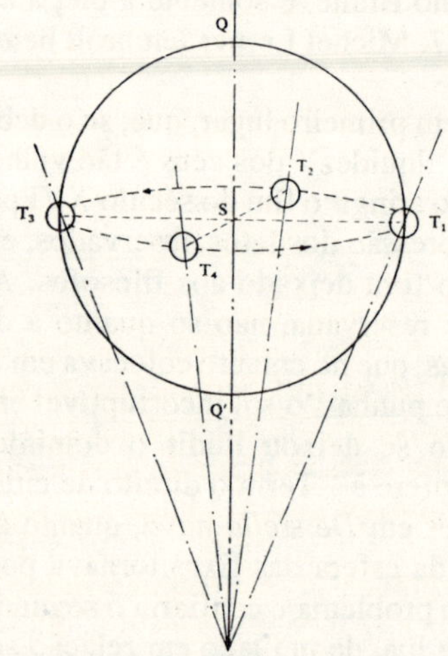

Figura 16

Tycho Brahe observou o cometa desde 13 de novembro de 1577 e publicou seu *Tratado* alemão em 1578. Nesse texto, Tycho avalia a distância do cometa em 230 raios terrestres pelo menos, o que, se se adota a cosmologia de Ptolomeu, o situaria na esfera de Vênus, mas, precisa Tycho, exatamente debaixo dessa esfera, se se adota um sistema "misto" que está prestes a acabar de elaborar, e ao qual voltaremos. Quanto aos problemas cosmológicos, ele não diz mais nada que pudesse supor o caminho do astro errante através dos céus. Além disso, já que a *nova* de 1572 o convencera de que os céus não eram imutáveis, o cometa não precisaria viajar através dos orbes para alcançar a esfera de Vênus. Será necessário esperar dez anos para que Tycho volte a falar do cometa de

1577 e dos de 1580, 1582 e 1585, no *De mundi aetheri recentioribus phaenomenis*. Aí ele claramente se despede do sistema de Ptolomeu e do de Copérnico, apresenta seu próprio sistema, no qual os planetas acom-

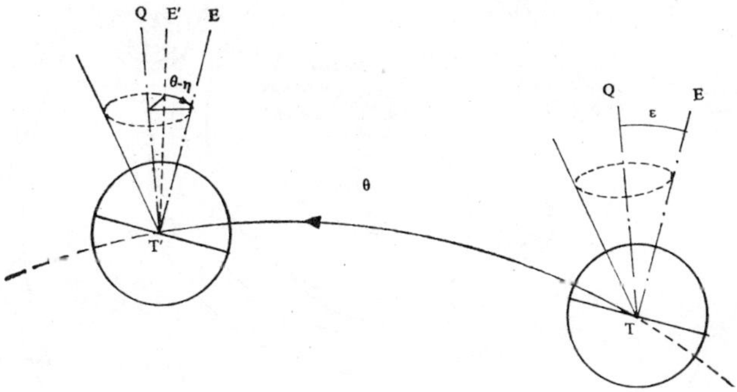

Figura 17

panham o sol em sua revolução ao redor de uma Terra que volta a ser imóvel, e, confirmando a trajetória circunsolar do cometa de 1577, declara que os orbes sólidos não existem. No capítulo 8, escreve: "Demonstrarei no fim da obra, principalmente a partir do movimento dos cometas, que a máquina do céu não é um corpo duro e impenetrável cheio de esferas reais como acreditou até hoje a maioria das pessoas. Provarei que o céu se estende em todas as direções, perfeitamente fluido e simples, sem apresentar em parte alguma o menor obstáculo, que os planetas circulam livremente nesse meio, governados por uma lei divina e ignorando o esforço e a atração das esferas transportadoras. Será também estabelecido que não provém nenhum absurdo na ordenação dos círculos celestes do fato de que Marte, na oposição, esteja mais perto da Terra que o próprio sol, pois dessa maneira não se admite nenhuma penetração verdadeira e imprópria das esferas."

Em 1588, a questão ficou portanto entendida, porém certas contradições da correspondência de Tycho nessa época não só tornam incerta a data de sua conversão, mas lançam uma sombra sobre a "paternidade" dessa transformação. Em setembro de 1588, Tycho escreveu a Caspar Peucer que, em 1582, ainda era um fervoroso adepto da opinião quanto à matéria adamantina dos orbes, e confessou que essa crença era o que o impedia de integrar sua observação de Marte acrônico em seu sistema cosmológico, em gestação à época (*Fig. 18*). Ora, vinte meses antes, escrevera a C. Rothmann dizendo que havia repudiado há muitos anos, como aliás o mesmo Rothmann, a idéia de que existissem de fato orbes no céu. Acrescentava que fora a observação da trajetória de numerosos

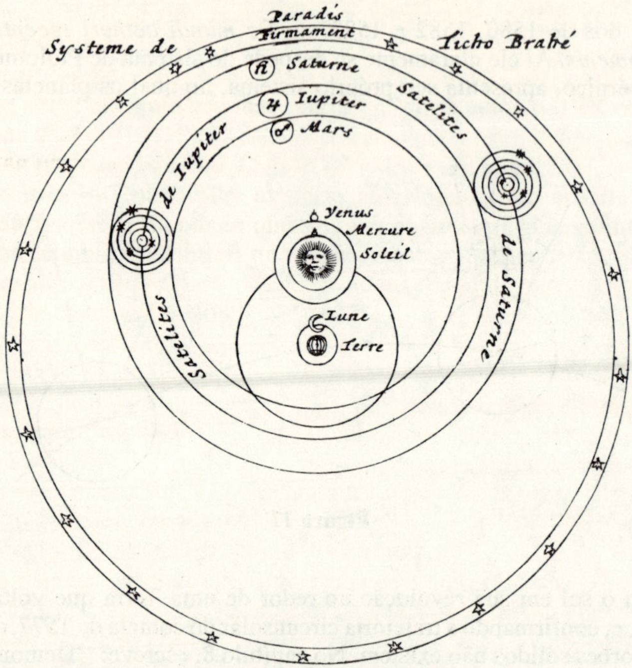

Figura 18

cometas, que se haviam sucedido no curso de poucos anos, que o levara a essa eliminação. No entanto, os comentários que acompanhavam suas observações dos cometas de 1580, 1582 e 1585 não tratam dessa conseqüência cosmológica. Foi o bastante para que certos historiadores de astronomia, como E. Rosen, sugerissem que, pelo contrário, foi Rothmann o primeiro a dissolver os orbes celestes, e que foi a leitura do tratado de Rothmann sobre o cometa de 1585, então inacabado e cuja remessa Tycho Brahe agradeceu na carta de janeiro de 1587, que o fez se decidir a dar, por sua vez, o passo decisivo. Terminemos, felicitando-nos que tal passo tenha sido dado e que um astrônomo do renome de Tycho o tenha proclamado alto e bom som.

A que se deve o sistema de Tycho Brahe?

Infelizmente, não há nada mais grave do que a propensão de Tycho para ostentar suas paternidades. Encontra-se na Biblioteca Nacional de Praga um exemplar profusamente anotado da segunda edição do *De revolutionibus* de Nicolau Copérnico (Basiléia, 1566), ao qual está associado desde o século XVII o nome de Tycho Brahe, sem que ninguém tenha pensado, até recentemente, em comparar seriamente a caligrafia dessas anotações com a de Tycho. Assim, em 1973, Owen Gingerich descobriu na Biblioteca Vaticana um exemplar da primeira edição do *De revolutionibus* (Nuremberg, 1543), anotado pelo mesmo punho do exemplar de Praga; além do mais, particularidade curiosa, no fim deste exemplar acham-se desenhos que remetem ao sistema de Tycho Brahe; enfim, o mais perturbador, tais desenhos estão datados de janeiro e fevereiro de... 1578, enquanto que Tycho declarara em 1588 que os primeiros delineamentos de seu sistema remontavam a 1583! Todavia, o exemplar do Vaticano não mostra a interseção do orbe de Marte e do sol. Em 1974, Robert Westman achava na Universidade de Liège um terceiro exemplar, igualmente da primeira edição, anotado pelo mesmo punho. Por fim, no mesmo ano, O. Gingerich descobria na biblioteca da Royal Astronomical Society um quarto exemplar... sempre com anotações do mesmo punho.

Se essas anotações diferem de um exemplar a outro, apresentam numerosas ligações entre si e todas parecem provir do "ambiente tychoniano", em especial devido às alusões a uma teoria planetária mencionada nos *Progymnasmata* de Tycho, obra publicada um ano após a sua morte, e a um método de prostaferese inventado por Tycho e Paul Wittich. Interessando-se por este último astrônomo, nascido cerca de 1550 e falecido em 1587, R. Westman e O. Gingerich seguiam uma boa pista. Põem agora em evidência uma boa quantidade de indícios que levam a Wittich. Especialmente, em um exemplar da biblioteca da Universidade de Edimburgo, que contém anotações copiadas do exemplar de Liège, as palavras "*a M. Witt inventus sit*" substituem as palavras "*a me inventus sit*". Esse exemplar pertenceu a John Craig (*c.* 1550-1620) de Edimburgo, de onde se conclui que ele conheceu Wittich. Assim, Tycho Brahe teria, na melhor das hipóteses, elaborado o seu sistema geo-heliocêntrico a partir de uma idéia de Wittich, o qual fez uma breve temporada em Uraniburgo, e a quem Tycho ofereceu, em 1580, por ocasião de sua partida, um exemplar do *Astronomicum caesareum* de Aplanus. Esse exemplar, anotado do punho de Wittich, encontra-se na Biblioteca Regenstein, da Universidade de Chicago.

Prelúdio a um encontro

1588, ano da publicação do *De mundi aetheri*, é também o ano do desaparecimento do protetor de Tycho, Frederico II. Seu filho, Cristiano

IV, sobe ao trono. Em princípio, não é hostil a Tycho, cujo observatório visitou, mas as relações entre os dois homens não cessaram de se deteriorar e levaram Cristiano IV a reduzir substancialmente as sinecuras e os créditos de que Tycho dispunha; este, que preparava sua partida há alguns anos, aproveitou o ensejo e deixou Hveen mais ou menos na Páscoa de 1597. "Os astrônomos, dizia, devem ser cosmopolitas, pois não se pode esperar que ignorantes homens de Estado apreciem os seus serviços." A caravana devia ser impressionante. Vinte pessoas partiam com Tycho, que levava a sua biblioteca, sua impressora, seus ateliês e instrumentos, com exceção dos quatro maiores que deviam segui-lo. Dois anos de vida errante através da Europa setentrional, depois através da Alemanha, levaram Tycho finalmente a Praga, onde fez uma notável entrada em junho de 1599, e onde residia o imperador Rodolfo II, junto a quem Tycho acabava de obter o cargo de *mathematicus* imperial. Tycho teve de escolher entre vários castelos, decidindo-se pelo de Benatek, erguido sobre uma colina de panorama livre, trinta quilômetros a nordeste de Praga. Foi ali que ocorreu o mais espantoso e frutífero encontro da história da astronomia: o de Tycho Brahe e Johann Kepler.

Escutemos o próprio Kepler: "E, de fato, deu-se que neste mesmo ano de 1597, Tycho Brahe, descendente de ilustre família dinamarquesa, muito célebre por ter tomado a seu cargo restaurar a astronomia, e que teve o maior êxito enquanto viveu — assim, digo, deu-se que Tycho, deixando a Dinamarca, sua pátria, veio com todo o seu equipamento astronômico para a Alemanha [...], pareceu-me justo e certo, desde que soube que meu pequeno livro figurava no catálogo da Feira de Frankfurt, consultar também Tycho, além de outros professores de matemáticas, na qualidade de chefe dessa disciplina, sobre o assunto de que meu livrinho se ocupava [...]. Os outros matemáticos prontamente me responderam: Galileu, de Pádua, Ursus, de Praga, e Lineu, de Iena, enquanto que minha carta a Tycho, por lhe ter sido remetida muito tarde, pois no intervalo havia mudado de endereço, retardou por um ano inteiro o prazer que tive com a resposta de um tão grande homem; entretanto, tive essa alegria por completo, e acrescentei-a à alegria pública que, naquele momento, inundava a Estíria devido aos começos do governo do muito feliz príncipe Ferdinando. No entanto, o grande eclipse do sol no signo de Peixes, signo que domina Ferdinando, e bem mais ainda a indisciplina de certos homens já anunciavam, na minha opinião, as misérias que iriam se abater em breve sobre essas províncias." Eis um trecho da primeira troca de cartas que precedeu o encontro e que Kepler conta em notas à segunda edição do *Mysterium*, em 1621.

Entretanto, Kepler passa em silêncio o engano que colocou o encontro com Tycho sob o signo de uma certa tensão. O incidente tem a ver com a relação de ódio existente entre Reymers Baer, dito Ursus, que uma carreira espantosa levou de guardador de porcos ao cargo de *mathematicus* imperial em Praga, e Tycho Brahe, que, por ironia da sorte, substituiu Ursus em Praga sem, no entanto, ao que parece, ser titular do cargo. De fato, o titular que sucederá oficialmente a Ursus, em outubro de 1601, com vencimento retroativo a 14 de agosto de 1600 (data da morte de Ursus), será... Kepler, ainda que a desordem que reinava tanto no orçamento como no espírito de Rodolfo II não exclua a hipótese de que houvesse dois titulares no mesmo cargo. Ora, assim Kepler, desde novembro de 1595, no entusiasmo de suas primeiras pesquisas sobre o "segredo do mundo" escrevera a Ursus: "Há pessoas bizarras que, desconhecidas, escrevem a outras que não conhecem, em países distantes [...], mas não ignoro a glória deslumbrante do renome que o coloca na primeira fila dos *mathematici* do nosso tempo, assim como o sol entre os outros astros"... Nesses tempos, manejava-se o elogio com o mesmo ardor que o insulto. Kepler era tão pouco conhecido que Ursus não respondeu (só escreveu a Kepler depois da publicação do *Mysterium*), mas dois anos mais tarde, tendo Kepler começado a ficar famoso, Ursus imprimiu a dita carta no seu *Nicolai Raimari Ursi Dithmarsi de astronomicis hypothesibus*, obra em que insultava Tycho furiosamente, acusava-o de plágio e reivindicava a paternidade do novo sistema cosmológico. Que a carta endereçada a Tycho fosse também elogiosa como a que fora enviada antes a Ursus, isso não atenuou com certeza a irritação de Tycho, que deve ter pensado que Kepler escolhera o partido de Ursus, tanto mais que Kepler, ignorando o conflito, confiara a Ursus a remessa de um exemplar do *Mysterium* a Tycho! Enquanto isso, Tycho, sem dúvida consciente de tratar com um ser de exceção, cujo afã calculador podia ser posto a serviço de seu sistema, respondeu a Kepler com moderação, numa mostra de polidez e diplomacia que não lhe eram habituais. Cedamos de novo a palavra a Kepler: "Em sua carta, Brahe me aconselhava a abandonar as especulações *a priori* para, ao invés, voltar meu espírito para as observações que ao mesmo tempo me oferecia; depois, tendo dado os primeiros passos nessas observações, dizia-me que remontasse apenas depois em direção às causas, e tentasse algo desse gênero, de preferência no [esquema de] sua hipótese, que ele considerava mais verdadeira que a de Copérnico; enfim, convidava-me a encontrá-lo, já que agora tinha deixado o mar." Kepler, abelha tão desejosa como Tycho de formar seu mel de flores de sua escolha, irá a Praga, monopolizará as observações de Tycho, irá utilizá-las em cega confiança, e muito felizmente negligenciará o novo sistema cosmológico... do qual hoje não se sabe mais se é de Tycho, de Wittich, de Ursus ou até de Röslin, e que, aliás, não passa de uma "atualização" do sistema dito egípcio ou de Heráclides.

O encontro

Quando em princípios de 1600, exatamente a 3 de fevereiro, Kepler chegou a Benatek, só se falava de Marte: a equipe de observadores vigiava a oposição, e Longomontanus, primeiro assistente de Tycho, chapinhava nas observações acumuladas e tropeçava na determinação da órbita do planeta. Kepler foi a Praga com um objetivo bem preciso: sonhava obter de Tycho Brahe os valores das excentricidades corrigidas dos orbes planetários. "Porém, como dirá ele mesmo, desde os primeiros oito dias, eu notava que, como Ptolomeu e Copérnico, ele se limitava ao movimento médio do sol, enquanto que o movimento visível concordava mais com o meu livrinho [...], solicitei a Tycho Brahe a permissão de poder utilizar suas observações à minha maneira [...], se Cristiano [Longomontanus] se ocupasse de um outro planeta eu também teria de me ocupar dele. Foi por isso que considero, uma vez mais, como um efeito da Providência divina o fato de ter vindo justamente na época em que este se ocupava de Marte; pois para poder chegar a conhecer os arcanos da astronomia, era absolutamente necessário tomar como ponto de partida o movimento de Marte; de outro modo, eles nos seriam eternamente ocultos." Esqueçamos o excessivo "eternamente" e notemos que Kepler está basicamente coberto de razão: de todos os planetas observáveis com a precisão última dos instrumentos de Tycho, Marte é o que tem a órbita mais excêntrica; aliás, é devido a essa particularidade que a descrição de seu movimento por combinações de movimentos circulares se faz tão difícil. Reticente por algum tempo, Tycho acabaria por ceder e redistribuiria as tarefas no interior da equipe, confiando o estudo de Marte a Kepler e o da Lua a Longomontanus. O presente estava parcialmente envenenado. Se, por um lado, Kepler viera a Praga para colher algumas observações da vasta sacola de Tycho, este, por sua vez, convidara Kepler para que pusesse seu gênio a serviço de sua cosmologia, e a concessão das observações de Marte era acompanhada do desejo de integrar a órbita desse planeta no sistema tychoniano. Tal desejo foi dramaticamente reiterado por Tycho em seu leito de agonia, em outubro de 1601. Kepler manteve em parte a sua palavra, o que nos valeu uma *Astronomia nova*, de conteúdo já difícil, complicado com uma quádrupla explicação: nos sistemas ptolomaico, copernicano, tychoniano e... kepleriano! Se as censuras, cortesmente expressas por Tycho a respeito dos seus *a priori*, confundiram o jovem Kepler, ele cedo se deu conta disso, como se pode verificar pelo método geométrico-empírico que irá pôr em funcionamento para determinar a órbita de Marte.

Uma nova obstinação

Em que pé está a questão no momento em que Kepler a domina? Ele dispõe de uma teoria de Marte, elaborada por Tycho Brahe e Longomontanus a partir das observações das errâncias do planeta em 1577, 1582 e 1586, e verificada pelas observações de dez oposições sucessivas entre 1580 e 1600. O resultado era desanimador e decepcionante: as longitudes observadas estavam de acordo, em cerca de 2' de arco, com as calculadas. Portanto, o acordo estava no limite das possibilidades dos instrumentos da época; em compensação, as previsões em latitude estavam sempre em situação crítica diante das observações. Essa constatação levou Kepler a determinar primeiro a inclinação da órbita de Marte em relação à eclíptica, nos quatro casos mencionados acima: segundo Ptolomeu, tomando a Terra como ponto comum a todas as órbitas planetárias; segundo Copérnico, tomando como ponto comum o centro do Grande Orbe; segundo Tycho, tomando como tal ponto o sol médio, e enfim, segundo Kepler, tomando como tal o sol verdadeiro — o "corpo do sol", como disse Kepler, passando insensivelmente da cinemática pura à dinâmica.

Kepler estima tal inclinação em 1°50', enquanto que o valor atual é de 1°51'. Mas o mais importante é que ele afirma que essa inclinação, ao contrário de todas as declarações anteriores, é constante, desde que se escolha como ponto de referência comum o sol verdadeiro. Essa constatação transforma uma afirmação apriorística em uma hipótese razoável de trabalho. Nesse primeiro estágio de seu estudo interveio uma das intuições geniais que caracterizam o progresso de Kepler e que, se por um lado apresentam o perigo de serem ofuscantes (no sentido estrito do termo), são às vezes iluminadoras, deslumbrantes até, e sempre imperiosas: é necessário conservar o sistema de Copérnico, que continua a se revelar superior a todos os outros, mas é preciso imperativamente transferir o centro dos movimentos planetários do centro do orbe terrestre para o corpo do sol e, de modo mais espantoso, retornando a Ptolomeu, é necessário também reintroduzir o equante que Copérnico, resolutamente, expulsara da astronomia. Foi colocando esses dois princípios e dando-se conta de tudo isso, após oito anos de trabalho — enquanto que, herdando as observações de Marte, pretendera, ao que parece, resolver o problema em oito dias —, Kepler determinaria a órbita de Marte e exporia as duas primeiras leis empíricas do movimento dos planetas.

O método que Kepler vai apresentar se assemelha ao método dos três eclipses: foi empregado tanto por Ptolomeu como por Copérnico, e Viète criticou-lhe vivamente a falta de rigor matemático. Kepler, que estava a par dessa crítica, escrevera, por outro lado, em 12 de julho de

1600, a Herwart de Hohenburg, pedindo-lhe que dissesse a Viète que o ajudasse. Não se sabe se sua carta foi entregue, não conhecemos nenhuma resposta, e a obra de Viète não contém nenhuma referência ao problema que Kepler colocava nestes termos: "A partir de quatro posições acrônicas dos planetas, no zodíaco, e dos intervalos de tempo, determinar a verdadeira longitude média, o local do apogeu, a excentricidade e a proporção de excentricidade do equante na excentricidade da trajetória do planeta." Não era a primeira vez, e não seria a última, que as matemáticas eram empregadas sem grande rigor, para indignação dos matemáticos puros, mas freqüentemente sem perigo e às vezes em benefício da ciência que as deturpava.

Em todo caso Kepler, como se verifica pela formulação do problema, recusando-se a colocar *a priori*, como o fizera Ptolomeu, a bissecção da excentricidade (ou seja, SC = CA), teve de determinar a relação SC/CA. A introdução dessa indeterminação suplementar colocou-o diante de um problema de quatro incógnitas. Para resolvê-lo, escolheu empregar quatro oposições observadas, as de 1587, 1591, 1593 e 1595 (*Fig. 19*). Um ano de cálculos laboriosos e pouco sólidos para encontrar que o afélio deve se achar a 28°48'55" na constelação de Leão, que C, A e S estão alinhados e que, se o raio do círculo vale 100.000, então CS vale 11.332 e AC, 7.232.

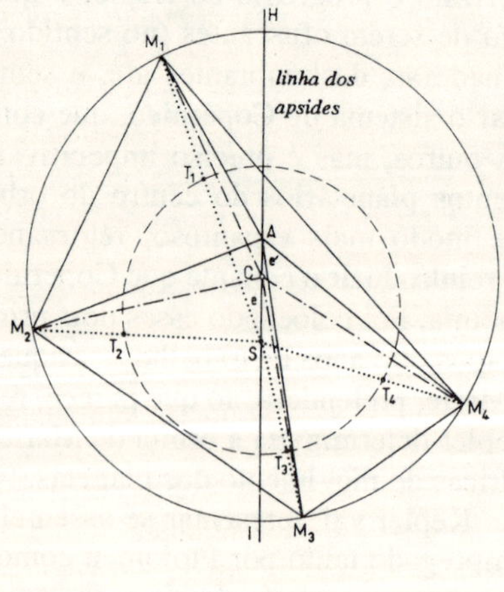

Figura 19

Um ano de cálculos para dispor de um modelo do movimento de Marte, tão satisfatório como o de Tycho no que se refere às longitudes e tão ruim quanto às latitudes! Kepler, portanto, abandonou provisoriamente a indeterminação suplementar e voltou à bissecção ptolomaica da excentricidade. Constatou, então, que havia uma concordância quase perfeita entre os cálculos e as observações em torno dos apsides e, a 90° desses, uma discordância de oito minutos de arco para os pontos intermediários. Oito minutos de arco que sabia não dever censurar a Ptolomeu, cujas observações eram feitas a cerca de 30 minutos de arco, mas que não se pode admitir como erro de observação de Tycho. Escreveu: "Para nós, a quem a graça divina tem dado, em Tycho Brahe, um observador de tamanho valor que suas observações nos revelam o erro de oito minutos de arco cometido por Ptolomeu, convém-nos aceitar com reconhecimento essa mercê de Deus, e dela tirar proveito. O que significa que devemos nos entregar à faina de descobrir, por fim, a verdadeira estrutura dos movimentos celestes." Por causa desses oito minutos de arco, Kepler voltou a trabalhar em sua obra. Duas constatações se lhe impuseram: de um lado, se adotasse a hipótese de que o movimento de Marte é circular em torno de seu deferente excêntrico, tudo se passaria como se Marte não se encontrasse ali onde deveria estar, porém mais perto do sol, isto é, como se a trajetória "se encurvasse para o interior de seu orbe"; de outra parte, o exame aprofundado das conseqüências da hipótese complementar mostrou-lhe que não se pode encontrar ponto fixo no plano do excêntrico em relação ao qual o planeta se move com velocidade angular constante. Entretanto, Kepler não se resolvia a abandonar o princípio da circularidade dos movimentos celestes. Foi necessário ainda um ano de trabalho e fracassos para que a dúvida se insinuasse em seu espírito.

É preciso relembrar que Galileu nunca se resolveria a acreditar nos movimentos elípticos? Não que ele se inclinasse diante da exigência filosófica da perfeita circularidade dos movimentos dos astros: os juízos emitidos por um certo "Maury", que só pode ser o pseudônimo sob o qual Galileu escreveu uma réplica às teses de Ludovico delle Colombe sobre a *nova* de 1604, são testemunhos disso. No entanto, Galileu sempre imaginou que as órbitas planetárias deviam estar próximas do círculo e que, se houvesse uma elipticidade nelas, devia ser tão fraca que os meios observacionais de seu tempo eram incapazes de pô-la em evidência. Assim, apesar da importância da descoberta anunciada pela *Astronomia nova* em 1609, Galileu jamais se debruçou sobre a possibilidade das órbitas elípticas. Aliás, é provável que Kepler, escaldado pela brevidade e pressa da resposta de Galileu à sua remessa do *Segredo do mundo* em 1596, não tenha enviado um exemplar da *Astronomia nova* a Galileu. Todavia, é evidente que Galileu chegou a conhecer a descoberta de Kepler, mas só em 1612, através de Federico Cesi, que a menciona em suas respostas às observações de Galileu acerca dos epiciclos. Já que falamos na primeira... e na penúltima... troca de cartas entre Kepler e Galileu, anotemos que a pressa da resposta de Galileu (no próprio dia em que recebeu o *Mysterium*) devia ser bem diplomática: ela o dispensava de se pronunciar sobre o conteúdo de uma obra que só conseguiu aborrecê-lo.

Uma pausa

Durante algum tempo, Kepler abandonou o estudo do movimento de Marte e, já que o movimento da Terra interfere no do planeta, passou a estudar o movimento daquela. Para determinar a órbita da Terra, adotou um procedimento engenhoso e original: transportar-se para Marte a fim de observar a Terra e imobilizar esse ponto de observação no céu; para tanto, bastava dispor de um número suficiente de observações de Marte, feitas em ocasiões em que este se encontrasse no mesmo local de sua órbita, ou seja, em momentos separados por um intervalo de 687 dias, período sideral de Marte. "Vou procurar três, ou qualquer número de observações, em que o planeta se encontre no mesmo local de seu excêntrico, e, a partir daí, mediante a lei dos triângulos [entenda-se, a trigonometria], determinar as distâncias ao ponto equante de um número igual de pontos do epiciclo ou do orbe anual da Terra. E como o círculo é determinado por três pontos, vou determinar, a partir de cada [conjunto de] três dessas observações, a posição do círculo e de seus apsides, que provisoriamente admiti já serem conhecidos, bem como a excentricidade em relação ao ponto equante. Se ainda houver uma quarta observação, ela poderia servir de meio de controle" (*Fig. 20*). Três observações lhe bastarão, porque ele voltou ao *a priori* da bissecção da excentricidade. Pelo método já empregado sem sucesso quanto a Marte, determinou as distâncias ST1, ST2, ST3 da Terra ao sol em função de SM, distância de Marte ao sol tomada como base. Depois, daí, determinou a dimensão da órbita circular que passa por esses três pontos e a posição do centro O em relação ao sol S.

Evoca-se com freqüência a oportunidade dupla de Kepler: de uma parte, a relativamente forte excentricidade da órbita de Marte, que o devia pôr na pista da oval e depois da elipse; e de outra parte, a relativamente fraca excentricidade da órbita da Terra, que permite compará-la a um círculo antes de "subtrair" o movimento da Terra do de Marte. Lembra-se igualmente a oportunidade dos dois erros de cálculo que se compensam (coincidência significativa, Le Verrier, outro grande calculador obstinado, irá se beneficiar dessa mesma oportunidade no cálculo da órbita do

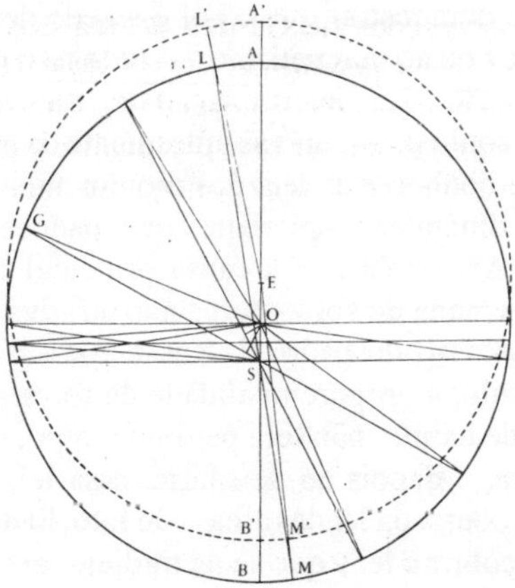

Figura 20

futuro Netuno). Seria necessário ainda computar os azares que Kepler encontrou em seu caminho, como o do princípio sagrado da primazia do movimento circular, e também levar em conta as horas, dias e meses de cálculos que acabariam por triunfar sobre todos os obstáculos, e que, sem esses acasos felizes, só triunfariam um pouco mais tarde.

Um desvio aparentemente inútil

No momento, estamos em 1602, Kepler dispõe de uma boa teoria do movimento da Terra e o método pelo qual a obteve é, segundo todas as evidências, reversível; notadamente, tomando essa órbita terrestre por base, e fixando a Terra no céu, ele pode determinar as distâncias de Marte ao sol. Poder-se-ia esperar que, encorajado pelo sucesso nascente, ele acabasse com o movimento de Marte; ora, considerando que dois anos de cálculos o tenham deixado exausto, que haja pensado que a solução exigisse primeiro uma melhor compreensão daquilo que move os planetas, Kepler passaria à física dos movimentos planetários. Que haja colocado a questão em termos de força, visto que as esferas transportadoras haviam felizmente desaparecido do céu... da astronomia, é certamente um progresso; que procure demonstrar que o sol é a sede dessas forças — que estariam ligadas à luz ou ao magnetismo —, tudo isso o põe em boa pista, mas com a exclusão não só da determinação da "natureza" dessas forças — que ainda não se conhece —, mas simplesmente da explicação de como elas agiam antes de conhecer as leis dos movimentos planetários. Nada há para salvar da dinâmica kepleriana, que padece do mesmo vício fundamental da de Aristóteles: se a causa principal do movimento dos astros é a força que emana do sol — força não atrativa mas "pro-movente", segundo a expressão do padre F. Russo —, a dinâmica de Kepler subentende, no entanto, a proporcionalidade da força à velocidade. Contudo Kepler, como de hábito, não terá perdido tempo; quando retornar ao movimento da Terra, e depois ao de Marte, essa lei, falsa, o guiará no caminho para a descoberta da lei das áreas. De fato, historicamente Kepler foi o primeiro a descobrir a lei a que se dá tradicional e pedagogicamente o nome da segunda lei dos movimentos planetários: em tempos iguais, o raio vetor que une o sol a um planeta percorre superfícies iguais.

Uma obstinação produtiva

O ponto de partida do caminho que levará Kepler ao êxito é a constatação de que as velocidades da Terra no afélio e no periélio são inversamente proporcionais às distâncias respectivas desses pontos ao sol. Foi aí que, renovando o erro de Aristóteles, Kepler concluiu que a força exercida sobre a Terra é inversamente proporcional a sua distância ao sol. Dessas premissas, onde se misturam o verdadeiro e o falso, salvo pelo desconhecimento da velocidade instantânea, Kepler deduziu intuitivamente uma conclusão justa, a saber que a duração do percurso sobre um arco de órbita é obtida fazendo-se a soma das distâncias correspondentes às frações de tempo nas quais se terá decomposto o percurso. Ora, pela "soma das distâncias" se entende a soma dos elementos de área correspondentes às pequenas frações de tempo do deslocamento da Terra em torno de seus pontos extremos. Kepler está consciente de que, quando a Terra se afasta da linha dos apsides, a lei da proporcionalidade inversa da distância já não é inteiramente exata; no entanto, por uma dupla indução, primeiro para toda a órbita da Terra e depois para a órbita de Marte, transformou sua dedução na lei das áreas. Perturba, entretanto, verificar que da combinação de duas leis falsas — forças inversamente proporcionais à distância e forças diretamente proporcionais à velocidade —, ele tenha deduzido um resultado correto. De um lado, tal fato se deve a que a interpretação teórica inexata de Kepler decorria de uma constatação observacional exata: a proporcionalidade das velocidades inversamente às distâncias nas extremidades da órbita terrestre; de outra parte, à tradução mal formulada, porém no fundo justa, dessa lei em uma relação de proporcionalidade entre o elemento da área e o tempo. Além disso, muito mais tarde, no *Epítome*, publicado em 1618, 1620 e 1621, é que Kepler formularia de maneira correta a lei das áreas, tendo compreendido que, na relação de proporcionalidade inversa da distância e da velocidade, era necessário substituir a da proporcionalidade inversa do comprimento da perpendicular abaixada do sol sobre o vetor velocidade, com a velocidade.

Quando, em princípios de 1602, Kepler voltou ao estudo da órbita de Marte, já tinha algumas dúvidas quanto à possibilidade de salvar a circularidade do movimento do planeta. Ora, seguro de sua nova descoberta, Kepler aplicou a lei das áreas ao modelo excêntrico de Ptolomeu e verificou que essa aplicação envolvia distâncias ao sol superiores às que resultavam das observações. Logo, teve de abandonar o círculo ptolomaico, sem poder voltar aos modelos epicíclicos de Copérnico ou de Tycho Brahe, que davam uma ovalização da trajetória mais externa ao círculo, enquanto que as observações reclamavam uma ovalização interna. Todavia, Kepler ainda não se decidira a abandonar a predominância da combinação de movimentos circulares e, para dar conta dessa ovalização necessária da órbita de Marte, apelou para um epiciclo cujo raio e cuja lei de movimento seriam diferentes tanto dos do modelo copernicano como do modelo tychoniano. Para aumentar as chances de êxito, introduziu sua lei das áreas no movimento desse epiciclo sobre o seu deferente. Em vão, as ovalizações obtidas jamais eram compatíveis com as observações: quase três anos de cálculos para admitir quer era preciso abandonar a circularidade dos movimentos planetários; mas antes de passar da oval à elipse, Kepler deveria ainda suportar outro fracasso.

Da oval à elipse

Voltando à física dos movimentos e julgando que os planetas eram corpos magnéticos, dos quais um dos pólos é atraído pelo sol e o outro é repelido, Kepler imaginou uma libração de Marte ao longo do raio vetor que passava pelo sol. Novo fracasso. Finalmente, seriam as considerações geométricas, sem implicações físicas, pensasse o que pensasse Kepler, que o levariam ao sucesso. Estudanto a trajetória de Marte quando o segmento que liga o planeta ao centro do orbe está perpendicular à linha dos apsides, Kepler descobriu uma relação notável entre a lúnula (espaço que separa a órbita do planeta do círculo excêntrico de sua teoria) e o "ângulo ótico" (o ângulo das retas que unem o planeta ao centro do excêntrico e ao sol): o excesso da secante desse ângulo (100.429) sobre o raio do excêntrico (100.000) é igual à espessura da lúnula (429). Essa "coincidência" o despertou, como diria ele mesmo mais tarde, e o conduziu à formulação da relação entre essas duas variáveis. Ora, essa relação definia uma... elipse, que Kepler aceitaria poucos meses depois. A *Astronomia nova*, ou *Astronomia nova, fundada sobre as causas, ou Física celeste, exposta em comentários sobre os movimentos da estrela Marte de acordo com as observações de Tycho Brahe*, foi publicada em Heidelberg em 1609. Nela, Kepler solicitava a paciência do leitor diante de cálculos infrutíferos ou triunfantes que se desenvolviam, e pedia que o criticassem, pois os recomeçara setenta vezes!

Nesse ano de 1609, Kepler publicava essa descoberta fundamental, e Galileu apresentava o seu tubo ótico ao governo de Veneza e começava a apontá-lo para o céu.

Os céus se aproximam

A 21 de agosto de 1609, respondendo ao convite de Galileu que acabava de montar sua primeira luneta, todos os membros do Senado de Veneza subiam o campanário da igreja de São Marcos e perscrutavam a lagoa. Os veleiros que se aproximam, e que os senadores distinguem nesse "tubo ótico" — que na época, se poderia muito bem classificar de "mágico" —, seria necessário esperar duas horas ou mais para vê-los a olho nu. Desde 26 de agosto, Galileu sabia que seria recompensado e achava que seus emolumentos passariam instantaneamente de 250 a 1.000 florins anuais. Ao receber a decisão oficial, Galileu descobriu que o governo era menos generoso do que supunha. Certamente, a cátedra de matemáticas que ocupava em Pádua, e que dependia da república de Veneza, lhe fora conferida por toda a vida, mas o aumento — fica bem claro que não será seguido de nenhum outro — só ocorrerá ao término do contrato vigente... um ano mais tarde. Nos três meses seguintes, os deslocamentos de Galileu entre Pádua, Veneza e Florença são mal conhecidos, bem como suas atividades; em todo caso, em fins de novembro, Galileu concluiu uma nova luneta de potência 20, enquanto a que fora presenteada ao doge era de potência 8.

Foi com essa luneta que, a 30 de novembro de 1609, pouco após o pôr-do-sol, Galileu observou e desenhou a lua quatro dias depois da lua nova. Continuou a observá-la até que ela se pôs, e fez outro desenho dela, e seguiu, primeira descoberta telescópica, a progressão do nascer do sol sobre a região de Janssen-Fabricius. A 2 de dezembro, observou os píncaros recortados dos montes que margeiam o mar da Serenidade, e no dia 3, notou que o terminador cortava a cratera de Albategnius. No dia 4, escreveu a Michelangelo Buonarroti, sobrinho do grande Michelangelo, para avisar que iria a Florença no verão seguinte com uma luneta aperfeiçoada e "talvez com alguma outra *invenzione*", sem que se pudesse saber se anunciava uma "invenção" ou uma "descoberta". Depois, foi necessário esperar os dias 17 e 18 de dezembro para que ele anotasse duas novas observações da cratera de Albategnius e do contorno do mar da Serenidade. Aperfeiçoaria então a luneta de potência 20, visto que, de 19 de dezembro a 6 de janeiro, usou apenas a de potência 8 para observar as estrelas, a via-láctea e Júpiter.

As observações telescópicas de estrelas acrescentam à pequena quantidade de estrelas visíveis a olho nu (alguns milhares, apesar da impressão que nos dá o céu numa noite clara) miríades de outras; assim, nas vizinhanças do cinturão e da espada de Órion — as Três Marias —, visíveis no inverno, Galileu descobriu noventa estrelas nunca antes vistas, além de outras trinta e seis ao redor das sete filhas de Atlas, as Plêiades. Sob a potência de sua luneta, a via-láctea se resolveu numa "massa de inumeráveis estrelas reunidas em cachos", enquanto que ela era tida, em geral, como uma emanação da atmosfera terrestre. Mas o mais importante ainda estava por vir: a observação dos satélites de Júpiter. O anúncio dessa descoberta fechará o *Sidereus nuncius*.

A 7 de janeiro de 1610, Galileu retomou a luneta de potência 20, sem dúvida aperfeiçoada. Observou Júpiter e percebeu, pela primeira vez, que o planeta estava acompanhado de "três estrelas". No dia seguinte, notou que aquelas estrelas seguiam Júpiter em sua trajetória; no dia 9, o céu ficou coberto e Galileu não pôde fazer observações. No dia 10, voltou a encontrar Júpiter e suas três luas, e começou a fazer observações sistemáticas do conjunto. No dia 14, descobriu a quarta lua de Júpiter: os quatro companheiros do planeta pareciam girar a seu redor enquanto o acompanhavam em seu caminho celeste. A 16 de janeiro, Galileu começou a redação do *Sidereus nuncius* e continuou a observar, visto que integraria nessa obra as observações até o dia 2 de março. No dia precedente, obtivera a autorização para publicá-lo. A 12 de março, o livro estava pronto e, no dia 19, Galileu enviou um exemplar a Cosme II de Médicis.

O encontro impossível

A edição do *Sidereus nuncius (O mensageiro celeste)* será a oportunidade para a segunda, breve e derradeira troca de cartas entre Kepler e Galileu.

Quanto mais Kepler se mostrava disposto a aliar-se, como treze anos antes, a Galileu para travar o bom combate, tanto mais Galileu se mantinha em reserva. É claro que compartilhava com Kepler a fé no heliocentrismo, mas as justificativas místicas, astrológicas e musicais da estrutura poliédrica do mundo só o faziam pôr-se em guarda contra um espírito tão distante do seu. A 3 de abril de 1610, um amigo de Galileu, Martin Hasdale, jantou em Praga com o embaixador da Espanha e o banqueiro dos jesuítas, Marcus Welser d'Augsbourg, que levara o seu exemplar do *Sidereus nuncius* e sugeriu que fosse solicitada a opinião de Kepler. A 15 de abril, Hasdale encontrou-se com o próprio Kepler, durante um almoço com o embaixador de Saxe, e fez amizade com ele. É claro que se falou do *Sidereus*, e Kepler manifestou sua admiração pelo astrônomo italiano e pelo seu opúsculo, lamentando apenas que Galileu não mencionasse nem Copérnico nem Giordano Bruno, e nem diversos "alemães" que tinham aberto o caminho para semelhantes descobertas. Por fim, foi o embaixador da Toscana, Juliano de Médicis, a quem Galileu havia oferecido um exemplar do *Sidereus*, que obteve de Kepler uma opinião "absolutamente sincera", não tanto como amigo ou admirador de Galileu, mas como matemático imperial. O tempo urgia, Juliano de Médicis devia voltar à Itália no dia 19. Dentro de poucos dias Kepler redigiu um comentário de vinte páginas que o embaixador da Toscana enviou a Galileu e que seria impresso pouco depois em Praga, sob o título de *Dissertatio cum nuncio sidereo... (Conversação com o mensageiro celeste)*. Nesse texto, mais apologético e lírico do que científico, Kepler dá seu firme apoio às descobertas de Galileu, enquanto que ele mesmo nem sempre dispunha de uma luneta para observar as maravilhas celestes que o *Sidereus* descrevia. Incrível foi que Galileu não responderia, embora o apoio do matemático imperial lhe chegasse num momento em que necessitava muito dele: seus inimigos italianos, numerosos e tradicionais, atacavam-no ferozmente. Nem sequer enviou a luneta de qualidade que Kepler pedira, embora o próprio Juliano de Médicis o encorajasse a fazê-lo. Seria necessário que Kepler escrevesse de novo, a 9 de agosto: "O senhor despertou em mim um grande desejo de ver seu instrumento, que me permitiria enfim, a mim também, desfrutar como o senhor do espetáculo dos céus. Pois, entre os instrumentos que temos à nossa disposição aqui, o melhor não amplia mais do que dez vezes, os outros mal aumentam três vezes [...]. A lei quer que se ponha confiança em um homem, a menos que se prove o contrário." Entretanto, a confiança tem limites, e Kepler acrescentou um argumento capaz de incitar Galileu a responder ou a assumir o risco de perder seu melhor aliado...: "Não lhe esconderei que vários italianos têm escrito a Praga para negar que esses planetas sejam visíveis em seu telescópio. Eu me pergunto como pode haver tantos negadores, mesmo entre os que possuem um telescópio [...] Portanto, peço-lhe, meu caro Galileu, que me nomeie testemunhas logo que puder. De acordo com as diversas cartas que escreveu a terceiros, percebo que não lhe faltam tais testemunhas, mas eu não posso citar testemunho algum além do seu." Argumento decisivo: a 18 de agosto, Galileu responderá de Pádua. Agradece a Kepler por ser o primeiro e quase o único a aceitar totalmente suas conclusões e lhe promete responder à *Dissertatio* quando da segunda edição de suas observações. Depois, sublinhando o quanto é difícil fabricar boas lunetas, lamenta não poder lhe emprestar seu telescópio de potência 20, por já tê-lo ofertado ao grão-duque de Toscana, mas espera poder... um dia... construir-lhe um. Curiosamente, não diz palavra sobre suas novas observações, nem revela a nova descoberta que acaba de pôr a salvo, depositando junto ao embaixador de Toscana o seguinte anagrama:

smaismrmilmepoetaleumibunenugttaurias.

O anel de Saturno

O pobre Kepler suou em cima desse enigma, só extraindo dele este "verso latino" que qualificou de bárbaro: *Salve umbistineum geminatum Martia proles*, que a rigor se pode traduzir assim: "Salve, brilhante gêmeo nascido de Marte". Ora, era necessário ler, sem violentar a língua latina, *altissimum planetam tergeminum observavi*, ou seja, "observei o mais alto planeta sob forma tríplice". Enquanto Kepler imaginava que Galileu descobrira um satélite de Marte, este acabava de descobrir o que acreditava fossem dois satélites de Saturno, e que, na verdade, era o anel, bastante deformado pelas aberrações das primeiras lunetas. Seria necessário esperar Huygens para que, cinqüenta anos mais tarde, fosse possível fazer uma boa idéia dos anéis de Saturno. Anéis que Huygens saudará como a primeira prova tangível da existência dos redemoinhos de Descartes.

É certo que, como Galileu, Huygens chegará à astronomia pela física, e fabricou telescópios de melhor qualidade que os da maioria de seus contemporâneos; todavia, sua descoberta deve-se tanto a uma análise pertinente de todas as suas observações e das observações de outros astrônomos, quanto à qualidade de seu telescópio. Para nos convencermos disso, basta comparar uma observação de Saturno, feita por Huygens em março de 1655, com o esquema que ele publicou em seu *Systema Saturnium* de 1658 (*Fig. 21*). Nessa obra, Huygens mostra como é possível justificar as aparências de Saturno e de seu anel, vistos da Terra, em função da inclinação do planeta sobre sua órbita. Voltaremos a esse problema das descobertas observacionais e das descobertas teóricas.

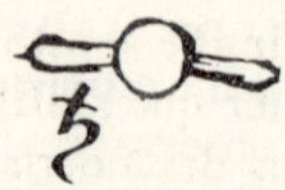

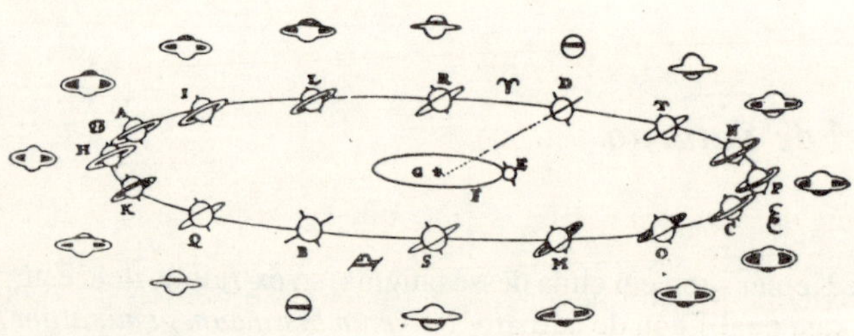

Figura 21

As fases de Vênus

Um mês depois, Galileu comunicava, sempre a Juliano de Médicis, um outro anagrama: *Haec immatura a me iam frustra leguntur oy*. Ainda dessa vez, Kepler o obteve, provavelmente por meio de Juliano de Médicis; ainda dessa vez, procurou decifrá-lo e, em desespero de causa, pediu a solução a Galileu, que não a transmitiu diretamente mas ainda pelo embaixador da Toscana. A descoberta era importante. A solução do anagrama era: *Cynthiae figuras aemulatur mater amorum*, isto é, "A mãe dos amores imita as formas de Cynthia": Galileu acabava de observar as fases de Vênus, análogas às da lua.

Tanto para Galileu como para Kepler, tratava-se de uma confirmação esplêndida da verdade do sistema de Copérnico; entretanto, essa prova da revolução de Vênus ao redor do sol também fortalecia o sistema de

Tycho Brahe. Estamos em novembro de 1610; nesse meio tempo, Kepler também havia observado o céu com uma luneta. Beneficiara-se do espécime que Galileu oferecera ao eleitor Ernest de Colônia, duque da Baviera, o qual, de passagem por Praga em fins do verão de 1610, o havia emprestado a Kepler. Em fins de agosto e princípios de setembro, Kepler viu afinal as luas de Júpiter que Galileu batizara de *astros mediceus*, colocando habilmente a sua descoberta sob a proteção dos senhores de Florença — e que Kepler foi o primeiro a denominar *satélites* de Júpiter. Em 1611, publicou em Frankfurt a sua *Narratio de observatis a se quatuor Jovis satellitibus erronibus*, ou *Relato das observações feitas pelo autor sobre os quatro satélites errantes de Júpiter.* Aqui terminam as breves relações entre Kepler e Galileu.

Caminhos que divergem

Por ironia da sorte, foi Kepler, astrônomo que pouco observou, o redator da primeira teoria científica do óculo de alcance, e não Galileu, o físico que no entanto transformara a luneta "holandesa" em instrumento científico. Kepler a redigiu em poucas semanas, no entusiasmo de suas observações de agosto e setembro de 1610. Sua *Dioptrice* saiu em Augsburgo em 1611. À luz do breve e tempestuoso encontro de Kepler e Brahe, pode-se imaginar o que teria produzido um encontro, na Toscana ou em Veneza, entre Galileu e Kepler. Mas os caminhos de ambos se separaram. Kepler, que acabava de publicar a *Astronomia nova,* voltou às cogitações místico-pitagóricas sobre a harmonia do mundo. Nove outros anos de cálculos o esperavam. Nove anos que, através de novos fracassos iluminados de intuições geniais, resultarão no *Harmonices mundi libri V*, publicado em Linz no ano de 1619, e no qual se encontrará a terceira lei dos movimentos planetários. Esse elo que, no sistema de Copérnico, une as distâncias e as revoluções planetárias, e que significou a adesão de Kepler ao copernicismo, esse elo, portanto, encontrava enfim sua formulação matemática: os cubos dos grandes eixos são proporcionais aos quadrados dos períodos. Dará a Newton o melhor indício da lei da gravitação universal. Enquanto terminava a *Harmonia do mundo*, Kepler publicou igualmente, entre 1618 e 1621, o seu *Epitome astronomiae copernicanae*, livro de título modesto e enganador: de modo algum se trata de um resumo da astronomia de Copérnico. Sob a aparência de resumo, trata-se da mais extensa obra de Kepler, que nela apresenta a suma dos conhecimentos astronômicos.

Quanto a Galileu, voltou às observações telescópicas, à física e às perpétuas brigas com os jesuítas, os dominicanos e os leigos. Era preciso que a situação fosse particularmente tensa para que o *Tratado dos corpos flutuantes*, publicado em Florença em 1612, abrisse uma áspera polêmica; que Galileu afirmasse, voltando a Arquimedes, que os corpos flutuam ou afundam conforme seus pesos específicos e não de acordo com suas formas, como pretendia Aristóteles, isto não punha em perigo a fé nas Sagradas Escrituras. Mesmo se é verdade que experimentar significa interrogar a natureza, e que interrogar a natureza exige uma linguagem na qual são formuladas perguntas e ouvidas as respostas, o comportamento dos corpos flutuantes é mais da competência da experimentação bruta que o bom senso pode interpretar, do que à interrogação metódica e matematicamente codificada como a que seria necessária para descobrir as leis da queda dos corpos. No entanto, a polêmica durou três anos e esteve na origem de quatro obras contra o *Tratado* de Galileu.

A polêmica sobre os corpos flutuantes

O primeiro dos ataques, que era mais uma defesa das teses de Aristóteles que uma crítica virulenta das de Galileu, foi publicado anonimamente, em junho de 1612, sob o título de *Considerações de um acadêmico desconhecido.* Provinha ou de Flaminio Papazzoni, então professor de filosofia em Pisa, ou de Arturo d'Elci, supervisor da universidade e prior da igreja de Pisa. O segundo ataque, mais violento, veio de Giorgio Coresio, que ensinava grego na Universidade de Pisa. O terceiro foi publicado em Florença, em dezembro de 1612; vinha do mais encarniçado e do mais vingativo (o que seu nome não indicava) dos adversários de Galileu: Ludovico delle Colombe (um caso que permitiu a Galileu troçar da "liga dos Pombos"). O último veio em junho de 1613, de Vincenzio di Grazia, também professor em Pisa e que já afrontara Galileu a propósito das densidades respectivas do gelo e da água. Réplicas e contra-réplicas se sucederam até 1615. Contudo, não era bom opor-se aos corpos flutuantes de Galileu, e o combate cessou por falta de combatentes: A. d'Elci e E. Papazzoni morreram em 1614, um ano antes da derrota dos aristotélicos; G. Coresio foi expulso de sua cátedra de grego em 1615, seja por ter sido reconhecido como membro da Igreja grega, seja porque os sinais de uma instabilidade, que o levou à loucura, já se houvessem manifestado; não mais se ouviu falar de L. delle Colombe depois da afronta a Galileu, e supõe-se que tenha morrido logo após, em 1615. Por fim, Vincenzio di Grazia morreu também em 1615! O tamanho da polêmica sobre um assunto de aparência tão anódina como o comportamento dos corpos imersos esclarece a que se travou acerca das primeiras descobertas telescópicas, aliás perturbadoras, e de implicações teológicas e filosóficas, aliás delicadas. Às vezes, trata-se com desprezo total aqueles que recusaram a crer no "que se via" na luneta holandesa, ou mesmo até a lhe "aplicar os olhos". Se Galileu podia estar seguro de si, e se a história dos fatos lhe deu razão, o caso é que, na época, as coisas não eram assim tão simples. Além da novidade surpreendente, por que motivo esse tubo ótico, que Galileu empregava antes mesmo que se elaborasse a respeito uma teoria satisfatória, teria dado uma imagem fiel da realidade? Por que não teria sido uma fábrica de ilusões? O próprio Galileu tomou o anel de Saturno por dois satélites. Sábios de boa-fé, ou porque tivessem adquirido lunetas de potência muito fraca, ou de qualidade bastante inferior, ou porque tivessem sido piores artesães ou piores observadores que Galileu – não chegaram a ver o que ele via.

A polêmica sobre as manchas solares

O fato de estudar os corpos flutuantes não impedia Galileu de continuar a observar. Assim, a segunda polêmica seria de natureza diversa; seria erguida em torno da questão de saber a quem caberia a glória de ter sido o primeiro a observar as manchas solares. Desde meados de setembro de 1611, Galileu ficara sabendo, por uma carta que o pintor Ludovico Cigoli lhe enviara de Roma, onde estava decorando a capela Paulina de Santa Maria Maggiore de vistas de montanhas lunares e de fases de Vênus, que um outro pintor, Domenico Crespi, conhecido pelo nome de Passignano, havia observado manchas no sol e que pensava que elas se formavam no centro do astro e depois subiam à superfície em espirais. Galileu observou que duvidava dessa interpretação mas gostaria de comparar suas observações com as de Passignano. No outono de 1611, portanto, Galileu já vira manchas no sol e sabia que outros também as tinham visto. Em fins desse ano, Paulo Gualdo, arcipreste da catedral de Santo Antônio de Pádua, assinalou a Lorenzo Pignoria, um arqueólogo, que soubera por Marcus Welser que também tinham sido observadas as manchas solares na Alemanha. O fato é confirmado por uma carta do próprio Welser a Johann Faber, membro da Academia dei Lincei, em que escreve que "alguns de seus amigos" viram manchas diante do sol mas pensavam que elas não pertencessem verdadeiramente ao astro-rei, e seriam devidas a passagens de pequenos corpos celestes entre o sol e o observador. De fato, desde maio de 1611, Christophe Scheiner havia observado em Ingolstadt um grupo de manchas solares e comunicara o fato ao sr. Welser, rico mecenas apaixonado pelas ciências, que publicaria, em fins de 1611, as *Cartas sobre as manchas do sol*, às suas custas e atribuindo o opúsculo, a pedido de Scheiner, a um certo "Apelles".

Em princípios de janeiro de 1612, Welser enviou a Kepler e a Galileu um exemplar da obra e pediu-lhes a opinião. Kepler respondeu imediatamente que havia observado a olho nu uma mancha solar em 1607, mas que então pensara tratar-se de uma passagem de Mercúrio diante do sol. Galileu, em viagem, não recebeu a carta de Welser; porém, indiretamente, teve notícia da existência do opúsculo. Foi preciso uma segunda carta de Welser para que, em março de 1612, Galileu desse sua opinião e reivindicasse a prioridade... dezoito meses antes... da observação das manchas solares. Pode-se duvidar disso: os testemunhos de que ele pretendia dispor jamais seriam apresentados e, sobretudo, visto que, desde o outono de 1611, sabia que as observações de manchas se multiplicavam, por que não teria protegido sua prioridade com um anagrama, como fizera em relação ao anel de Saturno e às fases de Vênus?

Seja como for, outros candidatos entravam na disputa. De fato, as manchas solares haviam sido descobertas independentemente, e quase ao mesmo tempo, não só por C. Scheiner e Galileu, mas também por Johann Fabricius, em Wittemberg, e Thomas Harriot, em Oxford; Fabricius fora o mesmo que tentara estabelecer uma carta da lua em meados de 1609, antes até que Galileu começasse a utilizar cientificamente o seu óculo de alcance. Parece que a prioridade observacional cabe, por pouco, a Harriot, mas o primeiro a publicar e a dar uma interpretação correta do fenômeno foi J. Fabricius: o prefácio de seu opúsculo sobre as manchas solares está datado de 13 de junho de 1611, e o livro foi impresso no outono do mesmo ano; depois vêm as cartas de Scheiner, as de Galileu, publicadas em 1613 sob os auspícios da Academia dei Lincei, literalmente Academia dos Linces, animais famosos pela acuidade do olhar. Permanece o fato de que o rigor e a clareza da demonstração de Galileu fazem das *Cartas relativas às manchas solares* um dos melhores escritos do grande físico e, com a demonstração da "rugosidade" do solo lunar, um modelo no gênero. Galileu prova que as manchas não podem ser atribuídas a pequenos planetas, como pensava Apelles, aliás Scheiner, e sim que estão na própria superfície do sol, em todo caso muito perto desta, e que é possível se convencer disso observando-as a acompanhar o sol em sua rotação, mudar progressivamente de forma, para se adelgaçarem — por um efeito de perspectiva — antes de desaparecerem detrás do sol. Além disso, foi nas *Cartas* que Galileu divulgou pela primeira vez por escrito suas convicções heliocentristas. Se o tom dessas *Cartas* de refutação não é agressivo e nem sequer descortês, foi bastante condescendente para magoar o padre Scheiner: Galileu acabava de fazer um inimigo entre os jesuítas e logo terá contra si a Companhia inteira.

A polêmica sobre a natureza dos cometas

Em 1618, apareceram três cometas. Kepler pensará *a posteriori* que eles anunciavam a guerra que, em 1618, simples conflito religioso, incendiaria toda a Europa e haveria de durar trinta anos. Em todo caso, os três cometas atraíram a atenção do mundo dos sábios e deram motivo a numerosos opúsculos, panfletos e libelos, e, para Galileu, a oportunidade de uma nova polêmica. Um dos primeiros escritos consagrados a esses cometas foi publicado em 1619, anonimamente, mas soube-se logo que era devido a Orazio Grassi, jesuíta, professor de matemáticas no Colégio de Roma mantido pela Companhia de Jesus. Grassi afirmava que os cometas estavam muito além da lua, em órbitas regulares como todos os planetas e citava, para concordar com elas, as conclusões que Tycho Brahe tirara de suas observações do cometa de 1577. A julgar pelas anotações com que cobriu as margens de seu exemplar, Galileu se enfureceu. Para ele, a manobra era evidente: de novo, por ocasião de uma observação, os jesuítas, compreendendo não ser mais possível opor Ptolomeu a Copérnico, lançavam mão de Tycho Brahe. Galileu decidiu replicar viva e rapidamente, mas com prudência, amparando-se em um dos seus antigos alunos, Mario Guiducci. O *Discurso delle comete* de Guiducci-Galileu foi publicado no mesmo ano. Estranhamente, Galileu voltava atrás em suas opiniões anteriores relativas aos cometas, e afirmava que não se tratava de objetos reais mas provavelmente de efeitos de ótica da luz solar agitando-se nas exalações da atmosfera terrestre, e que subiam aos céus além da órbita da lua, como as auroras boreais ou os parélios. No fim do *Discurso*, o anônimo que escondia Grassi era acusado do crime grave de não ter citado as descobertas telescópicas de Galileu, e o Padre Scheiner foi acusado de se apropriar das descobertas dos outros.

Grassi não se enganaria de adversário. Passando do anonimato ao disfarce, atacou diretamente Galileu em *Libra astronomica et filosofica (A balança astronômica e filosófica)*, também publicada em 1619, sob o pseudônimo de Lothario Sarsi Sigensano, anagrama de Horatio Grassi Salonensi. Quanto à prioridade das descobertas, devolve o cumprimento a Galileu, e, quanto ao conteúdo, confirma o alinhamento dos jesuítas em torno do sistema cosmológico de Tycho: se o de Ptolomeu está caduco e o de Copérnico se opõe às Escrituras, é necessário adotar o compromisso tychoniano. Galileu cozinhou sua resposta durante quatro anos. Em 1623, no mesmo ano em que o cardeal Maffeo Barberini se tornou papa sob o nome de Urbano VIII, Galileu publicou *Il saggiatore (O experimentador)*, isto é, aquele que pesa os metais preciosos sobre uma balança, aliás fina como a do padre Grassi. Embora Galileu mantivesse suas opiniões errôneas sobre a natureza dos cometas, embora uma grande parte da obra seja dedicada a polêmicas estéreis, paradoxalmente *O experimentador* é, pela grandeza de algumas páginas admiráveis sobre o método científico, talvez o mais importante livro de Galileu depois dos *Diálogos* sobre os sistemas do mundo e sobre as duas ciências, que ainda estavam por vir, e dos quais o primeiro lhe valerá a intimação a comparecer, em abril e maio de 1633, diante do tribunal da Inquisição.

Dentre as passagens polêmicas, existe uma freqüentemente citada, que assim mesmo transcrevemos devido ao seu sabor, suas ressonâncias epistemológicas e para mostrar a arte galileana de fazer inimigos irredutíveis. Em seu contra-ataque, Galileu não se contentava em discutir a natureza dos cometas e o sistema de Tycho. Disparava com o que tivesse à mão e exumava todos os "erros" passados de Grassi, aliás Sarsi. Entre esses, a teoria do aquecimento dos projéteis pela fricção do ar, que Galileu comentou assim: "Se Sarsi deseja me fazer acreditar, com Suidas, que os babilônios coziam seus ovos fazendo-os girar em fundas, tudo bem; mas devo dizer que a causa desse efeito não era bem a que ele sugere. A fim de descobrir a causa verdadeira, raciocino desta forma: se não obtivermos um resultado que outros já conseguiram, é que em nossas operações falta uma coisa que os fazia lograr êxito. E se só nos falta uma coisa, esta coisa será talvez a verdadeira causa. Ora, não nos faltam ovos, nem fundas, nem compadres robustos para fazê-los girar; entretanto nossos ovos não se cozem, apenas se resfriam mais depressa se foram aquecidos antes. E já que não nos falta nada, à exceção de sermos babilônios, é portanto o fato de ser babilônio, e não a fricção do ar, que provoca o cozimento dos ovos."

Notemos que Galileu apresenta Suidas como um doxógrafo, conforme se acreditava em seu tempo e até no começo do nosso século (cf. *supra*, p. 29). O erro ainda é corrente nos nossos dias: Arthur Koestler, que cita esta passagem em *Os sonâmbulos*, dá Suidas como sendo um lexicógrafo grego do século X, e, mais recentemente, J.-M. Maguin e C. Richard, no seu *Edgar Allan Poe*, aliás obra excelente, perpetuam o mito do "bizantino Suidas."[1]

1. *Edgar Allan Poe*. Paris, Laffont, col. Bouquins, 1989, nota 17 ao conto "Berenice".

O livro do mundo é escrito em matemática

O decreto do Santo Ofício de março de 1616, condenando a cosmologia de Copérnico e colocando no Index o *De revolutionibus*, obrigou Galileu a evitar tratar do movimento da Terra, e a desenvolver sua teoria de uma nova abordagem científica do mundo. Aconselha distinguir as propriedades físicas dos objetos, das ações que estes exercem sobre nossos sentidos. Assim, no caso específico dos cometas, ele não levantaria o argumento de sua paralaxe antes de ter demonstrado que se trata de objetos reais e não meros efeitos de ótica.

É no *Saggiatore* que Galileu afirma, alto e bom som, que o livro da natureza é escrito em linguagem matemática: "A filosofia está escrita neste vasto livro que fica aberto diante de nossos olhos (quero dizer, o Universo), e não é possível compreendê-lo se, em primeiro lugar, não se ensina a conhecer a língua e os caracteres em que é escrito. Pois bem, ele está escrito em linguagem matemática, e seus caracteres são os triângulos, os círculos, e outras figuras geométricas, sem as quais é humanamente impossível compreender uma palavra, sem as quais se erra em vão em um labirinto obscuro." Afirmação já mais incisiva que a de Copérnico: "As matemáticas são escritas para os matemáticos." Logo há de se descobrir que a língua e os caracteres do livro da natureza são também, e sobretudo, os da análise matemática, e que, à capacidade descritiva das matemáticas se acrescenta, mais misteriosamente, o seu poder predicativo e operacional. Huygens escreverá, no frontispício do *Tratado da luz*, publicado em 1690: "Ver-se-ão aqui determinados tipos de demonstração que não produzem uma certeza tão grande como as da Geometria, e que até divergem bastante dela, visto que, ao contrário dos Geômetras, que provam suas Proposições por Princípios certos e incontestáveis, aqui os Princípios se verificam pelas conclusões que deles se tira; a natureza dessas coisas não admite que isso ocorra de outro modo. É possível, contudo, atingir um grau de verossimilhança, que muitas vezes concede pouco a uma evidência completa. Saber quando as coisas demonstradas por esses Princípios supostos se relacionam perfeitamente com os fenômenos que a experiência assinalou, sobretudo quando existe um grande número deles, e ainda, principalmente, quando se formam e se provêem fenômenos novos, que devem seguir as hipóteses empregadas, e se descobre que nisso o efeito corresponde à nossa expectativa."

A força centrípeta e a queda dos corpos

Já que acabamos de relembrar Huygens, façamos justiça a seus trabalhos sobre a aceleração centrífuga dos corpos em movimento circular. Ao fato de Huygens ter publicado a lei dessa aceleração centrífuga em seu *Horologium oscillatorium* em 1673, se opõe com freqüência que, se Newton só publicou essa mesma lei, em V^2/R, em 1687 (nos *Principia*), ou seja, quatorze anos depois, em compensação ele já a conhecia uns dez anos antes de Huygens, como o prova um de seus manuscritos, datado de janeiro de 1664.[1] Todavia, se se evocam os manuscritos, então citemos o *De vi centrifuga*, de Huygens, sempre sobre o mesmo assunto, e o mesmo resultado, e que data de 1658! Não se trata de abrir uma polêmica póstuma entre os dois sábios, ainda mais que eles abordam o problema das forças que o movimento circular desenvolve de modo tão diverso como o atesta a independência de seus trabalhos. Huygens parte da noção cartesiana do *conatus de movimento*, ou seja, a tendência ao movimento, enquanto que Newton parte de suas próprias noções de ação e reação. Em todo caso, tenhamos em mente que, desde meados do século XVII, sabia-se que um corpo em movimento circular era submetido a uma aceleração proporcional ao quadrado da velocidade e inversamente proporcional ao raio da órbita.

Que o livro da natureza esteja escrito em linguagem matemática, ou que, em todo caso, seja possível decifrá-lo por meio do auxílio das matemáticas, devia ser confirmado pelo progresso da ciência, mas que os triângulos, os quadrados, os círculos e outras figuras da geometria não eram suficientes para tanto, a seqüência da história iria igualmente demonstrá-lo. Desde 1604, enquanto acabava seus trabalhos sobre a queda dos corpos, um erro de Galileu seria o primeiro testemunho disso. A lei fundadora da dinâmica clássica, *a queda dos corpos é um movimento acelerado*, é formulada de modo tão simples e se nos tornou tão familiar que mal se imaginam as dificuldades e os tateamentos que acompanharam a sua descoberta e seu enunciado por Galileu. Ela derruba a mecânica antiga, cujo fundamento era a proporcionalidade das forças às velocidades.

Em princípios de 1604, portanto, Galileu começou a estudar experimentalmente a queda dos corpos. Para observar com mais exatidão esse movimento, procurou primeiro moderá-lo e, para isso, observou não os corpos largados do alto da torre de Pisa, porém esferas rolando em ranhuras de planos inclinados, supondo que se o movimento era assim retardado, a forma de sua lei, entretanto, não se alterava. Descobriu então que as ranhuras de comprimento 1, 4, 9, 16... correspondiam a durações de "queda" respectivamente de 1, 2, 3, 4... Para avaliar tais durações com boa precisão, numa época em que os relógios mecânicos ainda eram bastante grosseiros (foi necessário esperar os meados desse século para

1. I.B. Cohen: artigo "Newton", *DSB*, vol. X, pp. 60-61.

que Huygens regulasse as irregularidades das rodas por meio do pêndulo), Galileu construiu um relógio de água muito simples: consistia de um vaso de grande seção, cheio de água, e em cujo fundo havia um pequenino orifício que era possível tapar com o dedo. Assim que a bola começava a deslizar pelo plano inclinado, Galileu abria o orifício tirando o dedo, a água escorria e era recolhida em um recipiente colocado sobre uma balança e, no momento em que a bola terminava o seu percurso, ele voltava a tapar o orifício. Devido à grande seção do vaso, a pressão não variava sensivelmente, o peso da água escorrida era, assim, proporcional ao tempo decorrido.

A 16 de outubro de 1604, Galileu escreveu a Paolo Sarpi: "Refletindo nos problemas do movimento, para os quais, a fim de demonstrar os acidentes observados por mim, faltava-me um princípio absolutamente indubitável que eu pudesse empregar por axioma, cheguei a uma proposição que parece suficientemente natural e evidente, a qual, sendo suposta, demonstro depois de tudo o mais, notadamente que os espaços vencidos em tempos iguais são como números ímpares *ab unitate* e as outras coisas. E o princípio é este: que o móvel natural vai aumentando de velocidade na mesma proporção em que se afasta de seu ponto de partida."

Isto significa que, nesse mês de outubro, Galileu está de posse das leis que regem a queda dos corpos e que ele as formula corretamente tanto se referindo ao espaço como ao tempo: os espaços percorridos são proporcionais ao quadrado dos tempos, o que, na época, se exprimia pela fórmula "na proporção dupla do tempo", e, em tempos iguais e sucessivos, os espaços percorridos estão entre eles como a seqüência dos números ímpares. O interesse dessa passagem da carta a Sarpi está no esclarecimento que traz sobre as exigências epistemológicas de Galileu, que não é, como às vezes se afirma, nem um empírico nem um positivista. Galileu não pode se contentar com um resultado obtido experimentalmente, e que só vale o que valem as aproximações de sua experimentação. Não pode se contentar em saber *como* caem os corpos, e se não parte em busca de um inacessível *por quê*, faz questão de basear sua descoberta sobre um *princípio* expresso matematicamente, de onde as leis do movimento decorrerão de maneira lógica. Ora, o princípio que, nessa carta, Galileu coloca como sendo o fundamento de sua dinâmica — a velocidade do móvel é proporcional ao caminho percorrido — não leva às leis da queda dos corpos que Galileu acaba de estabelecer. O bom "princípio" é que a velocidade do móvel é proporcional ao tempo transcorrido.

Quais são os motivos do erro de Galileu, erro significativo, visto que outros o haviam cometido antes dele, como J. B. Benedetti e Leonardo da Vinci, e que Descartes renovaria quinze anos depois? Certamente, como assinala A. Koyré em seus *Estudos galileanos*, é mais fácil imaginar no espaço do que pensar no tempo, mas é preciso também voltar às declarações do *Saggiatore*: "e seus caracteres são os triângulos, os círculos e outras figuras da geometria", e subscrever a conclusão de Koyré: "O processo do qual saiu a física clássica consiste em um esforço de racionalizar, também dito de geometrizar, o espaço e de matematizar as leis da natureza. Na verdade, significa dizer do próprio esforço de que se trata, pois geometrizar o espaço não quer dizer outra coisa senão aplicar ao movimento as leis geométricas. E como — antes de Descartes — seria possível matematizar alguma coisa sem geometrizá-la?" Pode-se até acrescentar: durante algum tempo também depois de Descartes, que no entanto, tendo inventado a geometria analítica, primeiro passo no caminho que vai da geometria à análise, cometeu o mesmo erro de Galileu, e até mesmo no tempo de Newton e Leibnitz, que fundaram o cálculo diferencial, a abordagem das leis da gravitação será antes de tudo geométrica.

Hoje, um bom aluno de matemática elementar colocaria primeiro sua equação diferencial $de = v.dt$; depois, supondo que $v = k.e$ e escrevendo $de = k.e.dt$, perceberia que a integração dá uma lei exponencial dos espaços percorridos em função do tempo que não justifica os resultados experimentais. Passando à relação $v = k.t$, escreveria então $de = k.t.dt$, onde $e = kt2/2 = k't2$, e constataria que o princípio vai dar numa proporcionalidade dos espaços aos quadrados dos tempos.

Uma nova paisagem

Quando, um século depois de Nicolau Copérnico, Galileu, já cego e mantido em prisão domiciliar há cerca de dez anos, morreu a 9 de janeiro de 1642, às 4h da manhã, em sua *villa* de Arcetri, perto de Florença, a cortina podia se erguer diante de um cenário inteiramente novo. Não restava praticamente nada da física e da cosmologia de Aristóteles, nem da astronomia de Ptolomeu. A Terra, que assumira o papel de planeta, caminhava, como suas irmãs, sem qualquer empecilho nos céus liberados de maquinismos circulares inverossímeis. As efemérides dos movimentos celestes foram substituídas por leis, claro que globais e empíricas, mas de manuseio mais cômodo que o das regras de combinações de tábuas e, em particular, as leis que regiam a queda dos corpos terrestres e a aceleração dos corpos em movimento circular eram corretamente formuladas. Os instrumentos tradicionais de observação a olho nu tornaram-se dez vezes mais precisos e, se a luneta, num primeiro tempo, não conferiu nenhum ganho suplementar em matéria de precisão, multiplicou ao menos a potência do olho. Com o heliocentrismo, os astrônomos passaram a dispor, senão do verdadeiro sistema do mundo, pelo menos de um bom referencial no espaço, o que eles mais tarde qualificariam de galileano, ou de inercial, e no qual as equações da gravitação assumirão sua mais simples forma. De fato, os trabalhos de Galileu sobre os movimentos dos corpos terrestres, e depois os de Torricelli, Cavalieri, e os comentários de Gassendi sobre a matéria, deram curso a uma noção que subverteu totalmente a própria idéia que se fazia acerca do movimento desde a Antiguidade: a noção de inércia. Deve-se a Descartes a sua formulação "clara e distinta", em seus *Principia Philosophiae*, publicados em Amsterdã em 1644, e seguidos de uma tradução francesa, pelo abade Picot, e que apareceu em Paris em 1647. Descartes precisa o que é a lei da inércia nas proposições 37 a 39 do livro II: *a primeira lei da natureza: que toda coisa permanece no estado em que está, enquanto nada o muda*; depois, por que os corpos empurrados com a mão continuam a se mover mesmo após que ela os tenha abandonado; e enfim, *a segunda lei da natureza: que todo corpo que se move tende a continuar seu movimento em linha reta.* Descartes foi um físico "suficientemente ruim" para que lhe reconhecessem ao menos o mérito de ter sido o primeiro a explicar a lei da inércia, não só em 1644, mas já por volta de 1632, em seu *Tratado do mundo*, que só foi publicado em 1664; o mesmo Newton, que, fazendo da lei da inércia o primeiro axioma de sua exposição dos movimentos dos corpos, mencionará Galileu e calará acerca de Descartes, deve ter lido os *Principia Philosophiae.*

9. A estrada régia

A data do nascimento de Newton

O ano trópico das estações equivale a 365,2422 dias, o que significa que o ano comum é mais curto cerca de um quarto de dia; mas o ano juliano de 365,25 dias, em compensação, é um pouco mais longo: ultrapassa o ano trópico, tal como os astrônomos o mediram, em 11min e 14s. Logo, o sistema de calendário que César inaugurou a 1º de janeiro de 45 a.C. desliza lentamente através das estações. No século XVI, a defasagem já atingira dez dias, e o papa Gregório XIII apelou para uma comissão de sábios, de que fazia parte o jesuíta astrônomo Clavius, para lhes propor uma reforma do calendário juliano. A reforma, pronta em 1582, comportava duas partes: uma editava as novas regras para o futuro; a outra dizia respeito às disposições a serem tomadas de imediato para corrigir os erros do passado; para tornar a incidir o equinócio da primavera (do hemisfério norte) no dia 21 de março, era necessário suprimir dez dias no ano de 1582; para o papa e para sua igreja romana da Espanha e de Portugal, o dia seguinte da quinta-feira 4 de outubro de 1582 foi a sexta-feira 15 de outubro. A reforma gregoriana conserva os anos bissextos de quatro em quatro anos, mas os anos seculares cessam de sê-lo, e só são bissextos quando forem divisíveis por 400. Assim, 1600 foi bissexto, 1700, 1800 e 1900 não o foram, e 2000 voltará a ser bissexto.

A França de Henrique III aderiu logo: o dia seguinte ao 9 de dezembro foi 20 de dezembro. Nos Países Baixos católicos, escolheu-se decretar que o dia seguinte de 14 de dezembro seria Natal, e os Estados católicos da Suíça e da Alemanha aceitaram a reforma em 1584. Tendo-se prolongado as reticências nos países católicos até 1587, pode-se imaginar o que ocorreu nos países protestantes: as da Inglaterra, que acrescentava a seu particularismo insular o seu ódio ao papa, só se desfizeram em... 1752. Eis por que ora se lê que Newton nasceu a 25 de dezembro de 1642, o ano da morte de Galileu — o que dá origem a belas tiradas líricas do tipo: "No mesmo ano em que Galileu falecia em Florença, Newton via a luz nas brumas do Lincolnshire" —, ora se lê que Newton nasceu a 4 de janeiro de 1643, em Woolsthorpe, perto de Grantham, no Lincolnshire, ou às vezes no dia 5, devido ao acréscimo antecipado, e portanto falso, do novo dia perdido em 1700.[1]

Os anos preparatórios

Assim, Isaac Newton nasceu a 4 de janeiro de 1643 na aldeia de Woolsthorpe. Seu pai morrera três meses antes. A criança era prematura e seus primeiros dias foram difíceis. Quando tinha apenas dois anos, sua mãe casou de novo com um clérigo, e logo partiu com o novo marido deixando Isaac aos cuidados da avó e do tio. Ele freqüentou a escola primária e depois a escola secundária de Grantham, até a idade de dezesseis anos, não deixando qualquer lembrança de gênio precoce. Sua mãe, viúva pela segunda vez, voltou à região e retomou Isaac com a esperança de vê-lo gerir a exploração agrícola que o segundo marido lhe deixara. Faltou pouco para que Newton se fizesse fazendeiro. Por sorte, ele pediu para recomeçar os estudos. A família aceitou, e ele foi para Cambridge em 1660. Aí, teve um encontro que deveria influenciar fortemente a sua vida, com um bom matemático, Isaac Barrow, cujas *Aulas matemáticas* serão anotadas por Leibnitz e L'Hôpital. Sabe-se que, além dessa obra, Newton leu, estudou e por vezes criticou, de pena na mão, os *Elementos* de Euclides, a *Geometria* de Descartes, a *Arithmetica infinitorum* de Wallis, bem como o *Dialogo* de Galileu e os trabalhos de Viète. Quando, já bacharel, deixou Cambridge, onde grassava a peste, para se refugiar na aldeia natal, já possuía uma boa formação matemática.

Estava com 23 anos. Durante esse isolamento forçado, todavia entrecortado de curtas temporadas em Cambridge, Newton iria colocar os fundamentos de sua ótica, de sua mecânica e da aplicação das séries infinitas a um método geral para a análise das propriedades infinitesimais das curvas e das áreas que elas limitam. Tal método, que desenvolverá mais tarde e que denominará "método dos fluxos", tornou-se uma das ferramentas mais poderosas da análise matemática, e portanto da mecânica celeste, sob um formalismo diferente e com o nome de cálculo diferen-

1. Cf., p. ex., *Histoire des sciences*. Paris, Gallimard, Encyclopédie de la Pléiade, 1957, p. 755.

cial e integral. Posteriormente, esses trabalhos causarão polêmicas e contendas, atiçadas pelos adeptos dos dois partidos, entre Newton e Leibnitz. Se Leibnitz pôde se prevalecer de um formalismo e de notações superiores, logo de um manejamento mais simples e mais seguro, a anterioridade de Newton é indiscutível. Seja como for, os dois sábios chegaram às suas descobertas independentemente um do outro.

Primeiros vislumbres da gravitação

É nessa época que se situa o episódio da maçã. A anedota, embora haja sido contada pelo próprio Newton, é muitas vezes tida por lendária pelos pedagogos, que preferem nem tocar no caso. Lendária ou real, é no entanto exemplar, não que se deduza daí que basta sonhar ao luar, debaixo de uma macieira, para descobrir uma lei tão fundamental como a da gravitação universal — e sim porque ela nos revela o núcleo irredutível, espantoso em sua simplicidade, dessa descoberta: colocar uma questão de tal modo elementar, como "Por que a lua não cai como esta maçã?" e entrever a resposta paradoxal e genial: "A cada instante a lua cai na direção da Terra" e a órbita da lua ao redor da Terra é apenas o compromisso entre essa queda constante e a tendência — o *conatus de movimento* — de correr em linha reta no universo. Colocar isso em forma e daí extrair os *Principia* é inteiramente outra questão... que o ocupará durante vinte anos, mas é evidente que, de estalo, Newton se fez a pergunta fundamental: a queda dos corpos, cujas leis nos foram dadas por Galileu, e a revolução da lua ao redor da Terra, segundo as regras empíricas de Kepler, obedecem por acaso à mesma lei física?

Persuadido de que as coisas se passavam bem assim, Newton supôs que, já que a lua está sessenta vezes mais distante do centro da Terra do que a maçã, por uma relação inversa do quadrado ela devia ter uma aceleração de queda livre 3.600 vezes mais fraca que a maçã. Como evidentemente ela não caía, era preciso supor que sua aceleração centrífuga compensava a do peso. Questão cuja resposta passava pelo cálculo efetivo da força centrífuga no caso do sistema Terra-lua. Nessa época, em 1667 ou 1668, Newton não tinha condições de chegar a uma conclusão. Diz-se, com freqüência, que essa incapacidade provisória estaria ligada à imprecisão de um dos dados numéricos: o valor do raio da Terra. Entretanto, a essa dificuldade deveria somar-se outra, anulatória, que Newton não podia resolver na época: mostrar que a lua e a Terra podiam ser consideradas como dois objetos pontuais afetados pelas massas respectivas dos dois astros. Por outro lado, em 1671, o abade Jean Picard daria um valor aproximado para esse raio e seus trabalhos seriam apresentados e discutidos na Royal Society no ano seguinte. Ora, seria necessário esperar até 1684 para que Newton retomasse seus trabalhos sobre a gravitação. De qualquer modo, em 1668 Newton se absteve de concluir e guardou zelosamente o segredo de suas primeiras reflexões sobre a gravitação; pagará, por isso, mais tarde com novas contendas, dessa vez com Robert Hooke.

Os Principia

Newton não é Kepler; depois de vinte anos de trabalho, tornará públicos os seus resultados sob a forma que lhe parecerá mais elegante e econômica, dispensando-nos de suas abordagens preliminares. As *Philosophiae naturalis principia mathematica* se compõem de três livros precedidos de duas curtas seções. A primeira seção oferece uma série de oito definições, a saber: 1) a quantidade de matéria se mede pela densidade e o volume tomados em conjunto; 2) a quantidade de movimento é o produto da massa pela velocidade; 3) a força interior (*vis insita*) da matéria é o poder que ela tem de resistir; é por essa força que todo corpo permanece em estado de repouso ou de movimento uniforme em linha reta; 4) a força aplicada (*vis impressa*) é a ação pela qual o estado do corpo é mudado, seja esse estado o repouso ou o movimento retilíneo uniforme; 5) a força centrípeta é a que faz tender os corpos para um dado ponto, como para um centro; 6) a quantidade absoluta da força centrípeta é maior ou menor conforme a eficácia da causa que a propaga do centro; 7) a quantidade aceleradora da força centrípeta é proporcional à velocidade que ela produz em um tempo dado; e, enfim, 8) a quantidade motora da força aceleradora é proporcional ao movimento que produz em um tempo dado.

Notemos que a definição 1 só tem a aparência de uma definição. O conceito de massa não se esclarece em nada quando é definido como produto do volume pela densidade, visto que a densidade é apenas a massa da unidade de volume. A definição 2 não passa da colocação em palavra de uma operação matemática. A definição 3 é a conseqüência lógica do que se diz das forças aceleradoras nas definições 4-8. A definição 4 exprime o próprio conteúdo da nova física: a aceleração do movimento de um corpo é o sinal de que esse corpo sofreu a ação de uma força exterior e essa aceleração é a medida dessa força. Expor a seguir o conceito de força em uma ou várias definições é uma tarefa de formalismo.

Essas definições são seguidas de um comentário em que Newton precisa que se ocupava em dar o sentido que confere a termos de pouco emprego, e onde acrescenta as definições relativas ao tempo, ao espaço, ao lugar e ao movimento, embora sejam bem conhecidas de todos, mas para que se tenha o cuidado de distinguir o absoluto do relativo, o verdadeiro do aparente e o matemático do vulgar.

Depois vem uma segunda seção, onde são apresentados os axiomas das leis do movimento; são em número de três. Todo corpo permanece em estado de repouso ou de movimento linear uniforme, a menos que alguma força aja sobre ele e o obrigue a mudar de estado. As mudanças que ocorrem no movimento são proporcionais à força motriz, e se fazem na direção em que essa força foi imprimida. A ação é sempre igual e oposta à reação, isto é, as ações de dois corpos um sobre o outro são sempre iguais e se exercem em direções opostas.

Já que acabamos de evocar o axioma da ação e da reação, e voltamos a falar da aceleração dos corpos em movimento circular, cuja prioridade atribuíramos a Huygens, é tempo de fazer justiça a Newton pela qualidade de sua abordagem e de assinalar que, se Huygens deduziu dessa aceleração, que chamou de *força centrífuga*, uma pressão exercida pelo corpo em movimento sobre o corte vertical da trajetória, Newton falou de *força centrípeta*, dela deduzindo o que era para ele a própria razão da trajetória. Dois pontos de vista opostos e igualmente válidos, pois correspondem às noções de ação e reação, mas o de Newton traz consigo o desenvolvimento futuro da mecânica celeste. Aliás Huygens, como ele próprio confessou no *Discurso sobre a causa do peso* que se segue ao seu *Tratado da luz*, não teve a menor idéia de uma gravitação que se estendesse dos corpos terrestres até os mais longínquos corpos celestes: "Logo, eu não tinha nada contra a *vis centripeta*, como a chama o sr. Newton, pela qual ele consegue pesar os planetas em direção ao sol, e a lua em direção à Terra [...] Pois nada impede que a causa dessa *vis centripeta* em direção ao sol seja semelhante à que impele os corpos, que se chamam pesados, a descer para a Terra. Havia muito tempo que eu imaginara que a figura esférica do sol podia ser produzida da mesma maneira que esta, que, segundo eu, produz a esfericidade da Terra; mas não havia de modo algum estendido a ação do peso a tão grandes distâncias, como do sol aos planetas, nem da Terra à lua, porque os turbilhões do sr. Descartes, que outrora me pareceram tão verossímeis, e que eu ainda conservava na lembrança, entravam-me pelo meio. Tampouco havia pensado nessa diminuição regulada do peso, nem sabia que ele estava em relação recíproca com os quadrados das distâncias do centro."

O primeiro livro dos Principia

O livro I dos *Principia* é consagrado ao estudo dos movimentos dos corpos submetidos à ação de uma força central no caso ideal em que tais corpos estão em um vácuo perfeito. O livro II examina os movimentos desses mesmos corpos quando eles imergem em um fluido mais ou menos resistente. O livro III apresenta o sistema do mundo. Abre com a seguinte declaração de Newton: "Nos livros precedentes, dei os princípios da filosofia natural, e tratei deles antes como matemático do que como físico, pois as verdades matemáticas podem servir de base a diversas pesquisas filosóficas, tais como aquelas sobre as leis dos movimentos e das forças motrizes. E a fim de tornar essas matérias mais interessantes, acrescentei alguns comentários nos quais tratei da densidade dos corpos e de sua resistência, do vácuo, do movimento do som e da luz, que são, propriamente falando, pesquisas mais físicas. Resta-me explicar, pelos mesmos princípios matemáticos, o sistema geral do mundo." E, de fato, o livro III é só um pouquinho menos matemático que os dois precedentes, embora Newton haja hesitado e só escolheu o partido de restringir o seu público "por temer dar ocasião às demandas daqueles que não gostariam de deixar seus velhos preconceitos"... Voltamos a encontrar a posição da defesa de Copérnico: as matemáticas são escritas para os matemáticos.

O livro I sozinho, e quase só a sua primeira parte, dedicada ao cálculo da força central para um movimento circular, contém em embrião tudo que se pode extrair da gravitação universal, contanto que sigamos a gênese desse livro desde os manuscritos de Newton, como o fez F. de Gandt. A proposição I do livro I é uma generalização da lei das áreas, segunda lei de Kepler: "As áreas que os corpos em movimentos curvilíneos descrevem ao redor de um centro imóvel se mantêm em um mesmo plano imóvel e são proporcionais ao tempo." Depois vem a recíproca dessa proposição, a saber, proposição II: "A força centrípeta de um corpo que se move sobre uma linha curva descrita sobre um plano, e que percorre ao redor de um ponto imóvel áreas proporcionais ao tempo, é necessariamente dirigida para esse ponto."

De fato, a lei das áreas se explica bem simplesmente se se supõe que o planeta sofre uma aceleração constantemente dirigida para o sol. Suponhamos que o tempo seja dividido em pequenos intervalos iguais. Seja SAB o setor descrito pelo raio vetor em um elemento de tempo (*Fig.* 22). Se a aceleração fosse nula, esse raio descreveria, no elemento de tempo seguinte, o setor SBC, sendo BC igual a AB e estando situado no prolongamento de AB. Mas se, durante o primeiro elemento de tempo, uma aceleração central produziu uma certa velocidade, que faz o planeta percorrer o caminho BD no mesmo tempo, o segundo setor elementar descrito pelo raio já não é SBC e sim SBE, sendo BE a diagonal do paralelogramo construído sobre BC e BD. Newton pode então afirmar, a partir do seu método dos fluxos, fundado sobre o método das primeiras e extremas razões, que SBE = SBC = SBA.

Logo, a lei das áreas é uma conseqüência imediata da hipótese de uma aceleração central que, assim, somos levados a aceitar. Por conseguinte, a terceira lei de Kepler dá a forma desta. Ela se exprime pela relação:

$$R^3/T^2 = K = \text{Constante}$$

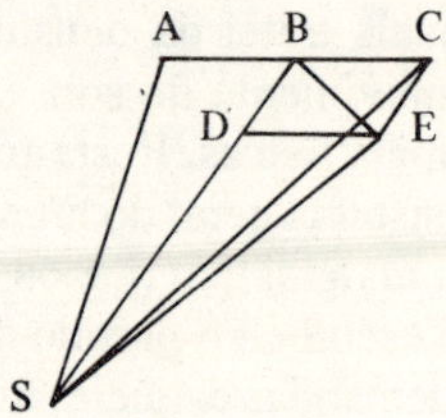

Figura 22

Sendo as órbitas dos planetas elipses que diferem muito pouco dos círculos, pode-se admitir, para simplificar, que sejam circulares. Newton demonstra então, graças à proposição II e a um dos corolários da proposição I, que a aceleração centrípeta no movimento circular é dada por:

$$A = K_1 V^2/R$$

(nos *Principia*, Newton dá, na verdade, esta relação em função do quadrado dos arcos percorridos a velocidade uniforme, o que vem a dar no mesmo) mas, se anotamos T o período, temos:

$$V^2 = K_2R^2/T^2$$

donde: $A = K_3R/T^2 = K_3/R^2 \times R^3/T^2 = K_3/R^2 \times K$

e enfim: $$A = K_4/R^2$$

Desde que somos desse modo levados à hipótese de uma aceleração central na razão inversa do quadrado da distância, a recíproca, isto é, a demonstração do fato que essa aceleração produz um movimento cuja trajetória é uma cônica, e especialmente uma elipse, já não é uma simples questão de matemática.

Se o encadeamento é simples e rigoroso, se responde pela beleza das duas últimas leis de Kepler, o exame dos manuscritos prévios dos

Principia mostra que Newton havia demonstrado essa conseqüência do movimento circular uniforme sem recorrer à lei das áreas. Ele tinha expresso a lei da aceleração centrípeta sob a seguinte forma: "As forças centrípetas dos corpos que se movem uniformemente em circunferências de círculos são como os quadrados dos arcos descritos no mesmo tempo."

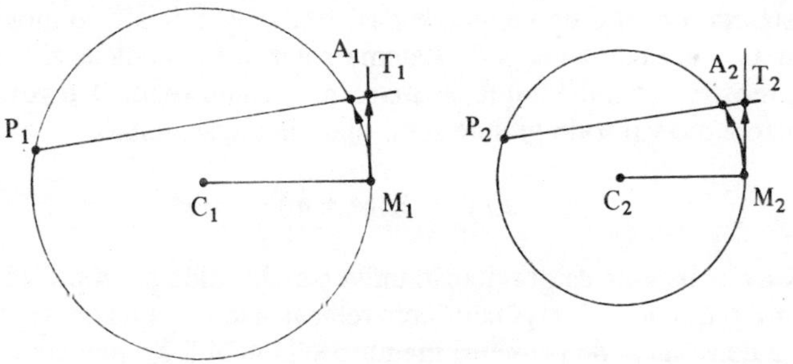

Figura 23

De fato, sejam os círculos C_1 e C_2 e sejam os corpos M_1 e M_2 que percorrem os arcos M_1A_1 e M_2A_2 (*fig. 23*). Se eles não fossem submetidos a nenhuma força, percorreriam os segmentos A_1T_1 e A_2T_2, mas as forças centrípetas às quais estão submetidos os impelem para C_1 e C_2 até M_1 e M_2; tais forças estão entre elas como as distâncias T_1A_1 e T_2A_2, ou seja, utilizando a potência de um ponto em relação a um círculo, estão entre elas como $(M_1T_1)^2/T_1P_1$ em $(M_2T_2)^2/T_2P_2$ ou como $(M_1A_1)^2/{}^1/_2\ T_1P_1$ em $(M_2A_2)^2/{}^1/_2T_2P_2$. Ora, M_1A_1 e M_2A_2 sendo muito pequenos e diminuindo tanto quanto se queira, pode-se substituir ${}^1/_2T_1P_1$ e ${}^1/_2T_2P_2$ por C_1M_1 e C_2M_2, os raios dos dois círculos considerados. O que estabelece a proposição a partir do afastamento da lei da inércia e da teoria das proporções aplicada a segmentos tão pequenos quanto se desejar.

O livro III dos Principia

No terceiro livro dos *Principia*, Newton descreve os movimentos dos planetas e seus satélites e demonstra as suas leis pelo princípio da gravitação universal. Em particular, as três leis empíricas de Kepler encontram aí a sua explicação matemática. Em termos modernos, se o sol S tem uma massa M, e um planeta P uma massa *m*, a equação do movimento do planeta em um ponto de referência centrado no sol e cujos eixos são fixos em relação às estrelas, é:

$$d^2SP/dt^2 = -K(M + m)SP/SP^3$$

Sendo assim, a aplicação do teorema do momento cinético a esse movimento mostra que o vetor SP varre as áreas coplanares proporcionais ao tempo. O estudo da trajetória mostra que ela é sempre uma cônica cujo foco está em S e cujo tipo depende das condições iniciais do movimento do planeta. Para os planetas do sistema solar, essas cônicas são elipses. Enfim, mostra-se também que, se marcamos como sendo T o período de revolução e a o valor do grande semi-eixo da elipse, então:

$$a^3/T^2 = K(M + m)$$

onde K é a constante da gravitação universal dividida por 4 pi. Vê-se que há aí uma pequena "divergência" em relação à terceira lei de Kepler, que afirma a constância do primeiro membro seja qual for o planeta considerado. Para desfazer essa divergência, é necessário postular que, frente à massa do sol, as dos planetas são todas as mesmas. Pode-se até acrescentar que são desprezíveis. Aliás, essa relação permite deduzir as relações das massas dos planetas com a da Terra, a do sol e as dos planetas que possuem satélites.

É também no terceiro livro que Newton mostra que os cometas pertencem ao sistema solar e que descrevem ou elipses muito mais alongadas que as dos planetas, ou parábolas. No primeiro caso, o conhecimento de uma parte da elipse percorrida pelo cometa poderá permitir conhecer toda a sua trajetória e prever a data de seu retorno.

Enfim, o terceiro livro dos *Principia* se abre e se encerra com considerações que só poderiam indispor os cartesianos. Comecemos pelo comentário geral que fecha a obra; principia assim: "A hipótese dos turbilhões está sujeita a muitas dificuldades. Pois, para que cada planeta possa descrever, ao redor do sol, áreas proporcionais ao tempo, seria necessário que os tempos periódicos de seus turbilhões estivessem em dupla razão de suas distâncias ao sol. A fim de que os tempos periódicos dos planetas estejam em relação de um e meio com suas distâncias ao sol, seria necessário que os tempos periódicos das partes de seus turbilhões estivessem em uma razão de um e meio para com suas distâncias a esse astro." Dito de outra maneira, para respeitar as últimas duas leis de Kepler, os infelizes turbilhões de Descartes são submetidos a leis diferentes de velocidade! Além do mais, enquanto que Descartes considerava os cometas como mensageiros de outros mundos, Newton mostrou que eles deveriam pertencer ao sistema solar e que, então "seus cursos não podiam ser explicados pelos turbilhões. Pois os cometas são transportados por movimentos bastante excêntricos em todas as partes do céu, o que só se pode admitir se se renuncia aos turbilhões."

A crítica de Descartes

As regras que é preciso seguir no estudo da física que Newton apresenta antes de descrever o sistema solar são mais discretas porém mais profundamente anticartesianas. Recordemo-las. De início, "só é necessário admitir as causas que são obrigatórias para explicar os fenômenos: a natureza não faz nada em vão, e efetuar por um grande número de causas o que se pode fazer por um menor seria fazer inutilidades." Esta regra, que se limita a louvar a perfeição do grande arquiteto, não podia contrariar os cartesianos. E nem a segunda: "Os efeitos do mesmo gênero devem sempre ser atribuídos, tanto quanto possível, à mesma causa; assim, a respiração do homem e dos animais; a queda de uma pedra na Europa e na América; a luz do fogo daqui e a do sol e a reflexão da luz sobre a Terra e nos planetas devem ser atribuídas respectivamente às mesmas causas." Notemos de passagem que malgrado a prudência do "tanto quanto possível", Newton, nos poucos exemplos que dá, escolhe um duvidoso: o da luz daqui e a do sol. A terceira regra valida a analogia generalizadora que permite atribuir a todos os corpos as qualidades que sabemos pertencer a todos aqueles sobre os quais foi possível fazer experiências. É essa regra que justifica o designativo de universal atribuído à gravitação. A quarta regra é uma pedra no jardim de Descartes: "Na Filosofia experimental, as proposições extraídas por indução dos fenômenos devem ser encaradas, apesar das hipóteses em contrário, como exatamente, ou mais ou menos, verdadeiras, até que outros fenômenos as confirmem de todo ou façam ver que são sujeitas a exceções. Pois uma hipótese não pode enfraquecer os raciocínios fundados na indução extraída da experiência." Eis que aí volta as costas à ciência cartesiana, na qual as propriedades dos corpos decorrem de uma série de hipóteses estabelecidas *a priori*. Pelos manuscritos de Newton, sabe-se que ele escrevera uma quinta regra que marca ainda com maior nitidez a oposição entre o método newtoniano e o método cartesiano: "Tudo aquilo que não deriva das próprias coisas, seja pelos sentidos externos, seja pela sensação dos pensamentos internos, deve ser considerado hipótese. Assim, sinto o que penso, o que não poderia fazer se não sentisse ao mesmo tempo que sou. Porém, não sinto que alguma idéia seja congênita. E não considero apenas fenômeno aquilo que se nos faz conhecido através dos cinco sentidos externos, mas também aquilo de que, ao pensar, temos intuição em nossos espíritos; tais como: eu sou, creio, ouço, lembro-me, penso, desejo, não desejo, tenho sede, sinto fome, alegro-me, sofro etc. E aquilo que não pode ser demonstrado a partir de fenômenos, nem examinado por um argumento baseado na indução, considero hipótese."

Essa recusa das hipóteses, Newton a expressa também no comentário geral. É a famosa profissão de fé positivista *Hypotheses non fingo*: não imagino hipóteses. Citemos o trecho, de acordo com a tradução de Mme du Châtelet, e assim como foi interpretado por seus amigos filósofos ou matemáticos: "Ainda não pude chegar a deduzir dos fenômenos a razão dessas propriedades da gravidade, e não imagino hipóteses. Pois tudo aquilo que não se deduz dos fenômenos é uma hipótese, e as hipóteses, sejam metafísicas, físicas, mecânicas, ou de qualidades ocultas, não devem ser recebidas na filosofia experimental." Já na *Ótica*, Newton havia declarado: "Meu objetivo neste livro não é explicar as propriedades da luz com o auxílio de hipóteses, mas de expô-las e demonstra-las pela razão e pelas experiências." No entanto, Newton, tanto na *Ótica* quanto nos *Principia*, se valera de hipóteses, conservassem elas esse nome ou se tornassem Regras ou Perguntas. Compreende-se que os partidários de Newton tenham ficado embaraçados e os de Descartes tenham simplesmente recusado a mensagem.

É verdade que o termo *hipótese* tem acepções diversas, e que Newton pouco nos esclarece acerca do sentido que entende dar à palavra. Koyré julga que Newton, em sua recusa, tem em vista as hipóteses de caráter fictício, cujo emprego Descartes reivindicava. Nos *Principes de philosophie* (III, 44), Descartes escreve: "Desejo que o que escrevo seja tomado apenas por uma hipótese, a qual talvez esteja bastante longe da verdade; mas mesmo que assim seja, acreditaria ter feito muito se todas as coisas que daí se deduzam sejam inteiramente conformes à experiência." E Descartes enfatiza: "Eu mesmo hei de supor aqui algumas hipóteses que julgo falsas", e no entanto "sua falsidade não impede que o que se deduza delas seja verdade." Eis por que, segundo Koyré, em seus *Études newtoniennes*, Newton rejeitava com tanto vigor, como não científico, o procedimento relativo a "fingir hipóteses" e afirmava com tanto orgulho que não agia dessa maneira. E é por isso que Koyré propõe traduzir *hypotheses non fingo*, não por "não imagino hipóteses", e sim por "não finjo hipóteses". Pois fingir implica uma falsidade que não existe em imaginar, nem em formar; fingir uma hipótese é, por conseguinte, uma coisa bem diversa de formar ou imaginar uma.

Certamente é possível substituir imaginar por fingir, mas parece evidente que Mme du Châtelet sabia do que falava e que Voltaire deve tê-la isentado quanto ao sentido da prevenção de Newton, que visava particularmente Descartes, mas provavelmente mais por esse gosto bem francês das grandes sínteses hipotéticas e prematuras, do que pelos caminhos que tomava emprestado. Se os turbilhões de Descartes são condenáveis, não é porque tenham sido "descobertos" por um método ruim, e sim porque não são compatíveis com os movimentos observados no sistema solar. Grande propagandista de Newton na França, Voltaire escreve no prefácio ao seu *Élements de la philosophie de Newton*, que dedica à marquesa du Châtelet: "Este nome de nova filosofia seria apenas o título de um novo romance, se não anunciasse senão as conjecturas de um Moderno em oposição às fantasias dos Antigos. Uma filosofia que só se fundasse nas explicações audaciosas não mereceria, a rigor, qualquer exame. Pois existe um grande número de modos de chegar ao Erro, e só um caminho para a Verdade: logo, há o infinito contra um para apostar que um filósofo que só se apóia em hipóteses haverá de dizer apenas quimeras. Eis por que todos os Antigos, que raciocinaram sobre a física sem ter a chama da experiência, não passaram de cegos que explicariam a natureza das cores a outros cegos."

Um pouco mais adiante, no primeiro capítulo, Voltaire é mais preciso quanto aos motivos da condenação de Newton: "Todos os pretensos filósofos tendo assim adivinhado ao acaso, através do véu que cobria a natureza, deram lugar a Descartes que levantou um canto desse grande véu. Ele disse: a luz é uma matéria fina e delgada, espalhada por toda parte, e que fere os nossos olhos. As cores são as sensações que Deus excita em nós, segundo os diversos movimentos que levam essa matéria aos nossos órgãos. Até aí Descartes estava certo. Seria necessário, ou que ele terminasse aí, ou que, indo além, fosse guiado pela experiência. Mas ele estava possuído do desejo de estabelecer um Sistema. Essa paixão fez, com esse grande homem, o que fazem todas as paixões em todos os homens: elas os arrastam para além de seus princípios."

As reticências dos cartesianos

Entretanto, as reticências dos cartesianos às teorias de Newton tinham motivos justificados, mais profundos que os que poderiam nascer dos ressentimentos de ver negadas a física, a metafísica e a epistemologia do mestre. Estendiam-se ao aspecto misterioso da gravitação universal, e era esse aspecto misterioso que constrangia, e constrangeu por muito tempo não só os cartesianos mas também Leibnitz e muitos outros: eliminar a matéria sutil que impelia os planetas e substituí-la por uma "atração" que agia à distância e no vácuo, era reintroduzir as qualidades ocultas na explicação dos fenômenos, era introduzir de novo as categorias da astrologia na astronomia. A história das ciências é abundante de exemplos em que se vê algumas pessoas estarem erradas por bons motivos e outras terem razão devido a maus motivos.

O próprio Newton, embora pareça tão sereno em seus *Principia*, não é o positivista que se julga. Tinha consciência dessa "fraqueza" de sua obra, e é por isso que, em sua recusa das hipóteses, deixa claro, desde a segunda edição dos *Principia* em 1713, que rejeita igualmente as "hipóteses das qualidades ocultas". E a acusação, que partira em primeiro lugar de Leibnitz em 1703, de que reintroduzira na ciência as qualidades ocultas persistiu e ofendeu profundamente Newton. Eram os fatos observados, ou experimentais, que o haviam obrigado a conceber a gravitação como uma ação à distância no vácuo. A palavra atração só lhe servia para exprimir um efeito que descobrira na natureza, efeito certo e indiscutível de um princípio desconhecido, cuja causa deixava que outros mais hábeis que ele descobrissem. Newton chegou a compreender a identidade do peso terrestre e do peso geral, ou seja, da gravitação que determina os movimentos dos corpos celestes, imaginando uma pedra atirada horizontalmente do cimo de alta montanha com velocidades sucessivamente maiores. Fazendo-se a abstração da resistência do ar, a parábola do lançamento irá cada vez mais longe, até que enfim o projétil não mais alcançará a Terra e se porá a girar a seu redor como um satélite. O ponto de partida de Newton é, portanto, o fato constatado do peso geral. Ele diz expressamente que não conseguiu encontrar a explicação desse fenômeno e que não pode aventurar nenhuma hipótese a respeito. Pode-se ver, entretanto, devido a uma de suas cartas a Bentley, que lhe ficou no espírito uma certa inquietação. Parecia-lhe absurdo admitir que a gravitação é essencial e espontânea e que um corpo pudesse agir sobre outro corpo através do espaço vazio e sem intermediário, mas era necessário admiti-lo. Em sua *Ótica*, Questão XXXI da segunda edição inglesa, ele replicará aos cartesianos, e também a Leibnitz, atacando-os em seu próprio terreno; aos que não concebem o movimento produzido pela impulsão de uma ação de contato, diz: "As partículas de todos os corpos duros homogêneos, que se tocam em cheio, aderem fortemente umas às outras. Para explicar a causa dessa coesão, alguns inventaram átomos recurvos, porém isso é colocar o que está em questão; outros [Descartes] nos dizem que as partículas dos corpos encontram-se aderidas pelo repouso, isto é, por uma qualidade oculta, ou antes, por um puro nada [...] Quanto a mim, prefiro concluir, da coesão dos corpos, que suas partículas se atraem mutuamente por uma força que, no contato imediato, é extremamente poderosa..." Logo, Newton partilhou, com outros sábios, a necessidade de uma explicação do peso por tipos de ações de contato.

Porém o mal-estar persistiu por muito tempo, e é encontrado mesmo nas obras de d'Alembert e de Laplace; no entanto, o grande sucesso que os *Principia* obtiveram na astronomia, colocando as forças à distância como base da dedução, mudou bem rápido a situação. As pessoas se habituaram às forças à distância, consideradas como ponto de partida dado e obrigado da explicação dos movimentos celestes, e a necessidade de se indagar a respeito de sua proveniência logo desapareceu de todo. Tentou-se até introduzir ações à distância em todos os domínios da física, representando-se os corpos como constituídos de partículas separadas por espaços vazios e agindo à distância umas sobre as outras. Por fim, essa ação à distância de suas partículas serviu para explicar a resistência que os corpos opõem à pressão e ao choque, ou seja, a ação de contato!

Os desbravadores

Paradoxalmente, foi na França, onde foram mais vivas as reticências, e mais categóricas e constantes as recusas, que a chama foi retomada e o archote mais alto brandido. A mecânica de Newton, embora ele seja um dos fundadores do cálculo diferencial e integral, é puramente geométrica. Newton desenvolveu as demonstrações de seus teoremas com a ajuda de figuras e construções. Com freqüência o seu procedimento é tão artificial que, como observou Laplace, a descoberta de seus teoremas seguindo essa via nem sempre é verossímil. O método de Newton, que consiste em deduzir as conseqüências de dadas hipóteses (no sentido matemático do termo), é o dos antigos geômetras, leva o nome de método sintético. Se, pelo contrário, buscam-se as condições para a existência de um teorema ou das propriedades de uma figura, procede-se pela via analítica. A aplicação desse segundo método é devida sobretudo à aplicação da álgebra à geometria; foi assim que se tornou um hábito qualificar de analítico o método algébrico. O que hoje se denomina mecânica analítica, por oposição à "mecânica sintética" de Newton, nada mais é que o tratamento da mecânica pelo cálculo. Compreende-se que os franceses, herdeiros de Descartes e de sua aplicação da álgebra à geometria, tenham se distinguido nessa fase de desenvolvimento da mecânica celeste. "Sem dúvida", como observava Paul Valéry, "a *Geometria* de Descartes apresenta ao leitor moderno um aspecto bem diferente do de um tratado de geometria analítica do nosso tempo. Mas o caminho estava aberto, o princípio estabelecido, e não cessou, nos três últimos séculos, de permitir a solução de um número ilimitado de problemas, e de sugerir uma infinidade com os quais jamais teríamos sonhado."

Todavia, as bases da mecânica analítica foram estabelecidas por Euler em sua *Mechanica sive motus scientia analytica exposita* (1736). Mas o método de Euler ainda está cheio dos procedimentos do antigo método sintético; no estudo do movimento curvilíneo, por exemplo, Euler decompõe todas as forças em forças normais e tangenciais. Maclaurin realizou um progresso essencial decompondo todas as forças conforme três direções fixas, o que conferiu aos cálculos uma simetria e uma clareza muito maiores. Mas foi Lagrange quem levou a mecânica analítica ao grau máximo de desenvolvimento e perfeição. Em sua *Mécanique analytique*, publicada pela primeira vez em Paris, em 1788, dedicou-se a fazer, de uma vez por todas, todas a demonstrações necessárias, e a condensar, o mais possível, as coisas em uma só fórmula. Pode-se então dar conta de todos esses casos particulares que se apresentam de acordo com um esquema simples e claro: nada mais resta a fazer senão um trabalho mental puramente mecânico. Mas ainda não atingimos o estágio último da mecânica newtoniana sob sua forma analítica. Seria preciso que alguns matemáticos trabalhassem para desbravar essa estrada régia que Newton acabava de abrir à astronomia, antes que Lagrange e Laplace a tomassem emprestada e aí triunfassem. Entre eles citemos Euler, Maupertuis, Clairaut e d'Alembert.

10. *Desenvolvimento da análise e estabelecimento dos princípios*

É tempo de nos entendermos acerca das palavras e esclarecer alguns problemas. Para definir o que é a mecânica celeste, citemos o início, excepcionalmente claro, da *Introduction à la mécanique céleste*, de Jean Kovalevsky: "A mecânica celeste é essencialmente a aplicação das leis da mecânica universal ao estudo dos movimentos e dos equilíbrios dos corpos celestes que sofrem a ação de forças cuja origem é gravitacional. Conseqüentemente, os princípios da mecânica celeste são os princípios da mecânica geral, aos quais é necessário acrescentar a lei da gravitação universal." Os princípios que Newton apresenta nos *Principia* bastam para explicar todos os problemas que podemos encontrar tanto na dinâmica como na estática, sem que seja preciso apelar para leis novas ou mesmo para teoremas suplementares. Os teoremas não passam de conseqüências da lei fundamental da mecânica: simplesmente apresentam esta última sob uma forma prática em vista de suas aplicações a casos particulares. As dificuldades encontradas nesses casos particulares são de ordem puramente matemática ou formal; quanto ao fundo, não têm de modo algum relação com os princípios, porém podem crescer ou diminuir conforme os princípios e os processos postos em prática. Esses procedimentos variados são equivalentes, mas seria incômodo querer não levar em conta a sua diversidade e sempre se resignar aos métodos e princípios de Newton; basta ter a convicção de que esse retorno é sempre possível. O princípio de d'Alembert permitiu-lhe resolver mais "facilmente" o problema delicado da precessão dos equinócios. Quanto à análise que se desenvolve por si mesma, tornou-se a ferramenta matemática privilegiada da resolução de problemas da mecânica celeste. Seu encontro com esta produziu a mecânica analítica.

Euler

Euler é encontrado em todas as encruzilhadas das matemáticas: teoria dos números, álgebra, séries indeterminadas, noção de função, cálculo diferencial e integral, equações diferenciais, cálculo das variações, mecânica e hidromecânica. Filho de um pastor de aldeia, nascido na Basiléia em 1707, Léonard Euler foi aluno de Jean I Bernoulli, e obteve aos vinte anos um grau universitário da Academia das Ciências de Paris devido a uma memória sobre a mastreação das naus, sendo que o prêmio foi dado a Pierre Bouguer. Nesse mesmo ano de 1727, Euler foi chamado a São Petersburgo para assistir Daniel Bernoulli, e depois, tendo sucedido ao mestre em 1733, lá permaneceu até 1741, e, embora se considerasse sempre cidadão suíço, jamais voltaria ao país natal, deixando São Petersburgo por Berlim. Sua *Introductio in analysin infinitorum*, de 1748, é uma de suas obras mais importantes. Encontram-se aí as fórmulas que unem as funções trigonométricas e a exponencial, as expressões do seno e do co-seno em produtos infinitos, a classificação das cônicas segundo sua equação, e sobretudo a afirmação clara de que a análise matemática é, antes de tudo, a ciência das funções e os fundamentos da geometria analítica em três dimensões que Descartes mal esboçara. Depois, em 1755, apareceram as *Institutiones calculi diferentialis*, e, em 1768, as *Institutiones calculi integralis*, onde Euler reúne todos os trabalhos dos predecessores e os seus, apresentando resultados novos, como a comparação dos comprimentos dos arcos da elipse e da hipérbole. Ao lado da análise pura onde, nesses meados do século XVIII, a figura de Euler domina todas as outras, desenvolve-se a principal das aplicações da análise: a mecânica.

Maupertuis

Pierre-Louis Moreau de Maupertuis, nascido em Saint-Malo em 1698, foi a Paris em 1714 para seguir os cursos de filosofia que um certo sr. Le Blond ministrava então no Colégio da Marche. Habituado ao estudo solitário, sob as asas protetoras de uma mãe a quem idolatrava, essa temporada lhe foi penosa, e, em 1716, voltou para sua terra a fim de refletir à vontade sobre a escolha da carreira. Embora em Saint-Malo, estava fora de cogitação que se fizesse marinheiro, mamãe não o teria suportado. Então, tendo sempre mostrado um gosto muito vivo pelas matemáticas, escolheu as aulas de Guisnée, cujo *Tratado de aplicação da álgebra à geometria* lhe valera ser promovido a geômetra associado na Academia de Ciências em 1707. Essa escolha teve sua importância na obra de Maupertuis. Se Guisnée está hoje esquecido, e se seu *Tratado* é mal conhecido, o ambiente ao qual pertencia estava no centro do debate sobre os novos métodos de geometria. Em 1696, o marquês de l'Hôpital publicara a sua *Análise dos infinitesimais para compreensão das linhas curvas*, onde aliava os resultados adquiridos da *Geometria* de Descartes às pesquisas sobre o cálculo infinitesimal dos Bernoulli e de Leibnitz. A obra abrira uma polêmica no próprio seio da Academia de Ciências, onde o abade Gallois se declarara "contra" os infinitesimais que Varignon, professor de Guisnée, defendia com obstinação. Escolher entrar nas matemáticas por esse novo caminho controvertido era uma atitude que deveria marcar toda a obra de Maupertuis e, de início, fazer dele o primeiro cientista francês a escolher abertamente o campo newtoniano. D'Alembert, no *Discurso preliminar da Enciclopédia*, haveria de escrever: "Maupertuis foi o primeiro que ousou, entre nós, declarar-se abertamente newtoniano. Julgou que podia ser um bom cidadão sem adotar cegamente a física de seu país; e, para atacar essa física, teve de ter uma coragem pela qual devemos aplaudi-lo."

É verdade que, em 1728, Maupertuis fizera uma viagem a Londres, na época em que Voltaire começava a redigir as suas *Cartas inglesas*. A carta XIV nos esclarece sobre o choque que um francês, louco pelas ciências, devia receber em lá chegando: "Um francês que chega a Londres acha as coisas bem mudadas, tanto na filosofia como no resto. Deixou o mundo cheio e encontra-o vazio. Em Paris, vê-se o universo composto de turbilhões de matéria sutil; em Londres, nada disso se vê [...] Para os seus Cartesianos, tudo se faz por uma impulsão da qual não se entende quase nada; no caso de Newton, faz-se por uma atração cuja causa não é melhor conhecida. Em Paris, vocês figuram a Terra feita como um melão; em Londres, ela é achatada dos dois lados." Aliás, foi no seu *Discurso sobre as diversas figuras dos astros*, publicado em 1732, que Maupertuis se faria propagandista das idéias de Newton. Em todo caso, adotou logo o ponto de vista newtoniano, e embora permanecesse apenas seis meses em Londres, teve tempo de mandar editar, em inglês, a *Introductio ad veram physicam* de Keill, que considerava a melhor introdução à física de Newton, e que, até então, só fora editada em latim nos anos de 1700 e 1705. Isto valeu a Maupertuis voltar à França já eleito membro da Royal Society, e, portanto, eminentemente suspeito!

Em 1732, Maupertuis tomou o partido de Newton quanto à conformação da Terra. Escreveu: "Huygens não se contentou com isso: tendo determinado a relação da força centrífuga sob o equador com o peso, determinou a figura que deve ter a Terra, e achou que o diâmetro do equador devia estar em relação ao eixo como 578 para 577. Entretanto, Newton, partindo de uma teoria diversa, e considerando o peso como efeito da atração das partes da matéria, tinha determinado a relação entre o diâmetro do equador e o do eixo, encontrando uma relação de 230 para 229." Se Newton dá um achatamento duas vezes mais intenso que Huygens, ao menos o faz seguindo o mesmo eixo: a Terra é achatada como uma toranja. Em compensação, para Cassini e Maraldi, ela é pontuda como um ananás. Maupertuis prossegue: "Nenhuma dessas medidas concorda com a medida ora tomada pelos srs. Cassini e Maraldi. Mas se de suas observações, as mais famosas que já foram feitas, resulta que a Terra, em vez de ser um esferóide achatado nos pólos, é um esferóide alongado, embora essa figura não pareça concordar com as leis da estática, será preciso ver se é absolutamente impossível antes de prejudicar tais observações." Eis por que, em 1735, a Academia de Ciências, preocupada em deslindar esse problema delicado, decidiu enviar ao Peru uma missão, composta de La Condamine, Godin e Bouguer, para medir o valor de um grau de meridiano no equador, e uma outra missão para a Lapônia para fazer o mesmo perto do pólo norte. Foi Maupertuis quem mostrou todas as vantagens que haveria em comparar o grau do meridiano do Peru não só com o da França, mas com o da Lapônia. Tendo sido aceita essa nova missão, Maupertuis foi responsável por ela; seus companheiros de viagem eram Camus, Le Monnier, o abade Outhier, Celsius e Clairaut.

Clairaut e d'Alembert

Alexis-Claude Clairaut, nascido em 1713, foi o segundo dos 21 filhos de um professor de matemáticas em Paris. Parece, como diz um de seus biógrafos, que teria sugado a geometria com o leite materno: aos doze anos, leu diante da Academia de Ciências uma memória sobre algumas curvas do quarto grau. Os senhores acadêmicos devem ter ficado impressionados com o pequeno Clairaut, visto que o admitiram em sua companhia em 1731, como adjunto mecânico, e para tanto foi necessária uma licença especial do rei, já que a idade mínima era fixada em vinte anos. Nesse mesmo ano, Maupertuis foi promovido, na mesma Academia, a pensionista geômetra. Maupertuis e Clairaut, que sob muitos aspectos se aproximavam, passaram logo a colaborar um com o outro, e Clairaut partiu com Maupertuis para a Lapônia. Para terminar de vez com a questão da forma da Terra, um dos primeiros problemas cruciais quanto à validade das teorias de Newton, e sobre o qual Clairaut se debruçou também —

sua *Teoria da forma da Terra* saiu no mesmo ano do *Tratado de dinâmica* de d'Alembert, em 1743 — digamos que Newton acabou vitorioso. As medidas de um grau do meridiano na França, no Peru, na Lapônia, e depois pelo abade de Lacaille, no hemisfério sul, no cabo da Boa Esperança, em 1750, permitiram a Maupertuis concluir no seu *Addition à la mesure du degré du meridien*: "A relação do eixo com o diâmetro do Equador seria de 229 para 230, e a Terra se acharia, especificamente, com a forma que Newton lhe dera, embora tenha feito sua Terra um pouquinho menor, tendo partido de um grau menor. E não parece que a Terra se afasta muito dessa forma."

Filho ilegítimo do cavalheiro Destouches e de Mme de Tencin, exposto em 1717 nos degraus da escada da igreja Saint-Jean-le-Rond, perto da Notre Dame de Paris, e confiado à mulher de um vidraceiro, à qual testemunhou sempre profundo reconhecimento, Jean le Rond d'Alembert não obstante fez seus estudos no colégio das Quatre-Nations, onde tomou gosto pelas matemáticas. Foi com 22 anos que leu sua primeira memória diante da Academia, e aos 26, em 1743, estabeleceu os princípios matemáticos da dinâmica dos sistemas de pontos materiais naquele que permanecerá como sendo o seu mais famoso trabalho: o *Tratado de dinâmica*. Nesse livro, d'Alembert funda a mecânica em três princípios: a inércia, o movimento composto e o equilíbrio dos corpos. Combinando os dois últimos, obteve o princípio que leva o seu nome, e que enunciou da seguinte forma: em um sistema de pontos materiais, as forças internas de inércia são iguais e opostas às forças que produzem a aceleração. O método daí decorrente reduz todas as leis do movimento dos corpos às de seu equilíbrio, e assim, leva a dinâmica à estática. Jacques Bernoulli, na pesquisa do centro de oscilação do pêndulo composto, fizera depender tal pesquisa das condições de equilíbrio de uma alavanca. Estava reservado a d'Alembert enfrentar esse princípio de uma maneira geral, de lhe dar toda a simplicidade e fecundidade possíveis, e de aplicá-lo a diferentes problemas, dentre os quais este, bem difícil, da precessão dos equinócios. Em sua memória de 1749, *Recherches sur la précession des équinoxes et sur la nutation de la terre*, estabeleceu as equações do movimento da Terra em torno de seu centro de gravidade e colocou a teoria matemática do fenômeno da precessão como sendo devido à atração lunissolar sobre o enchimento equatorial da Terra.

Clairaut, mais cedo, também se dedicara a esse problema por algum tempo. Se o tratamento analítico feito por d'Alembert era bastante idêntico ao de Clairaut, d'Alembert desenvolveu mais termos na integração da equação do movimento e sua solução estava mais de acordo com as observações do movimento da Terra.

O princípio de Maupertuis

Já vimos, a propósito de Galileu, que era possível ter uma boa lei da queda dos corpos e estar enganado acerca do princípio do qual se pretendia fazê-la decorrer. O estabelecimento de princípios é coisa delicada. A 15 de abril de 1744, Maupertuis lia, diante da assembléia pública da Academia real de Ciências, uma memória intitulada *Accord de différentes lois de la nature*. Enunciava um teorema que denominava *princípio da menor quantidade de ação*, e que, segundo ele, apresentava a vantagem de manifestar particularmente a sabedoria do criador, o que em si não é uma garantia de eficácia na prática cotidiana da mecânica. Para estabelecer esse princípio, Maupertuis, para medir a ação, tomou o produto da massa pela velocidade e pelo caminho percorrido: seja *m.v.e.* Ora, se os fatores massa e velocidade se referem a grandezas determinadas, o mesmo não ocorre com o caminho, a menos que se especifique em que tempo foi percorrido; mas então a distinção entre caminho e velocidade se torna especiosa. Segue-se que a aplicação desse princípio, que consistia em impor que a quantidade de ação seja mínima, implicava ou a obrigação de restringir o problema considerado, ou a de acrescentar implicitamente um outro princípio. No entanto, Maupertuis estava bem consciente do "perigo". Escrevia: "Conheço a repugnância que vários matemáticos têm pelas *causas finais* aplicadas à física, e aprovo-a até certo ponto; confesso que não é sem perigo que elas são introduzidas: o erro em que caíram homens como Fermat, ao segui-las, só prova o quanto o seu emprego é perigoso. Pode-se, entretanto, dizer que não foi o princípio que os enganou, e sim a precipitação com que tomaram por princípio o que apenas eram as conseqüências." Fez-se a mesma acusação de precipitação a Maupertuis e criticou-se a fluidez daí decorrente. Em 1751, S. König publicou algumas críticas ao princípio de menor quantidade de ação, tal como Maupertuis o apresentara, e citou uma carta de Leibnitz na qual o princípio era formulado com maior precisão. Todavia, os trabalhos de Maupertuis estimularam os de Euler que, como Maupertuis, pensava ser possível distinguir os fenômenos por suas finalidades tanto como por causas efetivas, e que se se buscasse distingüi-los por suas finalidades, podia-se conjecturar que eles apresentavam um máximo ou um mínimo. Dito isso, não se tratava, para Euler, de colocar *a priori* esse extremo nem de determinar a natureza através de considerações metafísicas, mas sim pelo estudo atento da solução de problemas mecânicos onde poderia transparecer a quantidade que apresenta essa propriedade de ser extrema. Euler foi pesquisar a expressão cuja variação igualada a zero conduz às equações conhecidas da mecânica. Para um corpo único, Euler pôs em evidência a expressão procurada sob a forma *v.ds* — onde *ds* era o elemento de trajetória e *v* a velocidade correspondente. Para a trajetória efetivamente percorrida pelo corpo, essa expressão é menor do que para todo caminho infinitamente vizinho, que partisse do mesmo ponto inicial e terminasse no mesmo ponto final. Logo, pode-se, inversamente, para determinar a trajetória, procurar a curva que faz $v.ds$ ser mínimo. O princípio de Maupertuis é empregado hoje sob o nome reduzido de *princípio de menor ação*, e sob a forma melhorada que lhe deu Hamilton.

A dúvida se insinua

Em 1743, Clairaut lia diante da Academia um documento com o título espantoso: *A órbita da Lua no sistema do sr. Newton*. Mesmo que Newton não tivesse desenvolvido inteiramente a teoria da lua, por desconhecer certos dados de seu movimento, e sobretudo devido a dificuldades importantes que tinha de superar, e se então era importante retomar essa teoria em detalhe, em que outro sistema teria sido possível fazê-lo? As equações dos movimentos celestes têm isso de particular, elas se resolvem muito simplesmente no caso de dois corpos postos frente a frente; porém basta introduzir um terceiro para que a solução se torne inextricável. Se considerarmos o sistema solar, os planetas estão basicamente submetidos às forças gravitacionais dos outros astros do sistema: os mecânicos celestes estão diante do problema de N corpos, onde N é largamente superior a 3! A situação, pois, parece desesperadora. Todavia, certas circunstâncias particulares permitem tratar o problema com a precisão desejada: se se trata de um planeta, está submetido à ação preponderante do sol; se se trata de um satélite, está submetido à ação preponderante do planeta mãe, circunstância que permite cuidar primeiro do problema dos dois corpos, e depois introduzir as ações dos outros corpos, começando pelos mais sensíveis, sob a forma de *perturbações* em relação à força principal. É desnecessário operar da mesma maneira no caso do sistema de três corpos, sol, Terra e lua: as massas dos corpos em presença e as distâncias que os separam tornam o estudo do movimento da lua tão difícil que os matemáticos nem sempre deram uma solução totalmente analítica do problema desses três corpos.

Problemas que resistem

No século XVIII, a teoria do movimento da lua acarretava ainda tantas dificuldades que alguns estudiosos da mecânica celeste, como Clairaut e

Euler, pensaram que talvez fosse necessário modificar a lei da atração universal. Daí a formulação do título da memória de Clairaut. Foi a aceleração secular do movimento médio da lua que resistiu mais tempo à sagacidade dos matemáticos. A descoberta da realidade dessa aceleração é devida a Dunthorne, em 1749, e não a Edmund Halley, como se tem repetido, a confiar em uma passagem da segunda edição dos *Principia*, passagem que já não se encontra na terceira edição. Dunthorne, trabalhando na determinação das constantes que intervêm no estabelecimento das tábuas do movimento da lua, utilizou eclipses observados do século X ao século XV. A comparação desses eclipses com três dos dezenove que Ptolomeu menciona no *Almagesto* punha em evidência um desacordo regular entre os instantes observados e os instantes calculados, mas esse desacordo decrescia à medida que se aproximava o século XVIII. Para Dunthorne, tudo ocorria como se o movimento da lua se acelerasse em $20''/(\text{século})^2$. Halley se contentara em anunciar: "... então estarei em condições de dizer em que proporção se acelera o movimento da lua, o que produz tal aceleração, e penso poder demonstrá-lo e o farei um dia..." O artigo é de 1695; Halley morreu em 1743, sem ter determinado a aceleração do movimento da lua.

Em 1749, nem a teoria da gravitação, tal como Newton a havia apresentado, nem as contribuições de Clairaut e de Euler permitiam explicar a aceleração secular da lua. O problema parecia suficientemente importante para que a Academia de Ciências levasse a concurso a sua solução desde 1762. O assunto era difícil, pois que permaneceu em pauta até 1744, sem que nenhuma resposta fosse satisfatória. Aliás, a questão colocada em 1762 era muito genérica: "*Se os planetas se movem em um meio cuja resistência produz algum efeito sensível sobre o seu movimento.*" O abade Bossut, que ganharia o prêmio sem dar uma verdadeira resposta à questão, imaginou um éter cercando o sol. Em uma primeira etapa, mostrou que a presença de um fluido muito tênue no sistema solar alterava sensivelmente o movimento dos planetas, e que os efeitos eram compatíveis com as observações. Depois, tirou suas conclusões sobre a lei de densidade desse fluido hipotético em diferentes distâncias do sol, mas para que essa segunda fase trouxesse uma resposta ao problema das acelerações seculares, era-lhe necessário extrair as acelerações assim produzidas sobre os planetas, observá-las e demonstrar que estão de acordo com a sua teoria, o que ele não fez. Foi preciso esperar até 1787, quando Laplace resolveu o problema da aceleração secular da lua, mas não em definitivo como julgava.

Outro problema, cuja solução se recusava a encaixar-se no quadro da mecânica celeste, era o do movimento do apogeu da lua. Clairaut, d'Alembert e Euler trabalharam nele, e nenhum encontrou um valor que concordasse com o observado. Clairaut, por exemplo, encontrou um movimento do apogeu da lua cuja velocidade era duas vezes menor que a velocidade observada. Foi então que propôs modificar a lei da gravitação e acrescentar ao termo em k/R^2 um termo suplementar em k'/R^4. A contribuição desse termo poderia talvez permitir dar conta de todas as desigualdades do movimento da lua, muito próxima da Terra, sem perturbar os resultados já bem assentes quanto aos planetas muito mais distantes. Iludido por aproximações mal-acabadas, d'Alembert também imaginou dever rejeitar a lei da gravitação sob sua forma em k/R^2. Atualmente, parece incrível que matemáticos tão hábeis como Clairaut e d'Alembert não tenham pensado que termos muito pequenos em uma equação diferencial aumentam consideravelmente pela integração, por causa dos pequenos múltiplos que se tornam divisores. Seja como for, em nosso caso, d'Alembert concluiu que o centro de gravidade da lua era atraído em direção à Terra por uma força que não variava em k/R^2 e sim em $K/R^2 + k'/R$. Sem precisar qual o fenômeno físico que intervém especificamente no caso do sistema Terra-lua, parece que d'Alembert pensava em uma força de natureza magnética. Buffon se indignou com essas propostas de modificar a lei de Newton, sob a alegação de que, para ele, as leis da natureza só podiam ser simples: "A partir do momento em que se quer empregar dois termos, destrói-se a unidade da qualidade física, pois esses dois termos representariam duas variações diversas na mesma qualidade." Esse tipo de argumentação só podia atrair os sarcasmos de Clairaut. Este admitia ser preferível, antes de modificar a lei de Newton, progredir na mestria da análise, e, em particular, na escolha das abordagens indispensáveis para o desenvolvimento dos cálculos; e assim procedeu na memória que contém a solução e que enviou à Academia em 1749, lembrando a Buffon que este tivera razão em querer conservar a lei de Newton... porém por maus motivos.

11. Os monstros sagrados

Lagrange

Costuma-se comparar as obras de Lagrange e de Laplace. Joseph-Louis Lagrange, descendente de uma família francesa ligada à de Descartes, nasceu em Turim, em 1736. Seu bisavô se pusera a serviço do rei da Sardenha. Seu pai, tesoureiro das armas sardas, arruinou-se em especulações infelizes, e Lagrange teve de procurar emprego logo que terminou os estudos. Foi assim que, mal tendo vinte anos, achou-se ensinando matemática na Escola de Artilharia de Turim. Suas primeiras pesquisas em análise se referem de perto às preocupações da mecânica celeste: tratava-se dos problemas relativos à máxima e à mínima das funções. Seus primeiros trabalhos foram comunicados a Euler, em 1755 e 1756, sob a forma de cartas, pois este trabalhava sobre essas mesmas questões. Euler, impressionado pela superioridade e generalidade do método de Lagrange, transmitiu as cartas deste a Maupertuis, então presidente da Academia de Berlim. Maupertuis, igualmente impressionado, mas encontrando também em Lagrange um defensor inesperado de seu princípio de menor ação, propôs-lhe um cargo de matemático na Prússia. Lagrange recusou, e depois publicou o seu *Essai d'une nouvelle méthode pour déterminer les maxima et les minima des intégrales définies* (*Ensaio de um novo método para determinar os máximos e os mínimos das integrais definidas*), que Euler apresentou à Academia de Berlim, onde Lagrange foi logo admitido como membro associado. Aliás, em 1766, por proposta de d'Alembert, seria chamado a Berlim por Frederico II, a fim de substituir Euler, que partira para a Rússia. Chegou a Berlim em 27 de outubro, e passou a ser diretor da seção de matemáticas da Academia de Berlim desde o dia 6 de novembro. Permaneceu vinte anos em Berlim, e foi lá que redigiu o seu "poema científico", já que foi assim que Hamilton qualificou a *Mecânica analítica*.

A *Mecânica analítica*, publicada em Paris em 1788, onde Lagrange residia desde 1787, é uma obra-prima da mecânica mas também de análise pura; realiza um progresso considerável na economia do pensamento: Lagrange esquece toda consideração física e geométrica para aplicar, com todo o rigor, um método puramente algébrico. Escutemos a advertência que abre a primeira edição: "Já existem vários tratados de mecânica, mas o plano deste é inteiramente novo. Proponho-me reduzir a teoria dessa ciência, e a arte de resolver os problemas que a ela se referem, a fórmulas gerais, cujo simples desenvolvimento dá todas as equações necessárias para a solução de cada problema. Espero que a maneira como tentei realizar esse objetivo não deixe a desejar. Além disso, esta obra teria uma outra utilidade: reunir e apresentar, sob um mesmo ponto de vista, os diferentes princípios encontrados até agora para facilitar a solução das questões de mecânica, e demonstrar a ligação e a dependência mútua delas, dando condições de ser julgada por sua justeza e seu alcance. Divido a obra em duas partes: a estática, ou teoria do equilíbrio, e a dinâmica, ou teoria do movimento; e cada uma delas tratará em separado dos corpos sólidos e dos fluidos. Não se achará figura alguma neste livro. Os métodos que exponho não exigem construções nem arrazoados geométricos ou mecânicos, mas unicamente operações algébricas, sujeitas a uma andadura regular e uniforme. Os que amam a análise verão com prazer a mecânica se tornar um novo ramo dela, e me saberão feliz por ter desse modo estendido o seu domínio." Lagrange faria numerosos complementos à segunda edição, dentre os quais o célebre e admirável método da variação das constantes arbitrárias, que já tinha sido objeto de três memórias impressas, mas que é apresentado de uma forma mais simples e como um método geral de aproximação para todos os problemas de mecânica onde haja forças perturbadoras pouco consideráveis em relação às forças principais.

A mecânica analítica

A *Mecânica* de Lagrange se divide em duas grandes partes: a estática e a dinâmica. Em estática, Lagrange toma como ponto de partida o princípio das velocidades virtuais: se um sistema qualquer, de tantos corpos ou pontos quantos se desejar, cada um deles atraído por quaisquer forças, está em equilíbrio, e se se dá a esse sistema um pequeno movimento qualquer, em virtude do qual cada ponto percorre um espaço infinitamente pequeno que exprimirá sua velocidade virtual, a soma das forças, cada qual multiplicada pelo espaço que o ponto em que ela é aplicada percorre seguindo a direção dessa mesma força, será sempre igual a zero, tendo-se como positivos os pequenos espaços percorridos no sentido das forças, e como negativos os espaços percorridos em um sentido oposto. Jean Bernoulli fora o primeiro a perceber a grande generalidade do princípio das velocidades virtuais. Esse mesmo princípio, a seguir, dera lugar ao que Maupertuis havia lido perante a Academia de Ciências, a 20 de fevereiro de 1740, sob o nome de *lei de repouso*, e que Euler desenvolveu e generalizou nas *Memórias da Academia de Berlim* para o ano de 1751. Lagrange acrescentou que julgava poder adiantar que todos os princípios gerais que talvez ainda fosse possível descobrir na ciência do equilíbrio seriam apenas o mesmo princípio das velocidades virtuais, enfocado de modo diferente, divergindo unicamente na exposição; porém o seu, tão simples e geral, tinha, no entanto, a vantagem preciosa e única de poder ser traduzido em uma fórmula geral que enfeixava todos os problemas que se podia propor sobre o equilíbrio dos corpos. A dinâmica está inteiramente baseada no princípio de d'Alembert. Ou seja, Lagrange se conformava ao uso corrente de restituir a dinâmica à estática. Posto que, assim, Lagrange tivesse obtido, desde o começo, fórmulas gerais aplicáveis a todos os casos, esse método não era absolutamente necessário. Lagrange poderia muito bem ter partido do princípio de que as ligações não executam nenhum trabalho, isto é, do princípio segundo o qual todo trabalho possível de ser executado provém de forças aplicadas; assim, a estática é que seria um caso particular da dinâmica. A obra de Lagrange, admirada ainda hoje pela elegância, pureza e clareza, teria ganho ainda em lógica.

Laplace

Laplace e Lagrange só têm em comum o fato de terem dominado a mecânica de seu tempo e de serem os dois maiores sucessores de Newton. Porém, enquanto Lagrange se preocupava com a clareza e o rigor matemático, Laplace é talvez de leitura difícil. Nele nada é mais enganador que a expressão "é fácil ver..." que, na maioria dos casos, encobre uma dificuldade matemática; Bowditch, a quem devemos uma tradução inglesa comentada da *Mecânica celeste* de Laplace, teve uma cruel experiência com o texto. Ao passo que Lagrange, de natural timidez — foi por isso que recusou o primeiro oferecimento de Maupertuis para ir a Berlim —, teve uma vida discreta, Laplace gozou de uma vida pública brilhante e acumulou todas as honrarias sob todos os regimes: no dia seguinte ao 18 de Brumário, achou-se... ministro do Interior, mas façamos-lhe justiça, não se demorou no cargo, exercendo-o durante algumas semanas, tempo suficiente para obter uma pensão para a viúva de Jean-Sylvain Bailly, astrônomo eleito por aclamação prefeito de Paris, a 16 de julho de 1789, e condenado à morte e guilhotinado, sempre por aclamação, em novembro de 1793. Membro do senado conservador, do qual se tornou chanceler em 1803, grande oficial da Legião de Honra desde a criação dessa ordem, e conde do Império em 1808, votou não obstante a deposição de Napoleão; enfim, Luís XVIII o fez par da França, depois marquês e grã-cruz da Legião de Honra! Mas voltemos ao seu verdadeiro título de glória: a obra científica.

As grandes memórias

De origem modesta — o pai era um pequeno agricultor —, Pierre-Simon Laplace nasceu em Beaumont-en-Auge, pequeno lugarejo da Normandia, perto de Pont-l'Évêque, a 23 de março de 1749. É provável que tenha sido a manifestação precoce de sua inteligência superior que o fizesse ser admitido no colégio de Beaumont, dirigido pelos beneditinos de Saint-Maur. Mal tendo vinte anos, Laplace chegou a Paris e obteve o apoio de d'Alembert, que o fez ser nomeado professor de matemática na Escola Real Militar. A confiança de d'Alembert era bem empregada; desde então começou para Laplace um período de prodigiosa atividade científica. Em poucos anos apresentou à Academia de Ciências numerosas memórias importantes. Dentre as que se relacionam com os movimentos dos planetas, logo com a gravitação, e finalmente com a cosmologia, e até mesmo com a cosmogonia, embora Newton tenha pensado sempre que essas duas matérias escapavam ao domínio da gravitação — examinaremos principalmente a primeira memória. Além de sua importância, ela nos mostra com que lucidez Laplace, desde sua "entrada na mecânica" se fixou um programa que conservou por toda a vida e, caso mais espantoso, realizou-o integralmente.

Essa primeira memória que consagrou à mecânica celeste, *Sur le principe de la gravitation universelle et sur les inégalités des planètes qui en dépendent* (*Sobre o princípio da gravitação universal e sobre as desigualdades dos planetas que dela dependem*), foi apresentada à Academia em 1773 e publicada em 1776. É uma memória longa e difícil, onde Laplace aborda o exame do princípio da gravitação universal e discute quatro suposições de que partiu Newton. Primeiro, a atração está em razão direta da massa e em razão inversa do quadrado da distância; depois, a força atrativa de um corpo é o resultado da atração de cada uma das partes que o compõem; a seguir, essa força se propaga em um instante, do corpo que atrai àquele que é atraído; enfim, ela age da mesma forma sobre os corpos em repouso e sobre os que estão em movimento. A este simples enunciado, vê-se como Laplace participa das "dúvidas" que recordamos acima, e que ele devia à tradição cartesiana e às suas discussões com d'Alembert. Relativamente ao primeiro ponto, Laplace escreve: "Pergunta-se muitas vezes por que o peso diminui em razão do quadrado da distância. Sendo desconhecida a causa dessa força, é impossível dar-lhe a razão física; mas se era permitido utilizar uma metáfora para uma matéria impossível de ser submetida à experiência, não seria natural pensar que as leis da Natureza são tais que o sistema do universo seria sempre semelhante a si mesmo, supondo que todas as suas dimensões venham proporcionalmente a aumentar ou diminuir?" O princípio metafísico de Laplace está de acordo com o geometrismo euclidiano da física de Newton: nesse espaço, a escolha de uma unidade de comprimento é arbitrária, as relações métricas são independentes da grandeza das figuras, e Laplace, naturalmente, estende essa independência às leis físicas, aplicando à ocorrência apenas o princípio galileano de relatividade. Foi dessa invariância que Laplace extraiu uma justificação da lei do inverso do quadrado. Todavia, Andoyer, em sua pequena porém notável obra sobre Laplace, *L'Oeuvre scientifique de Laplace*, assinala que o argumento de Laplace tem um ponto fraco: "Seu raciocínio não tem valor, pois ele supõe implicitamente que os tempos permanecem os mesmos em duas trajetórias semelhantes, o que de modo algum é necessário." Tocamos aí num mistério do pensamento científico, desde Newton até Einstein: que ninguém tenha reparado na incompatibilidade entre o princípio galileano de relatividade e a noção de tempo absoluto. Quanto ao segundo ponto, Laplace mostra que muitos fenômenos, ainda mal conhecidos, deixam subsistir alguma dúvida, mesmo que a memória de d'Alembert acerca da precessão dos equinócios e a nutação do eixo terrestre pareça confirmar os pontos de vista de Newton. Sobre o terceiro ponto, a dúvida também é evidente, embora Laplace julgue ser pouco verossímil que a qualidade atrativa dos corpos possa se transmitir instantaneamente, já que tudo o que se transmite através do espaço parece-nos fazê-lo de maneira sucessiva e não instantânea; contudo, nesse caso particular, a ignorância em que estamos sobre a natureza da gravitação não nos permite decidir, e, mesmo se a experiência se decidisse pela comunicação instantânea, não seria preciso a gente se apressar em concluir, como nos mostra a dificuldade que houve em determinar se a transmissão da luz era instantânea ou sucessiva. A esse respeito, Daniel Bernoulli concluíra, pelo estudo das marés, que a ação da lua levava talvez um ou dois dias para chegar aos oceanos! Tal lentidão parecia a Laplace incompatível com os resultados que obtivera a respeito da quarta hipótese, que ele comenta nesses termos:

"É natural pensar que a velocidade de um corpo devia subtraí-lo em parte à força do peso. Esse sentimento, bem verdadeiro em si mesmo, seria incontestável se a causa dessa força proviesse da impulsão de um fluido qualquer [...] Considerarei o peso de uma molécula de matéria como produzido pela impulsão de um corpúsculo infinitamente menor que ela, e movido na direção do centro da Terra com uma velocidade qualquer. A suposição comum, segundo a qual o peso age da mesma maneira sobre os corpos em repouso ou em movimento, volta a fazer infinita essa velocidade." E Laplace conclui: "Supô-la-ei indefinida, e buscarei determiná-la pela observação." O que significa que a dúvida quanto à terceira hipótese se refletia sobre a quarta.

O raciocínio de Laplace sobre o peso de uma molécula de matéria se assemelha ao que foi feito para explicar a aberração da luz, ou seja, que a hipótese de Laplace voltava a acrescentar à força da gravidade uma resistência dirigida em sentido contrário do movimento, e igual a essa força multiplicada pela relação da velocidade da molécula com a do corpúsculo. Laplace deduziu daí, então, no caso dos planetas, que as longitudes médias deles devem ser afetadas de uma equação secular proporcional ao quadrado do tempo. Via aí uma forma de explicar a aceleração secular da lua, de que já falamos; levando em conta que a própria Terra deve estar submetida a uma aceleração secular, encontrou que a velocidade do corpúsculo era 640 mil vezes maior que a da luz. Resultado que considerou apenas pelo que valia: a dedução de hipóteses que nenhuma experiência justificava. Só quatorze anos depois é que Laplace daria a teoria da aceleração secular da lua.

Outra memória, reveladora das preocupações de Laplace desde 1773, foi a *Mémoire sur l'inclinaison moyenne des orbites des comètes, sur la figure de la terre et sur les fonctions* (*Memória sobre a inclinação média das órbitas dos cometas, sobre a forma da Terra e sobre as funções*). A propósito da forma da Terra, escreveu Laplace: "Quando Newton quis determinar a forma da Terra, considerou o planeta como uma massa fluida homogênea, e supôs que a forma que ela tomava em virtude do movimento de rotação era a de um esferóide elíptico. Tal suposição era bastante precária; os geômetras, a seguir, demonstraram a sua possibilidade; mas, se a forma necessária para o equilíbrio, em vez de ser elíptica fosse de qualquer outra espécie, haveria muito embaraço para determiná-la, pois é muito mais fácil assegurar se uma dada forma convém ao equilíbrio do que procurar de imediato aquelas que podem ser convenientes. Esse último problema é, sem objeção, um dos pontos mais interessantes do sistema do mundo." Laplace trata também desse problema num suplemento às *Recherches sur le calcul intégral et le système du monde* (*Pesquisas sobre o cálculo integral e o sistema do mundo*), de 1772, e na grande memória *Recherches sur plusieurs points du système du monde* (*Pesquisas sobre diversos aspectos do sistema do mundo*), de 1775 e 1776. Generalizando suas pesquisas anteriores, Laplace se propõe tratar de: a lei do peso na superfície dos esferóides homogêneos em equilíbrio; o fenômeno do fluxo e do refluxo do mar, a precessão dos equinócios e a nutação do eixo da Terra resultantes desse fenômeno; as oscilações da atmosfera ocasionadas pela ação do sol e da lua. Da preocupação com o equilíbrio à preocupação com a estabilidade há apenas um passo, e Laplace haveria de consagrar numerosos trabalhos às condições de estabilidade nos sistemas celestes. Arago, pedindo à Câmara dos Deputados a reedição nacional das grandes obras de Laplace, exclamou: "Assim, fato singular, nosso sistema parecia destinado a perder Saturno, seu mais misterioso ornamento; a ver esse planeta, acompanhado do anel e de sete satélites, mergulhar gradualmente nas regiões desconhecidas onde o olho armado dos mais potentes telescópios jamais penetrou; e, de outra parte, Júpiter, esse globo ao lado de quem o nosso vale tão pouco, iria, por uma marcha inversa, se engolfar na matéria incandescente do sol; os homens, enfim, teriam visto a lua se precipitar sobre a Terra..." O homem que livrou nossos concidadãos da angústia de tais cataclismos bem merecia ter suas obras reeditadas! Voltaremos a esse problema da estabilidade no capítulo dedicado às controvérsias acerca da formação do sistema solar. Da análise dessas primeiras memórias, que já contêm o estudo dos problemas que serão a preocupação de toda a vida de Laplace, pode-se extrair, por ordem crescente de ambição, como o fez claramente Jacques Merleau-Ponty em *A ciência do universo na era do positivismo*, os objetivos que Laplace fixara desde 1771.

Os objetivos de Laplace

Primeiro "tornar bem precisa, para ser definitivamente convincente, a adequação entre as observações astronômicas, em progresso constante, e os resultados das deduções possíveis na teoria newtoniana". Isso implicava que, aos progressos constantes — e que, na aurora da era industrial, se aceleravam —, deveria corresponder o progresso da análise. Quanto a esse objetivo, a obstinação com que Laplace justifica, unicamente por meio da mecânica newtoniana, a aceleração secular da lua é exemplar. Aí, onde d'Alembert e Clairaut tinham fracassado, e onde Lagrange também fracassaria, Laplace iria triunfar: em 19 de dezembro de 1787, apresentou a solução perante a Academia de Ciências — cem anos haviam transcorrido desde a publicação dos *Principia* de Newton, um belo aniversário para comemorar. No tomo V da *Mecânica celeste*, ele recorda a gênese de sua descoberta: "... ocupando-me da teoria dos satélites de Júpiter, reconheci que a variação secular da excentricidade da órbita de Júpiter devia produzir equações seculares em seus movimentos médios. Apressei-me a transportar esse resultado para o caso da lua e descobri que a variação secular da excentricidade do orbe terrestre produz no movimento médio da lua a equação secular determinada pelos astrônomos..." De fato, em sua teoria do movimento da Terra, Laplace introduzira uma variação de muito longo período da excentricidade da órbita terrestre, e depois, tendo em conta essa lenta variação da ação do sol sobre a lua, pusera em evidência uma aceleração do movimento da ordem de 20"/(século)^2. Essa concordância perfeita entre o valor determinado por Dunthorne e os primeiros cálculos de Laplace dispensou-o de um exame crítico do seu método de cálculo. A seqüência histórica mostraria que, se a causa mecânica descoberta por Laplace estava fundamentalmente correta, a concordância perfeita era devida apenas a um erro de princípio nos cálculos! Enquanto que Airy, trabalhando sobre as antigas crônicas de observações de eclipses solares, sugeria aumentar o valor da aceleração secular para 24"/(século)^2, John Couch Adams, concorrente infeliz de Le Verrier na descoberta de Netuno, afirmava que um cálculo corretamente conduzido levaria a reduzir tal valor a 12"/(século)^2. Delaunay, inimigo figadal de Le Verrier, chegou a resultados idênticos. Sempre que se toca num monstro sagrado da ciência ou de outra atividade, é possível encontrar aduladores que se perturbam com o que tomam por injúrias, e De Pontécoulant devia ser o Buffon de Laplace. Ele acusou Adams de "fraude analítica", porém Adams mostrou claramente que os cálculos de Laplace, e depois os de De Pontécoulant, estavam eivados de um erro de princípio. Por volta de 1860, a causa se estendera, o cálculo dava 12" e as observações 24", o desacordo entre a teoria e a observação tornou a estimular a pesquisa. Descobriu-se que a diferença se devia à imperfeição da rotação da Terra. Bem que Laplace pensara nessa possibilidade, mas recuara diante dessa perspectiva: numa época em que o único relógio-mãe de que dispunham os estudiosos da mecânica celeste era a rotação da Terra, supor que essa rotação fosse imperfeita era mudar de profissão.

Voltemos aos objetivos que Laplace se fixara. Em segundo lugar, era preciso "reduzir a defasagem entre as leis do movimento e a lei da gravitação", o que implicava, de uma parte, consolidar os fundamentos filosóficos e empíricos da teoria da gravitação, e, de outra parte, estabelecer a sua universalidade mostrando que ela se aplica tanto aos movimentos dos astros como às suas formas, e tanto aos movimentos celestes como aos movimentos terrestres. Os dois primeiros objetivos de Laplace não se afastavam em nada daquilo que o próprio Newton pensava; os dois últimos, em compensação, além de serem mais ambiciosos, se opunham à filosofia de Newton. Tratava-se de "mostrar que a estabilidade dos sistemas cósmicos observados pode ser explicada e prevista pela teoria de Newton'' e de ''sugerir que as leis que conservam a ordem são também capazes de criá-la'', enquanto que Newton pensava que o sistema do mundo era instável, a ponto de que Deus deveria intervir a intervalos de tempo muito longos, porém fatais e regulares, e que uma gravitação incapaz de manter a ordem do mundo não podia *a fortiori* explicar a sua origem. A grandeza de Laplace seria a de realizar o seu programa da juventude: sua monumental *Mecânica celeste* realizaria, ou daria os meios de realizar, os três primeiros objetivos, e a sua *Exposição do sistema do mundo* os dois últimos.

William Herschel

Também é costume opor Laplace a Herschel, como se um não passasse de um teórico puro e o outro, de um grande observador, enquanto que William Herschel pôs sua extraordinária capacidade de construtor de telescópios e de observador a serviço da ''construção dos céus'', visto que essa expressão é o título de sua memória de 1785 — *Sobre a construção dos Céus* —, expressão que retorna nas memórias de 1784, 1789, 1802 e 1811, exatamente como Laplace consagrou sua extraordinária capacidade de analista à resolução de todos os problemas de mecânica no âmbito restrito da dinâmica newtoniana. O destino de Herschel, aliás, é tão excepcional como o de Laplace, o começo da vida de ambos não parecia destiná-los a ocupar os píncaros da ciência dos céus. Todavia, se a singularidade de Laplace reside na modéstia de suas origens e na precocidade do talento no árduo terreno da análise matemática, pelo menos ele seguiu os caminhos comuns da formação escolar e tornou-se o ''herói da ciência normal'', segundo a fórmula feliz de Jacques Merleau-Ponty... feliz, apesar da nuança ligeiramente depreciativa. A singularidade de Herschel está antes nos atalhos que o levaram tardiamente à astronomia, e na originalidade de sua visão e as fraquezas de seus passos, conseqüência sem dúvida de sua formação autodidata.

William Herschel, terceiro dos seis filhos sobreviventes de Isaac Herschel, nasceu a 15 de novembro de 1738 em Hanôver. Seu destino era a música. Sem a derrota que os franceses infligiram aos exércitos de Hanôver, a 26 de julho de 1757, Herschel jamais teria podido ser astrônomo. O regimento em que ele era tocador de oboé teve certa dificuldade em se reconstituir; nesse meio tempo Herschel, então com dezenove anos, desembarcou na Inglaterra em companhia do irmão mais velho. Lá, foi ainda a música que acudiu às suas necessidades; tocou, dirigiu e compôs, e, em 1766, achou-se titular do órgão de uma igreja de Bath, no sudoeste da Inglaterra. Na ocasião, ainda não praticava a astronomia mas começava a ler tratados de matemáticas, ciências naturais e filosofia. Nesse domínio, seu iniciador foi Locke. Segundo sua irmã Caroline Herschel, que ele fez vir como cantora por volta de 1770, ele alugou um telescópio a partir de 1773, tentou montar outro com elementos díspares, e depois, no fim desse mesmo ano, começou a polir seus próprios espelhos. Não parou mais por toda a vida, construindo telescópios sempre mais imponentes, manifestando sua independência justo numa época em que as lunetas voltavam à moda: John Dollond acabava de regular o problema da aberração cromática; e falaremos disso mais adiante, na parte intitulada *A astronomia se expande*. Herschel, então, era músico, fabricante de instrumentos e astrônomo. Um acontecimento excepcional iria em breve marcar a segunda e mais importante virada da sua vida.

Um novo planeta

Em 1778, Herschel construiu um telescópio de dimensões relativamente modestas: seu espelho tinha apenas 17cm de diâmetro e a distância focal era de 2,30m. Herschel, que começava a freqüentar os meios científicos graças ao amigo Watson, membro da Royal Society, adotou por objetivo o recenseamento das estrelas duplas. Ora, no decurso de sua primeira revista sistemática do céu, a 13 de março de 1781, ele notou, na constelação de Gêmeos, a imagem de um astro cujo aspecto e brilho intrigaram seu olho já experimentado. Tendo equipado seu telescópio de uma ocular mais potente, percebeu que o astro, ao contrário das estrelas, apresentava um diâmetro aparente. Embora não fosse dotado de cabeleira nem de cauda, Herschel pensou logo que se tratasse de um cometa. No entanto, outra singularidade: quanto mais o tempo passava, menos o movimento do novo astro se parecia com o dos cometas. Antes que Laplace e Lexel provassem que sua órbita era a de um planeta que circulava além da órbita de Saturno, soube-se que Herschel havia descoberto um novo membro do sistema solar. Para Herschel, que, em homenagem ao rei da Inglaterra Jorge III, chamara o novo planeta de *Georgium Sidus*, foi a glória. A Royal Society lhe atribuiu a Copley Medal e, em maio de 1782, Herschel foi recebido por Jorge III que lhe doou uma pensão anual de 200 libras, com a única condição, já que daí em diante Herschel iria morar não longe do castelo de Windsor, de mostrar os céus de vez em quando à família real. Após alguns debates bem inúteis entre os astrônomos, *Georgium Sidus* se tornou o planeta Urano por sugestão de Johann Elert Bode.

A constituição dos céus

As estrelas duplas

Embora a pensão real, mesmo aumentada de 50 libras destinadas a Caroline, que se tornara assistente do irmão, fosse um pouco exígua, Herschel decidiu abandonar a música e se dedicar exclusivamente à astronomia, e em particular à constituição dos céus. Pois bem, compreender a constituição dos céus exigia primeiro conhecer a distribuição dos astros não só em direção, segundo a tradição da astronomia antiga, mas no espaço. Será necessário voltarmos ao programa inicial de Herschel que o levou a descobrir Urano, não por acaso, como se diz às vezes, mas graças a seus excepcionais talentos de observador; grande número de astrônomos confessaram mais tarde que haviam visto Urano, certamente o haviam olhado mas não o tinham visto. Herschel não se interessava pelas estrelas duplas como seres singulares dos céus, e foi mesmo o fato de que a maior parte das estrelas duplas eram companheiras reais que determinou o fracasso desse primeiro programa de Herschel. Ele esperava das estrelas duplas que elas lhe permitissem determinar as distâncias estelares. A idéia era simples e sedutora: para eliminar as causas do erro que afetava os outros métodos, Herschel se propôs selecionar as estrelas duplas das quais uma das componentes era muito mais fraca que a outra, sendo insignificante o afastamento paraláctico da mais distante em relação ao da mais próxima.

Esse projeto exigia duas hipóteses: primeiro, que o fenômeno da estrela dupla fosse devido unicamente ao acaso dos alinhamentos no espaço; segundo, que todas as estrelas tivessem a mesma luminosidade intrínseca, pois suas diferenças de brilho aparente se deveriam apenas ao efeito da distância. Infelizmente para Herschel nenhuma dessas hipóteses se revelou exata. Quanto à primeira hipótese, Herschel, no entanto, alimentava alguma dúvida desde o princípio de seu recenseamento; em 1767, John Michell demonstrara que, visto que o número de estrelas duplas já conhecidas ultrapassava o previsto pela probabilidade dos alinhamentos fortuitos, algumas dessas estrelas deveriam ser estrelas intrínsecas. Herschel conhecia o trabalho de Michell. Quanto à segunda hipótese, inútil sorrir dela: Huygens já tentara em vão determinar a distância das estrelas comparando sua magnitude aparente à do sol, e Hubble, no começo do nosso século, não formularia uma hipótese diversa para essas primeiras sondagens das profundezas extragalácticas. Ainda mais recentemente, as esperanças depositadas na capacidade dos quasares de nos revelar a estrutura do Universo serão baseadas no mesmo tipo de hipótese.

Herschel anunciou seu projeto numa memória, *On the parallax of the fixed stars* (*Sobre a paralaxe das estrelas fixas*), lida a 6 de dezembro de 1781 perante a Sociedade Literária e Filosófica de Bath, e apresentou seu primeiro *Catálogo de estrelas duplas* em janeiro de 1782, o qual continha 269 estrelas duplas, das quais 227 observadas pela primeira vez! Nele John Michell veria a confirmação da existência de sistemas de estrelas em rotação uma ao redor da outra. Efetivamente, em 1802, tendo reobservado certas duplas do catálogo de 1782, Herschel verificou que na maioria dos casos era possível evidenciar um movimento de revolução de uma das componentes ao redor da outra. Essa verificação tornou caduco o seu método de medir as distâncias estelares e, embora ele tivesse ali a primeira prova de que a gravitação de Isaac Newton merecia o qualificativo de universal, preferiu entretanto perseguir o seu objetivo inicial e completou o primeiro catálogo em 1785 e em 1821, elevando a 848 o número de estrelas duplas observadas. Seria necessário esperar Bessel para que se medisse a primeira paralaxe estelar, a da estrela 61 Cygni, em 1837. Depois vieram as paralaxes de Vega, por Wilhelm Struve, e de Alfa do Centauro, por Thomas Henderson. A paralaxe da estrela da constelação do Cisne valia 0,31'' de arco, o que colocava a estrela a 657.700 vezes a distância da Terra ao sol, ou seja, 10,25 anos-luz; a Alfa do Centauro estava bem mais perto, 4,5 anos-luz; Vega um pouco mais distante, 12,25 anos-luz.

As nebulosas

Em 1782, Herschel tornou-se célebre não só pela descoberta de um novo planeta mas pela qualidade de seus telescópios. Nesse ano, um de seus instrumentos foi apresentado ao Observatório Real para ali ser comparado com o dos "profissionais". Maskeline, astrônomo real, concordou que o telescópio de Herschel era o melhor. Para completar a pensão real, sempre meio exígua, Herschel construiu e vendeu telescópios; devem ter caído em mãos mais ricas do que hábeis, já que, não tendo dado origem a descobertas de alguma importância, caíram todos no esquecimento. Em 1783, Herschel dispõe de seu mais famoso telescópio, de um diâmetro de 47,5cm e distância focal de 6,1m; e foi com esse instrumento que iniciou um novo recenseamento de objetos celestes: as *nebulosas*. Na época, eram qualificados de nebulosa todos os objetos de aspecto vaporoso que se começavam a descobrir em grande quantidade por entre as estrelas pontuais. Em 1781, Charles Messier publicara o primeiro catálogo de nebulosas: 103 objetos nele estavam recenseados. A questão da natureza desses objetos celestes estava na ordem do dia: todas as nebulosas seriam vastos sistemas de estrelas? Se algumas eram galáxias agrupando um grande número de estrelas, outras não seriam de fato verdadeiras nuvens de gás luminoso? As que eram galáxias, se pareciam com a nossa, sistema achatado onde o nosso sol ocupava uma posição marginal, como o pretendiam Thomas Wright de Durham em seu *Uma teoria original ou nova hipótese do universo*, de 1750, Johann Lambert nas *Cartas cosmológicas*, de 1761, e Immanuel Kant em sua *História natural geral e teoria do céu*, de 1755? As nebulosas estarão no interior da via-láctea ou estão mais ou menos afastadas?

Herschel estava bem consciente de que a potência e a qualidade de seus instrumentos punham-no em condição de "falar com mais segurança da constituição interna do céu e de seus diversos estratos nebulosos e estelares", e por isso era necessário observar o céu "como um naturalista observa uma rica extensão de terreno ou uma cadeia de montanhas, que contém estratos diversamente inclinados e orientados, e formados por materiais bem diferentes". Subscrevendo as opiniões de Kant, para quem todas as nebulosas eram vias-lácteas extremamente longínquas, mas temperando esse ponto de vista sistemático, Herschel começou, ao mesmo tempo, o recenseamento e a classificação morfológica das nebulosas e o estudo detalhado da estrutura da nossa galáxia. Em pouco tempo, publicaria duas memórias importantes e um catálogo: em 1784, *Account of some observations tending to investigate of the Heavens* (*Relatório de algumas observações com intenção de investigar os céus*); em 1785, o célebre *On the construction of the Heavens* (Sobre a construção dos céus); enfim, em 1789, o *Catálogo de um segundo milheiro de novas nebulosas e aglomerados de estrelas...* A distinção entre nebulosas e nuvens de estrelas mostra bem que para Herschel todos os objetos vaporosos que observava não eram obrigatoriamente conjuntos de estrelas. Além do mais, a 13 de novembro de 1790, observaria uma nebulosa de nova espécie: uma estrela central rodeada por um halo luminoso, muito tênue para poder ser formado de estrelas. Tratava-se daquilo que se denominaria nebulosas planetárias, em virtude de sua vaga semelhança telescópica com as imagens dos planetas, e que, na realidade, são restos de *novas*. Em vinte anos de varredura sistemática dos céus, entre 1783 e 1802, Herschel fez aumentar o número de nebulosas observadas de 103 a 2.500! Foi o primeiro a precisar a estrutura achatada da via-láctea e a constatar que há várias nebulosas de tipos diversos, e que algumas, que qualificou de "mosqueadas", ofereciam a possibilidade de serem resolvidas em estrelas. Contudo, o problema só se esclareceu de fato em 1845, 23 anos após a morte de Herschel, quando um nobre irlandês, William Parsons, terceiro conde de Rosse, destacou em estrelas a galáxia espiral dos Cães de Caça, a 51ª do catálogo de Messier. Digno herdeiro de Herschel, lorde Rosse havia construído um monumental telescópio, de 16m de comprimento, equipado com um espelho de 1,80m de diâmetro; esse monstro permaneceu sem igual durante três quartos de século.

Quanto à nossa galáxia, sua natureza ainda causava problemas em 1783. No tomo I, rubricas 832 e 833, de sua *Astronomia*, publicada em 1771, Lalande emitiu dúvidas acerca dos motivos de sua aparência leitosa: "A via-láctea é uma brancura irregular, que parece dar a volta ao céu em forma de cintura. [...] Demócrito julgou outrora que a brancura desse traço celeste devia ser produzida por uma multidão de estrelas, muito pequenas para serem percebidas com nitidez, tal era o sentimento de Manilius..." Antes de falar nas dúvidas de Lalande, notemos que este nos leva de volta a Demócrito e a Manilius, mas esquece Galileu. Assim, Lalande, quanto à aparência da galáxia devida à abundância de estrelas, acrescenta: "Se isso for provável, é preciso convir ao menos que não está absolutamente demonstrado; com os telescópios, vêem-se estrelas em todos os pontos do céu, mas ou menos como na via-láctea ou nas nebulosas. Não duvidaríamos que uma parte do brilho e da brancura da via-láctea provenha da luz de pequenas estrelas que ali se encontram de fato por milhões; entretanto, mesmo com os maiores telescópios não se distingue bastante, e elas não estão muito próximas umas das outras para que se possa atribuir às que se distinguem a brancura da via-láctea, tão sensível à simples vista." Para Herschel, rapidamente nenhuma dúvida, a aparência da via-láctea, pensasse Lalande o que quisesse, era devida apenas aos bilhões de estrelas que a compõem e que nossos olhos não conseguem separar.

Tendo se convencido de que seus telescópios lhe permitiam observar as estrelas até os confins da galáxia, Herschel imaginou um método, o das *capacidades*, que mesmo fracassado foi o embrião dos métodos estatísticos de hoje. Dividiu o céu em pequenas zonas situadas a diversas alturas de um lado e outro do plano da via-láctea. Em cada uma dessas zonas, recenseou o número de estrelas de cada magnitude. O resultado foi que a nossa galáxia revelou ter uma forma oval, achatada, de bordos irregulares. Além do mais, Herschel julgou discernir na via-láctea dois ramos cujo nó de bifurcação se situaria na região em que a constelação de Cassiopéia se junta com a de Cefeu: nosso sistema solar se situaria não muito longe desse nó. Infelizmente, o método estava viciado pelo mesmo motivo do da determinação das distâncias pelas falsas estrelas duplas: supunha que a luminosidade aparente das estrelas dependesse exclusivamente de suas distâncias.

O objetivo de Herschel, ao constituir seus catálogos de nebulosas, já não era o de estabelecer um recenseamento exaustivo como no caso das estrelas duplas, mas o de descobrir a estrutura do universo. Afirmou-o explicitamente no começo de sua memória de 1785: ao longo de seu trabalho evitaria dois empecilhos, ceder a "uma imaginação fantasiosa, e construir mundos à nossa maneira, como Descartes e seus turbilhões"; porém, mais grave ainda, não fazer o recenseamento pelo recenseamento, nao juntar observações a observações, sem delas deduzir conclusões a respeito da constituição dos céus. Em 1786, embora continuasse suas observações sistemáticas, zona por zona, pôs no estaleiro um novo telescópio para o qual obteve duas subvenções reais de 2 mil libras. A 24 de agosto de 1789, o telescópio gigante foi posto em serviço. Tinha um espelho de 1,20m de diâmetro, e 12 metros de distância focal. Com esse monstro, Herschel pensou que poderia não só continuar o estudo da constituição dos céus mas, além disso, perceber a sua evolução. O enriquecimento do mostruário deveria compensar a brevidade do tempo de observação em relação à escala de tempo cósmica. O astrônomo está na situação de um botânico que deseja estudar o desenvolvimento das árvores: se não pode observar senão uma única árvore durante alguns dias, não há de compreender nada sobre o crescimento dos vegetais; em troca, se dispõe de uma vasta floresta durante o mesmo tempo, a observação de uma multidão de árvores em diferentes estágios de desenvolvimento lhe permitirá remontar às leis do crescimento. Se a visão de Herschel se revelou profundamente justa — de fato, o universo é um laboratório fabuloso, cuja riqueza nos permite não só compreender como se movimenta, mas também resolver problemas de física terrestre que nenhum dos nossos laboratórios mais sofisticados nos permitiria resolver —, ele era, todavia, um tanto otimista para a época.

Entretanto, pelo menos até 1789, Herschel parecia persuadido de que o universo era simples em sua estrutura e evolução. Fosse sob a ação única da gravitação, ou de qualquer outra força que se lhe acrescentasse, parecia que os grandes sistemas de estrelas, que são as nebulosas, à primeira vista irregulares, tenderiam para a forma esférica e depois se condensariam à medida que o tempo passava. De modo que para um dado tipo de nebulosa, o grau de concentração poderia tornar-se um indicador de sua idade. Certas nebulosas, cujo centro é muito brilhante e está rodeado de um halo leve e luminoso, representariam o derradeiro estágio de velhos conjuntos em vias de dissolução. A descoberta de um novo tipo de nebulosa, a 13 de novembro de 1790, subverteu esse esquema simplista. A esse respeito escreveu Herschel: "13 de novembro de 1790 — Um fenômeno muito singular! Uma estrela de 8ª magnitude mais ou menos, com uma atmosfera fracamente luminosa, de forma circular, com cerca de 3' de diâmetro. A estrela está bem no centro e a atmosfera é tão tênue, tão fraca e igualmente repartida que não é possível supor seja formada de estrelas; e tampouco se pode duvidar da evidente relação entre a atmosfera e a estrela."

Da confiança à dúvida

Onze anos se passaram antes que Herschel publicasse a primeira das quatro grandes memórias consagradas à cosmologia. A primeira, *Obser-*

vações astronômicas relativas à construção dos Céus, apresentava e classificava todas as formas de nebulosas que observara (33, sendo cada uma ilustrada por pelo menos um exemplo). A classificação morfológica estava destinada a mostrar como as formas se encadeavam umas às outras, e parece evidente que Herschel deve ter sido influenciado pelos naturalistas da época; em particular, a classificação sublinhava que até os dois grandes tipos opostos de formas celestes — os astros de aparência pontual e as nebulosas de aspecto vaporoso — apresentavam algum traço unindo-os. Herschel andava confiante a caminho da elucidação da constituição dos céus. A 24 de fevereiro de 1814, apresentou a sua segunda memória à Royal Society; seu título era explícito: *Observações astronômicas relativas à parte sideral dos Céus e sua conexão com a parte nebulosa.* Tratava-se de apresentar dessa vez a parte sideral dos céus, mas sempre com o mesmo objetivo: demonstrar que essas duas formas extremas da ordem cósmica podiam se converter uma na outra. Nunca Herschel pareceu tão confiante. Escreveu que essa memória preparava o caminho "para uma investigação final da disposição universal de todos os corpos celestes no espaço", mas que, para que assim fosse, era necessário levar as sondagens às maiores profundezas do céu. Mais uma vez Herschel, então com 66 anos, retomou seu método das capacidades. A memória de 1817, *Observações astronômicas para investigar a disposição local dos corpos celestes no espaço e na via-láctea*, apresentou os resultados de suas novas sondagens e retomou todos os problemas da determinação das distâncias. Tendo fracassado o método das paralaxes — a precisão última das observações de Herschel era superior a um segundo de arco, seria necessário que fosse da ordem de meio segundo —, ele se contentou em determinar as distâncias relativas: só se conheceria o mundo numa homotetia aproximada. No entanto, o postulado de uma relação linear entre as magnitudes e as distâncias se revelara falso, e assim, era necessário se contentar com a observação da magnitude aparente. Antes de enumerar as estrelas no conjunto, Herschel criou um novo modelo para a sua distribuição no universo: a distribuição era homogênea, isto é, o número de estrelas crescia conforme o cubo do raio do conjunto observado. Ele apresentou a última memória no ano seguinte, 1818; estava exatamente com oitenta anos e tinha atrás de si mais de quarenta anos de observações. Depois da memória dedicada às estrelas, essa outra apresentava a enumeração das nebulosas a distâncias sempre crescentes; porém o título do trabalho assinala que se tratava igualmente de outra coisa e deixava filtrar o sentimento de fracasso com que Herschel terminaria a sua carreira: *Observações astronômicas para a apuração da distância relativa de conjuntos de estrelas e do poder de telescópios para penetrar no Espaço.* A confiança total nos seus telescópios, cuja potência deveria levá-los aos confins do Universo, estava abalada: existem objetos ambíguos, cuja natureza Herschel não pôde determinar, e pior, era provável que um telescópio mais poderoso que o seu mais potente, caso resolvesse a ambigüidade de um objeto, descobrisse ainda mais objetos ambíguos novos! Era possível que a procura fosse votada ao fracasso. O resultado era ainda mais decepcionante para a nossa Galáxia, ou para aquilo que Herschel acreditava estar dentro dela: todas as vezes que era entrevista uma fraca nebulosidade, a aplicação de um aumento superior mostrava tratar-se de um conjunto de estrelas fracas, "de onde se pode concluir que quando as nossas medidas de capacidade não resolvem a via-láctea em estrelas, não é porque sua natureza seja ambígua e sim porque é insondável."

Os herdeiros

Herschel morreu em 1822 e Laplace em 1827. Enquanto que Laplace cede o terreno a prestigiosos continuadores, os sucessores de Herschel, à exceção de lorde Rosse, durante algum tempo deram as costas a seus métodos. Friedrich Wilhelm Bessel, nascido em 1784, será o representante típico dos novos astrônomos. Em 1818, Bessel publicou os *Fundamenta Astronomiae pro anno 1755*, onde dava os movimentos próprios de estrelas deduzidos das observações de Bradley, de Piazzi e dele mesmo. Os *Fundamenta Astronomiae* constituem o elo mais importante, depois da *Medida da Terra*, de Jean Picard, da astronomia de precisão; daí em diante, o objetivo da astronomia era determinar a posição e o movimento dos astros com uma precisão igual à que atingia a mecânica celeste em suas deduções matemáticas. Os astrônomos se puseram ao serviço dos que lidavam com a mecânica celeste, mas não dos "astrofísicos", pelo menos por enquanto. É verdade que a astrofísica ainda não possuía os meios das ambições de Herschel. É também verdade que a teoria dos movimentos e das posições dos astros se tornava mais precisa que a observação, e que a situação criada por Tycho Brahe se invertera: se Kepler tinha podido questionar as leis do movimento circular a partir das observações de Marte, chegaria o tempo em que Le Verrier veria Netuno "na ponta da pena". Acrescentemos que o positivismo de Auguste Comte já começava as suas devastações.

O triunfo... antes do impasse

Quando dizíamos que Laplace abandonava o terreno a continuadores de prestígio, tratava-se do Laplace da mecânica celeste; o Laplace cosmólogo devia também esperar uma geração para que sua teoria da formação do sistema solar retomasse vida. Por enquanto, o formalismo da mecânica celeste tornou-se o modelo para todos os domínios do saber que sonhavam adquirir o estatuto de ciência exata, e a astronomia se meteu pela estrada régia que Newton lhe havia aberto: iria triunfar ali com a descoberta de Netuno por Jean Joseph Urbain Le Verrier.

O planeta Urano, portanto, fora descoberto em 1781. Percebeu-se então que outros o haviam visto como uma estrela fixa, bem antes que Herschel se apercebesse que se tratava de um astro errante. Foi um ganho inesperado. Desde 1820 dispunha-se, em mais de quarenta anos de observações, de vinte passagens do planeta pelo meridiano, entre 1690 e 1771, anotadas por Flamsteed, Bradley, Meyer e Le Monnier. Em 1821, Alexis Bouvard, antigo assistente de Laplace, dedicou-se a recalcular as tábuas dos movimentos de Júpiter e Saturno, e a calcular as do novo astro vindo ao mundo dos planetas. Urano resistia: a defasagem entre as tábuas e as observações chegava a 1,5min; mais de dois séculos depois das dúvidas de Kepler acerca do movimento de Marte devidas a 2 pequenos minutos, não se podia aceitar um tal desajuste. Tanto mais que a defasagem crescia: em 1845, atingia exatamente 2 minutos. A partir de 1835, Airy, Arago, Bessel, John Herschel (filho de William) e depois Eugène Bouvard (sobrinho de Alexis) mantiveram e formularam a hipótese de que essa defasagem poderia ser devida a um planeta transuraniano perturbador. No entanto, foi necessário esperar o verão de 1845 para que Arago persuadisse Le Verrier a se empenhar na busca do astro perturbador. Em 10 de novembro de 1845, Le Verrier estava em condições de apresentar, perante a Academia de Ciências, uma *Primeira memória sobre a teoria de Urano*. Que foi seguida, a 1º de junho de 1846, de uma segunda memória: *Pesquisas sobre os movimentos de Urano*. Enfim, a 31 de agosto, apareceu o último e decisivo texto, *Sobre o planeta que produz as anomalias observadas no movimento de Urano. Determinação de sua massa, sua órbita, e de sua posição atual.* Então, faltava apenas encontrar o planeta perturbador. Seja porque os astrônomos franceses se tenham mostrado céticos, logo, reticentes, seja porque Le Verrier tenha escolhido se dirigir a um observatório que ele sabia que dispunha de boas cartas da região do céu onde o novo planeta devia se achar, a da constelação do Capricórnio — o fato é que, a 18 de setembro de 1846, escreveu a Johann Galle, astrônomo do observatório de Berlim. A carta chegou a 23 de setembro, e nessa mesma noite Galle e seu assistente Henri d'Arrest apontaram a luneta de 23cm de abertura para a região indicada: nenhum astro apresentando um diâmetro aparente parecia achar-se ali. Foi d'Arrest quem sugeriu então comparar a região daquela noite com a carta da mesma região antes de 1845, data da impressão do *Star Atlas* estabelecido por Carl Bremiker: a 52 minutos da posição dada por Le Verrier, estava uma estrela que ali não se achava alguns anos antes.

Sabe-se que Le Verrier tivera, sem saber, um concorrente infeliz. Em 1843, portanto dois anos antes dos primeiros cálculos de Le Verrier, John Couch Adams, jovem *fellow* de 22 anos na Universidade de Cambridge, se dedicara ao mesmo trabalho. Fizera as mesmas hipóteses que Le Verrier, a saber, que o planeta desconhecido estava no plano da eclíptica, visto que as anomalias do movimento de Urano eram desprezíveis em latitude, e que, de acordo com a extrapolação da regra de Titius-Bode, deveria estar a uma distância do sol dupla em relação a Urano. Em setembro de 1845, Adams era capaz de situar o planeta perturbador no céu. Como o faria Le Verrier um ano mais tarde, Adams escreveu a um observador capaz de confirmar a descoberta teórica: James Challis, astrônomo em Greenwich. Depois, nada obtendo deste, Adams se dirigiu diretamente a George Airy, então diretor do observatório, que lhe respondeu, mas para lhe pedir uma precisão que John Adams julgou tão fútil que não deu resposta. E eis como um jovem astrônomo extremamente brilhante, mas ainda desconhecido, acabou sendo logrado por causa de um teórico da mecânica celeste já veterano.

A propósito da descoberta de Netuno, há uma controvérsia mais interessante do que a erguida pelos partidários desses dois astrônomos: refere-se ao acaso que beneficiou Le Verrier. Este, como Adams, levantara a hipótese de que o planeta a ser achado estaria duas vezes mais afastado do sol que Urano, ou seja, a uma distância de 38 unidades astronômicas. Ora, Netuno está apenas a 30,11 unidades astronômicas do sol. Por outro lado, Le Verrier havia atribuído ao planeta desconhecido uma massa 32 vezes maior que a da Terra. Pois bem, em fins de 1846, William Lassel descobriu um satélite de Netuno, Tritão, o que permitiu pesar Netuno: sua massa era apenas 17 vezes superior à da Terra. Tem-se que o erro feito sobre a distância, tanto por Adams como por Le Verrier, é compensado pelo erro quanto à massa, compensação para a qual contribuiu igualmente a superestima da excentricidade da órbita.

Seja qual tenha sido dessas sutilezas a que excitou alguns teóricos da mecânica celeste, a descoberta de um novo planeta através do cálculo marcou o triunfo da mecânica newtoniana. No entanto, não estava longe a época em que a estrada régia iria desembocar num impasse. Porém isso é uma outra história, a que, no começo do nosso século, conduziu ao aprofundamento dos conceitos de espaço e de tempo absolutos, sobre os quais respousava a mecânica celeste há três séculos. Toda a física seria afetada por isso, mas sairia do embate ainda mais formidavelmente eficaz.

Segunda Parte

A Astronomia se Expande

A astronomia ótica

Esse fraco feixe de luz, que tremula na noite, é a única mensagem que os astros nos enviam. É somente com ele que contamos para conhecer tudo sobre o universo. É claro que, de um certo ponto de vista, toda ciência da natureza é uma ciência de observação, mas essa palavra só assume seu verdadeiro sentido na astronomia: no estudo dos céus, a observação, ou seja, a investigação e a medida, excluindo qualquer ação sobre os fenômenos estudados, e portanto qualquer experimentação, continua a ser a fonte quase única de nossos conhecimentos, ou mais exatamente da coleta dos dados que fazem evoluir esses conhecimentos. Quase unicamente, porque, hoje em dia, é possível pôr em órbita circunterrestre ou circunlunar os satélites artificiais a fim de estudar os campos de gravitação, e até perturbando-os de leve; mas ainda não chegou o dia em que poderemos reaquecer e resfriar o sol para ver se se comporta como um corpo negro. No momento, e durante muito tempo, os astrofísicos se contentam em observar, construir modelos e deles deduzir os efeitos observáveis e voltar a procurá-los no céu.

Se a observação é quase o único procedimento de investigação dos astrônomos, a radiação eletromagnética é quase a única mensageira desses mundos distantes que procuramos decifrar. Em uma primeira etapa, esse feixe luminoso permitiu situar os astros no espaço e seguir seus movimentos; hoje, permite-nos conhecer a composição química e o estado físico desses astros. Isto é, o progresso da observação se resumiu no da caça aos fótons. Até dezembro de 1609, época em que começou a observação do céu com a luneta, essa caça aos fótons não fez nenhum progresso. Durante mais de dois mil anos o homem observou, a olho nu, a única partezinha dessa radiação a que se chama, por esse motivo, *o visível*. O olho, associado ao cérebro, é um pequeno e maravilhoso instrumento de ótica: coleta os fótons através do cristalino e forma uma imagem sobre a retina, que é fotodetectora natural. Produz-se aí uma dupla adequação que poderia alimentar uma visão teleológica do mundo, e que deve simplesmente ser um sinal suplementar do fato de que somos o fruto de uma longa seqüência de adaptações e seleções: nosso olho é sensível no visível e seu poder de resolução é o máximo autorizado pela dimensão da pupila. Dizer que o olho é sensível no visível parece uma lapalissada, visto que é desse modo que se define o visível no conjunto das radiações eletromagnéticas! Logo, o espantoso não é isso e sim o fato de que o domínio do visível seja aquele em que o sol emite o máximo de energia. É provável que, se o sol fosse mais frio, nosso olho, ou o daqueles que nos substituirão, fosse sensível ao infravermelho. E a que se deve a adequação quanto ao poder de resolução do nosso olho? Ao fato de que a dimensão das células elementares da retina (alguns mícrons) é da mesma ordem de grandeza do diâmetro da mancha de difração que está ligada ao diâmetro da nossa pupila. O olho é capaz de discernir dois objetos distantes de um minuto de arco, o que corresponde a mais ou menos dois traços separados de alguns milímetros vistos a dez metros de distância. Elementos retinianos mais fechados não permitiriam uma melhor *performance*, salvo a de poder aumentar o diâmetro da nossa pupila de entrada e assim diminuir a importância da mancha de difração. Acabamos de mencionar as duas "fraquezas" do olho: uma sensibilidade espectral limitada e a fraca capacidade de absorção de fótons. Todos os esforços dos astrônomos tendem a atenuar essas fraquezas.

A segunda delas foi mais fácil de contornar que a primeira. Os progressos começaram com a luneta de Galileu e, sob esse ponto de vista, a caça aos fótons se desenvolveu em função de dois objetivos: captar cada vez mais fótons e utilizar melhor os fótons recolhidos. O diâmetro da pupila do olho, em sua máxima abertura, é de cerca de 6mm; o das objetivas das primeiras lunetas de Galileu era de cerca de 3cm, ou seja, cinco vezes mais em diâmetro, o que significava 25 vezes mais em área. Essas primeiras lunetas, portanto, coletavam 25 vezes mais fótons que o olho de Galileu. Era pouco, mas bastava para ver os satélites de Júpiter, invisíveis a olho nu. O princípio dessas lunetas era simples: uma lente objetiva colhia a luz sobre uma superfície maior que a do olho e formava, no plano focal, uma imagem dos astros observados. Uma ocular, quer dizer, uma boa lupa, permitia estudar essa imagem em detalhe. Às aberrações próprias das lentes muito delgadas se ajuntavam as imperfeições de fabricação devidas ao balbucio dos vidreiros e opticistas. Enquanto que estes se esmeravam nos métodos de clivagem e polimento, Descartes, Huygens e Newton se dedicavam a aperfeiçoar a teoria das objetivas. O próprio Huygens era excelente artesão, e Newton não desdenhava retocar as objetivas que os opticistas londrinos lhe entregavam, mas é difícil imaginar Descartes diante de um torno de polir.

Lunetas e telescópios

Lembremos, em primeiro lugar, que por *luneta* designamos os instrumentos de ótica baseados na refração — a luz passa através de uma lente e se refrata —, e que, por outro lado, designamos por *telescópio* aqueles que se baseiam na reflexão — a luz se reflete em espelhos. As primeiras lunetas mostram defeitos que causaram rápida e provisoriamente o seu abandono. No livro I, segunda parte, proposição 3, de sua *Ótica*, Newton escreve: "Além disso, descobri que quando a luz passa do ar, através de diversos meios contíguos e refringentes, como através da água e do vidro, e volta daí para o ar, suponhamos que as superfícies refringentes sejam paralelas ou inclinadas uma em relação à outra — descobri, digo, que todas as vezes que essa luz é retificada por refrações contrárias, de tal modo que ela sai em linhas paralelas àquelas de acordo com as quais entrara, ela permanece a seguir sempre branca, mas que se os raios emergentes são inclinados ou incidentes, a brancura da luz emergente se torna gradualmente colorida em suas extremidades, à medida que se afasta do ponto de emersão." Newton descobrira a aberração cromática: as diferentes luzes coloridas, de que se constitui a luz branca, não sofrem o mesmo desvio através da objetiva, a imagem azul não se forma no mesmo plano da imagem vermelha. Disso deduziu Newton que querer aperfeiçoar as lunetas não era o caminho adequado para o progresso. Embora Huygens e Newton tenham começado a estudar a compensação das aberrações geométricas ou cromáticas pela associação de duas lentes, desinteressaram-se das lunetas: o problema do acromatismo só foi colocado de novo em questão por Euler, em 1747, como complemento à sua *Nova theorica lucis et colorum*, de 1746. No começo do século XVIII, fizeram-se antes esforços no sentido de fabricar telescópios. Além de não apresentarem os defeitos cromáticos das lunetas, os telescópios tinham a vantagem de, pela combinação de um espelho primário e de um outro, secundário, permitirem grandes distâncias focais sem que o instrumento se tornasse gigantesco. As primeiras combinações de espelhos foram postas em funcionamento desde o fim do século XVII, em especial por Newton, Gregory e Cassegrain; todavia, é preciso assinalar que a idéia de empregar antes espelhos do que lentes já fora aventada por Galileu. Sagredo, amigo deste, e que seria personagem dos *Diálogos*, concebera um projeto de telescópio de espelho, e são encontradas na correspondência de Galileu com Cesare Marsili alusões a um telescópio construído por Cesare Caravaggi, de Bolonha: "*il quale per refflessione possi fare, anzi facia, l'effetto del perspiciolo*" (o qual por reflexão pode fazer, e faz realmente, o efeito da luneta).

De qualquer modo, as lunetas têm defeitos que rapidamente limitam o tamanho dos instrumentos de observação. Os telescópios, mais bem adaptados às necessidades da astrofísica, destronaram lentamente, mas de forma segura, as lunetas: enquanto que a maior luneta, de diâmetro de 1,02m, foi instalada em 1897 no observatório de Yerkes (EUA), o maior telescópio foi posto em serviço em 1978, pelos russos, no Cáucaso; tem um diâmetro de 6m. Logo, surgiu trinta anos depois do famoso telescópio de 5m do monte Palomar, na Califórnia, e suas qualidades óticas estão longe de se compararem às de seu irmão mais velho. Tais dimensões e tais datas falam por si mesmas: faz quase um século que os telescópios suplantaram definitivamente as lunetas, mas é preciso notar que, na construção de telescópios, a corrida para o gigantismo assinala um estrangulamento. Além das dificuldades de construção e o preço de custo de telescópios como o monstro do Cáucaso ou o da Califórnia, existem motivos mais científicos. Primeiro, quanto mais se aumenta a envergadura de um telescópio, mais se diminui o seu campo de visão: nos limites, constroem-se cegos, ou antes, míopes, que só podem ver... um pouquinho melhor... objetos já observados. Depois, chega um momento em que o próprio céu noturno limita o desempenho dos grandes telescópios, primeiro por causa do seu brilho — chega um momento em que o contraste entre o céu noturno e o objeto fraco é praticamente nulo —, depois devido à sua "agitação" — de fato, a turbulência atmosférica confunde as imagens e dilui a resolução teórica dos grandes telescópios. Isso nos conduz ao segundo objetivo, empregar melhor os fótons do que recolher maior número deles.

Nesse caminho, foi a invenção da fotografia que trouxe o primeiro progresso. Se a placa fotográfica, sobretudo em seus começos, era instantaneamente menos sensível que o olho — era necessário uma centena de fótons para impressionar uma placa, contra uma dezena para a retina —, apresentava contudo a enorme vantagem de ter memória. O que o olho, em condições excelentes, não vê em um décimo de segundo, não verá mais, enquanto que os fótons que chegam em um dado momento a uma placa fotográfica acrescentam sua ação à dos fótons chegados anteriormente: eis por que a fotografia permite longo tempo de exposição. Imagina-se facilmente o lucro trazido por uma exposição de várias horas ao foco de um telescópio de 5m em relação à visão instantânea através da nossa pupila de 5mm de diâmetro. Porém a placa fotográfica também possui seus defeitos. Quanto às fracas iluminações, caso os fótons não cheguem em grupos suficientes, não acontece nada seja qual for o tempo de exposição... a placa perde a memória; quanto às iluminações intensas, ocorre a saturação. Todos os novos detectores foram imaginados para atenuar esses defeitos. O caminho foi aberto, logo antes da Segunda Guerra Mundial, por um astrônomo francês, André Lallemand, que inventou a câmara eletrônica. Os fótons incidentes se desprendem de uma placa sensível de elétrons focalizados por uma câmara ótica eletrônica. Essa câmara leva a detecção a seu limite teórico — a detecção fóton por fóton —, mas seu emprego é delicado, e a imagem final se faz sempre sobre uma placa fotográfica cujos grãos, extremamente finos, são sensíveis aos elétrons. Paralelamente, desenvolveu-se a técnica dos fotomultiplicadores. Ainda aí, um fóton desprende um elétron, mas o elétron deslancha uma cascata, todavia controlada, de outros elétrons... até um bilhão. É quase que o receptor fotométrico ideal que permite contar um por um os fótons que nos chegam das estrelas; o fotomultiplicador realiza, assim, o sonho dos fotometristas cuja arte é medir as iluminações e os brilhos. Mas se os fotomultiplicadores medem bem as iluminações, em troca não dão imagens. O último grande progresso veio com a câmara CCD (do inglês *Charge Coupled Device* — Dispositivo de Carga Acoplada) que acumula as vantagens da câmara eletrônica e do fotomultiplicador, sendo esses ampliadores de fótons acoplados a uma câmara de televisão.

Fazer falar os fótons

Há outra maneira de utilizar melhor os fótons: é a de fazê-los dizerem mais; para tanto, por exemplo, fazer triagem deles segundo sua cor. A arte de selecionar os fótons conforme a cor, ou seja, de acordo com seu comprimento de onda ou sua energia, é a espectroscopia. Ela é a mais poderosa arma de que dispõem os astrofísicos para estudar a fisioquímica dos astros: isolando e observando as raias brilhantes ou sombrias que estriam os espectros das estrelas, eles determinam sua composição química; comparando a intensidade das diferentes raias, assinatura dos elementos presentes, remontam às abundâncias dos diversos componentes; medindo o deslocamento das raias, medem suas velocidades. Nos começos da espectroscopia, em fins do século XVII, separavam-se os fótons conforme a cor, com o auxílio de prismas de vidro. Em 1672 Newton escrevia: "A fim de manter minha recente promessa, faço-lhes saber, sem mais cerimônia, que, em princípios de 1666, procurei um prisma de vidro triangular para fazer a experiência do célebre fenômeno das cores. Tendo, para esse fim, obscurecido o meu quarto e aberto um pequeno furo no postigo da janela de modo a deixar passar uma quantidade suficiente de luz solar, coloquei meu prisma à entrada, de modo que pudesse se refratar na parede oposta. Primeiro, foi-me agradável olhar as cores vivas e intensas assim produzidas." Esse primeiro momento de emoção estética passou, e Newton empreendeu uma série de experiências sobre a decomposição da luz branca em uma soma de luzes coloridas, que serão as bases da espectroscopia. Assim, na base do estudo físico dos astros, devendo radicalmente mudar a prática astronômica, encontramos Newton, como o encontramos na base da renovação do estudo cinemático e dinâmico, que marcara passo durante dois mil anos. Logo, no começo da espectroscopia separavam-se fótons com ajuda de prismas de vidro; depois vieram outros processos, baseados, na maior parte, na natureza ondulatória da luz, tais como as redes, superfícies sobre as quais são gravados vários milhares de traços paralelos com um milímetro de separação. Será necessário esperar cerca de dois séculos para que a espectroscopia manifeste toda a sua força, graças à descoberta da fotografia, e sobretudo aos trabalhos teóricos de Gustaf Kirchhoff. Sabia-se já que uma raia sombria, observada por Fraunhofer em 1814 no espectro do sol, coincidia com uma raia amarela emitida por uma labareda que continha sódio. Depois de uma série de experiências levadas a cabo em 1860 com Robert Bunsen, Kirchhoff enunciou as leis simples da emissão e da absorção da luz pelos corpos incandescentes. Primeiro, um sólido, um líquido ou um gás, sob uma forte pressão, emitem uma radiação contínua: a decomposição da luz emitida dá um arco-íris. Segundo, um gás incandescente sob fraca pressão emite uma radiação contínua, à qual se superpõem raias brilhantes mais ou menos finas: os comprimentos de onda dessas raias são específicos dos elementos químicos do gás incandescente. Terceiro, quando uma fonte luminosa de radiação contínua é observada através de um gás frio sob pressão fraca, aparecem raias sombrias sobre o espectro contínuo da fonte, nos mesmos comprimentos de onda das raias de emissão produzidas por esse gás absorvente quando se tornou incandescente.

Mas foi ao padre Secchi, diretor do observatório do Colégio Romano, que coube a honra de ter fundado a espectroscopia estelar: de 1863 a 1868, ele estudou cerca de 400 estrelas e notou ser possível classificá-las em quatro tipos, diretamente ligados à cor de sua superfície. Multiplicando-se as observações dos espectros de estrelas, foi necessário abandonar a classificação muito simples de Secchi. Em 1868, sir William Huggins demonstrava que se podia extrair muito mais do que a temperatura ou a composição química do estudo dos espectros. Sobre o espectro da mais brilhante estrela do céu, Sírius, ele conseguiu pôr em evidência um deslocamento de raias em direção ao vermelho, que interpretou como um efeito Doppler. Deduziu então que Sírius se afastava de nós a 48km/s. Foi também o primeiro a obter fotografias de espectros estelares, abrindo caminho ao trabalho gigantesco que Pickering empreendeu no observatório de Harvard para constituir o *Henry Draper Catalogue*: em 1928, os astrônomos dispunham do espectro de cerca de 250 mil estrelas. Adivinha-se com facilidade o poder de análise que continham as leis empíricas de Kirchhoff, antes mesmo que sua explicação em termos de estrutura atômica lhes conferisse um extraordinário poder de previsão. Assim, a raia de 21 centímetros do hidrogênio neutro seria prevista em 1944 por H. Van de Hulst e observada em 1951. Da mesma forma, os teóricos do átomo, W. Grotian e B. Edlen, demonstraram que o que se chamava *coronium* (por causa de sua descoberta na coroa solar) nada mais era que o ferro fortemente ionizado. Além disso, várias circunstâncias reforçaram o poder da espectroscopia. Primeiro, o fato de que um elemento ionizado, ou seja, um elemento que perdeu um certo número de elétrons, não tem o mesmo espectro do elemento que conservou todos os seus elétrons. Ora, o grau de ionização de um gás depende de sua agitação, portanto de sua temperatura. Segundo, o deslocamento das raias pelo efeito Doppler permite colocar em evidência os movimentos de rotação, de translação ou de turbulências locais, e medir suas velocidades respectivas. Enfim, o desdobramento das raias por um efeito, dito efeito Zeeman, dá a possibilidade de medir os campos magnéticos.

A astronomia do invisível

Bem no começo do século XIX, mais precisamente em março de 1800, William Herschel abria o caminho para a astronomia do invisível. Estudando, com a ajuda de um termômetro muito sensível, a repartição da energia nas diferentes faixas espectrais do espectro visível do sol, percebeu que o termômetro continuava a reagir quando ele o impelia para fora do visível, para além do vermelho. Uma série de experiências lhe permitiu demonstrar que essa radiação invisível se sujeitava às leis da reflexão e da refração. Percebeu-se, então, que a radiação visível dos astros é apenas uma parte ínfima da radiação eletromagnética. Mas, para empregar o "resto" de sua radiação, esbarra-se em duas dificuldades: a necessidade de inventar novos detectores que sejam sensíveis aos comprimentos de onda não visíveis (a placa fotográfica não cobre, por exemplo, um domínio espectral muito maior que o olho) e a possibilidade de atingir essa radiação. De fato, a atmosfera terrestre se comporta como um filtro: a grande maioria dos fótons que os astros derramam no espaço é absorvida ou refletida pela atmosfera e não atinge o solo. Chamam-se janelas os domínios dos comprimentos de onda que a atmosfera deixa chegarem até nós. Duas janelas só permitem que o solo receba, de uma parte, os comprimentos de onda do domínio ótico de 0,3 mícron a algumas dezenas de mícrons (o olho humano só é sensível ao domínio que vai de 0,4 a 0,8 mícron) e, de outra parte, uma porção da radiação radioelétrica, de alguns milímetros a uma dezena de metros de comprimento de onda. Abaixo de cerca de 0,3 mícron estão o ozônio, o oxigênio e o nitrogênio que absorvem o ultravioleta. Entre o domínio ótico e o domínio radioelétrico, o vapor d'água e o gás carbônico absorvem o infravermelho longínquo. Acima de dez metros de comprimento de onda, é a ionosfera que reflete a radiação. Quanto ao domínio ótico, isto é, o visível, e o que o limita, utilizam-se como detectores o olho, as placas fotográficas (especialmente tratadas pelo vizinho infravermelho), as células fotoelétricas, os bolômetros, que são termômetros de luxo, e os radiômetros; para as ondas radioelétricas, utilizam-se receptores de rádio instalados por trás de antenas, e para as radiações de muito curto comprimento de onda, os contadores Geiger. Os aviões, os balões, os foguetes e sobretudo os satélites e as sondas espaciais é que nos permitiram escapar à cobertura da atmosfera terrestre, mas o ideal seria instalar um observatório na lua, astro sem atmosfera.

A radioastronomia

A primeira grande mudança que trouxe a astronomia do invisível foi a da radioastronomia. Se o impulso desse novo domínio remonta aos anos 50, desde antes da Segunda Guerra Mundial registrava-se a radiação radioelétrica do céu e, desde o final do século XIX, Heinrich Hertz demonstrara que as ondas radioelétricas não diferiam das ondas visíveis senão pelo comprimento de onda. Se as ondas radioelétricas eram apenas o prolongamento para além do infravermelho da radiação eletromagnética, por que os astros não emitiriam no domínio do rádio? E por que não tentar verificá-lo no mais acessível dos astros, o sol? Sir Oliver Lodge, na Inglaterra, e H.A. Deslandres, na França, se propuseram a pesquisar se o sol emitia essas ondas. Infelizmente, a técnica do rádio não estava à altura das intuições desses astrônomos. Em 1901, Charles Nordmann, astrônomo do Observatório de Paris, tentou captar as ondas hertzianas emanadas do sol "num tempo muito bom e um céu sem nuvens"... nas vertentes do monte Branco. "O receptor de ondas era constituído de uma antena horizontal de 175m de comprimento que eu havia disposto na geleira dos Bossons, sobre suportes isolantes de madeira, de modo que, por volta do meio-dia, os raios solares caíssem normalmente sobre ela." O receptor era constituído de um radiocondutor imerso em um recipiente de mercúrio opaco às ondas hertzianas. A técnica de recepção era muito sumária e os resultados foram negativos. Em sua nota, apresentada a 3 de fevereiro de 1902 perante a Academia de Ciências, Nordmann confessou o seu fracasso: "Resulta daí que o sol não emite radiações elétricas que se propaguem ao longo do fio e sejam capazes de impressionar os radiocondutores; ou então, se emite tais radiações, elas são completamente absorvidas pela sua atmosfera e as camadas superiores da atmosfera terrestre."

Em 1930, os Laboratórios Bell Telephone, em Nova Jérsei (EUA), pediram a um de seus engenheiros, Karl Jansky, que estabelecesse uma ligação de ondas curtas entre os Estados Unidos e a Inglaterra. A ligação se revelou difícil: os ruídos parasitas eram em grande número, e Jansky decidiu pesquisar suas causas. Construiu uma antena giratória de 30m de comprimento e com ela constatou que, embora a maioria dos parasitas fossem provocados por tempestades, havia além delas uma fonte extraterrestre permanente de ruído na direção do centro da via-láctea. Primeiro, Jansky pensou que tal emissão fosse devida à concentração de estrelas ao redor do centro galáctico; porém, não tendo detectado nenhum sinal de rádio no sol sob esse mesmo comprimento de onda de 14,6m, e tendo ficado impressionado pela semelhança entre os sinais recebidos do céu e o ruído parasita dos receptores, em conseqüência da agitação térmica das cargas elétricas nas resistências, atribuiu esses sinais à agitação térmica das partículas carregadas do gás interestelar. Comunicou o resultado de seus trabalhos em abril de 1933, perante o congresso da União Radiocientífica Internacional reunido em Washington. A comunidade astronômica pouco se interessou pelos trabalhos de Jansky, e foi um astrônomo amador, Grote Reber, engenheiro eletrônico residente nos arredores de Chicago, que empunhou o bastão. Construiu uma antena parabólica de mais de 9m de diâmetro, alta de dois estágios e pesando duas toneladas, com a qual desenhou a primeira carta da radiação radioelétrica do céu no comprimento de onda de 187cm. Suas publicações não tiveram mais repercussão que as de Jansky; no entanto, em princípios de 1944, embora a Europa estivesse ainda em guerra, os trabalhos de Reber chegaram aos Países Baixos, à mesa do astrônomo holandês Jan Oort. Este se interessava então pela estrutura da nossa galáxia, e pensava que o hidrogênio neutro deveria ser abundante nela, sem poder demonstrá-lo, visto que o hidrogênio neutro não apresenta nenhuma raia de emissão no espectro visível. Pensou que, em compensação, podia existir uma raia de emissão no domínio do rádio e encarregou um de seus alunos, H. Van de Hulst, de realizar um estudo teórico do espectro de emissão do hidrogênio neutro.

Na mesma ocasião, um outro engenheiro, este inglês, J.S. Hey, mobilizado em uma unidade de radaristas, vigiava os aviões alemães que tentavam atravessar a Mancha. Ora, deu-se que em certos dias os painéis dos radares eram anormalmente perturbados por emissões parasitas de origem desconhecida: a 26, 27 e 28 de fevereiro de 1942, as recepções foram extremamente ruins, e Hey reparou que a recepção era particularmente ruim quando os radares apontavam na direção do sol. Tal verificação, somada à da presença de numerosas manchas na superfície solar em fevereiro de 1942, sinal de intensa atividade do sol, levou Hey a pensar que se tratassem de emissões solares localizadas próximo às manchas. Não se tratava de comunicar à aviação alemã os cuidados preciosos para escolher os momentos e as direções de seus ataques aéreos contra a Inglaterra! Foi preciso esperar o fim da guerra para que os resultados de Hey, bem como os de um americano, Southworth, que trabalhava como Jansky para a Bell Telephone e que chegara às mesmas conclusões, fossem publicados. Foi também no fim da guerra, em 1944, que Van de Hulst anunciou que o hidrogênio neutro devia emitir no espectro de cerca de 21cm de comprimento de onda.

Dessa vez, os astrônomos compreenderam todo o interesse da radioastronomia. Os técnicos da radioeletricidade tinham feito grandes progressos, a guerra liberara numerosos radares... e numerosos radaristas. Reuniam-se condições para que essa nova disciplina tomasse impulso. Em poucos anos, a colheita de informações novas foi tão extraordinária como a que se seguiu à invenção da luneta no século XVII. Os australianos Pawsey, Payne-Scott e MacCready e os ingleses Ryle e Vonberg demonstraram que J.S. Hey fora exato em suas observações: as fortes emissões radioelétricas do sol provêm de fontes discretas localizadas perto das manchas. Hey, Parsons e Phillips descobriram que à radiação difusa do centro galáctico se acrescentava a das fontes pontuais. A existência dessas "radiofontes" foi confirmada pelos australianos Bolton e Stanley, e começou-se a elaborar a carta e o catálogo delas. Em 1951, os americanos Ewen e Purcell, os holandeses Muller e Oort e os australianos Christiansen e Hindman detectaram o hidrogênio neutro na nossa galáxia. O velho sonho de William Herschel começava a se realizar: por meio do hidrogênio neutro, os astrônomos chegaram à estrutura espiral da via-láctea.

A astronomia das profundezas e... dos buracos

Enquanto a maioria dos astrônomos aspira escapar da nossa atmosfera, alguns nela se enterram: aqueles que procuram observar os neutrinos. A história dessa partícula e de suas relações com a astronomia é muito extraordinária. Sem que ninguém jamais os tenha visto, os neutrinos foram imaginados, em 1931, pelo físico austríaco Wolfgang Pauli. A necessidade de sua existência nasceu da explicação do balanço energético de certas reações nucleares. Partículas neutras, cuja massa é praticamente nula, deslocando-se à velocidade da luz, sabia-se, desde sua descoberta teórica, que seriam difíceis de detectar; de fato, os neutrinos são capazes de atravessar grandes espessuras de matéria sem interagir, logo, viajam incógnitos. Estima-se que para cada dez milhões de neutrinos que atravessam a Terra, somente dois serão impedidos de passar: seria o mesmo que procurar uma agulha no palheiro. Pois bem, acontece que os neutrinos devem ser emitidos no decurso de reações que se produzem no núcleo das estrelas; observar os neutrinos ejetados pelo sol seria uma confirmação de sua existência, interessante para os físicos de partículas e para os astrônomos que buscam melhor compreender o que se passa no centro do sol: os mensageiros diretos das profundezas das estrelas são raríssimos. Seria preciso imaginar uma experiência que pusesse em evidência os neutrinos solares e realizá-la a salvo de outras partículas suscetíveis de perturbar o seu andamento. A experiência foi efetuada a 1.500m de profundidade, em uma mina de ouro de Dakota do Sul. Era a primeira vez que os astrônomos, sempre em busca de um céu limpo, instalavam um observatório sob a terra. Para captar os neutrinos solares, fizeram descer um reservatório de 400 mil litros de percloretileno (fórmula química C_2Cl_4) ao fundo da mina. Os primeiros resultados intrigaram os físicos e os astrofísicos: os fluxos detectados eram duas vezes mais fracos que o previsto pela teoria. Seria o caso de atribuir essa discrepância às incertezas da teoria da estrutura interna do sol, ou a uma fraqueza da teoria dos neutrinos, ou ainda à dificuldade de captar essas partículas? De fato, é necessário sublinhar que a detecção era delicada: os astrofísicos obtêm cerca de um neutrino por semana; mas os neutrinos existem, foram encontrados em alguns centros subterrâneos de detecção de neutrinos, atualmente instalados por todo o mundo. Ora, em fevereiro de 1987, os astrônomos observaram uma supernova, situada cerca de 170 mil anos-luz da Terra, isto é, assistiram à explosão de uma estrela maciça com 170 mil anos de atraso. A explosão dessa estrela relativamente próxima deveria inundar a terra de neutrinos; o fluxo era estimado em 100 bilhões de partículas por centímetro quadrado. A espera não foi decepcionante: as taipas de Cleveland, no fundo de sua mina de sal, detectaram 8 neutrinos, e as de Kamioka, no Japão, 11! A chegada de uma rajada de neutrinos era interessante: as partículas sem massa se propagam com a velocidade da luz, mas todo corpo que possua massa, por mais fraca que seja, vê sua velocidade reduzida proporcionalmente à sua energia cinética. Os neutrinos da supernova tinham adquirido sua energia cinética da catástrofe que os projetara no espaço; como é pouco provável que todas as partículas tenham recebido a mesma impulsão, os neutrinos deviam ter velocidades diferentes e, assim, chegariam até nós em um intervalo de tempo mensurável: os 19 neutrinos chegaram no espaço de 13 segundos. Daí deduziram os físicos que, se o neutrino tivesse uma massa, esta devia ser inferior a 20 elétron-volts.

Os buracos negros são construções teóricas de especialistas em morte de estrelas, estimulados pelo êxito da previsão de estrelas de nêutrons. As estrelas de nêutrons foram também, a princípio, construções teóricas nascidas do encontro da relatividade geral com a física nuclear. Em 1932, o prêmio Nobel de física, Lev Landau, mostrou que se se comprimisse a matéria ordinária até levá-la à densidade de um núcleo atômico, então 99% de seus elétrons se combinariam com prótons para formar nêutrons. No entanto, Landau afirmou que a explosão de certas estrelas maciças poderia transformá-las em estrelas basicamente compostas de nêutrons. Em 1937, George Gamov retomou a hipótese das estrelas de nêutrons e estudou o processo da neutronização no núcleo de uma supernova. Depois, em 1939, Robert Oppenheimer e um estudante canadense, Georges Volkoff, estudaram a estrutura dessas estrelas hipotéticas no contexto da relatividade geral e delimitaram a massa teórica de uma estrela de nêutrons. Concluíram também que as estrelas de nêutrons deveriam existir no universo. E tais estrelas dormitavam nas pastas de desenhos dos teóricos até que, em 1967, miss Bell e A. Hewish, do Mullard Radioastronomy de Cambridge, na Grã-Bretanha, descobriram por acaso um pulsar, assim denominado porque pulsava regularmente no domínio das ondas de rádio. Hoje conhecem-se mais de cem pulsares, e sabe-se que tais objetos são as estrelas de nêutrons de Landau, Oppenheimer e Volkoff. Animados pelo sucesso, os que se interessavam pela fase última das estrelas estudaram o comportamento final das estrelas três vezes mais maciças que o sol e construíram os buracos negros. O nome dessas estrelas deriva do fato de que sua matéria está tão condensada que a gravidade não deixa escapar nada, nem sequer a radiação eletromagnética: portanto, são totalmente invisíveis por definição. Essa particularidade embaraçosa não desanimou os astrônomos mais do que a raridade dos neutrinos irregistráveis. De fato os buracos negros não deixam escapar coisa alguma e, além disso, absorvem tudo o que passa pelas proximidades; mas essa absorção é acompanhada de fenômenos secundários observáveis. Assim, um observatório que tivesse a oportunidade de assistir à aspiração de uma fonte de radiação eletromagnética por um buraco negro, constataria que a freqüência da emissão diminuiria cada vez mais, até desaparecer para o observador no momento em que a fonte ultrapassasse a fronteira, dita superfície de Schwarzschild, entre o exterior e o interior do buraco negro. Além do mais, se um buraco negro é invisível, em compensação a sua ação gravitacional se faz sentir no exterior à proporção de sua massa. A chance de detectar os buracos negros, portanto, reside na observação de fontes luminosas cujo comportamento eletromagnético ou dinâmico só possa ser explicado pela presença próxima de um vizinho ultradenso e invisível. Outros preferem apostar no fenômeno das lentes gravitacionais: se um objeto muito maciço, um buraco negro por exemplo, está situado no alinhamento de uma estrela distante e de um astrônomo, a curvatura dos raios luminosos quando de sua passagem perto desse objeto maciço duplicaria a imagem da estrela. As chances de encontrar um buraco negro seriam ainda menores do que as de tetectar um neutrino, caso os astrônomos não tivessem algumas idéias sobre os pontos do universo onde eles se escondem: se os buracos negros existem, devem ser encontrados no centro dos aglomerados estelares. Até hoje, nenhum buraco negro foi "visto" com certeza. Um dos candidatos mais sérios é um sistema de estrela dupla descoberto em 1961 na constelação do Cisne. Foi seu comportamento eletromagnético anormal que chamou a atenção dos pesquisadores: essa estrela dupla emite muitos raios X, e é denominada Cygnus X_1!

A interdependência

Das ínfimas partículas que estruturam a matéria nos grupos de galáxias que povoam o universo, do núcleo das estrelas às moléculas interestelares, das imponderáveis nuvens de hidrogênio que flutuam no espaço aos pulsares ultradensos que agonizam girando sobre si mesmos, os astrônomos perseguem, interrogam e decifram todas as manifestações do nosso universo. Nessa conquista do mundo, onde a especialização se tornou regra, todas as ciências exatas, todos os domínios da astronomia se entrecruzam, se auxiliam mutuamente, pois se beneficiam do progresso comum. Mesmo no domínio mais tradicional da astronomia, a astrometria, há participação dos progressos dos mais recentes domínios. Assim, certas particularidades do movimento da lua e de Mercúrio, postas em evidência por uma precisão de medidas que poderia parecer irrisória a certas pessoas, mas da qual os astrometristas são muito ciosos, desgostavam os estudiosos da mecânica celeste. Tais anomalias só encontraram explicação por volta de 1920. O que restava por explicar da aceleração secular da lua era de fato devido a irregularidades da rotação da Terra, e o avanço do periélio de Mercúrio, que havia derrotado os mecânicos celestes há muito tempo, era um efeito da relatividade geral explicada por Einstein depois do ajustamento de sua teoria. Assim, a perseverança meticulosa dos astrometristas, que parece ser de uma outra época, está na origem de duas descobertas recentes e importantes. A primeira no plano prático, visto que pôs em evidência as imperfeições do que se acreditava ser o melhor relógio possível: a rotação da Terra. A segunda no plano teórico, já que a explicação do avanço do periélio de Mercúrio foi um dos primeiros testes de validade da teoria geral da relatividade.

Terceira Parte

A Viagem ao Fim do Mundo

De vez em quando, os meios de comunicação anunciam a descoberta de um novo quasar a algumas centenas de milhões de anos-luz. O homem comum absorve a notícia, como absorveria a do enésimo aviso sério da China Popular à China Nacionalista, ou a da enésima ruptura do cessar-fogo em Beirute. Muito poucas pessoas se preocupam em saber como o olhar humano mergulha nas distâncias que, de qualquer modo, ultrapassam a imaginação quando não o entendimento. Essa conquista do fim do mundo é uma longa história que começa, há mais de dois mil anos, pela medida da Terra, e que nos leva aos confins do universo observável.

1. A medida da Terra

Primeira medida

No século III a.C., como o recorda Delambre, Eratóstenes, que "era ao mesmo tempo poeta, gramático, filósofo, geômetra, geógrafo e... astrônomo, só terá dado, provavelmente, a menor parte do seu tempo às observações astronômicas". Como astrônomo, atribui-se-lhe apenas um dado importante, o do intervalo entre os trópicos, que ele teria avaliado em 11/83 de círculo, isto é, 47°42'39", de onde um valor da obliqüidade da eclíptica de 23°51'19,5". Ptolomeu emprega em todo o *Almagesto* o valor de 23°51'20" e diz ter colhido esse valor em Hiparco e de tê-lo ele próprio verificado. Porém, é graças à sua medida da Terra, que diz respeito tanto à geografia quanto à astronomia, que Eratóstenes deve ser conhecido. No *De motu circulari corporum caelestium*, de Cleômedes, encontramos (I,10) a descrição do método de Eratóstenes.

Era um fenômeno conhecido desde a Antiguidade que em Siene, hoje Assuã, no Egito, no dia do solstício de verão, ao meio-dia, um poço era iluminado até o fundo. Portanto, Siene se localizava no trópico de Câncer: a altura do pólo acima do horizonte era ali igual à obliqüidade da eclíptica. Em compensação, em Alexandria, a sombra de um obelisco, medida nesse mesmo dia de solstício, indicava que a distância zenital era de 7°10', ou seja, 1/50 da circunferência de um meridiano. Ora, acontece que Siene e Alexandria estão praticamente no mesmo meridiano: bastava conhecer a distância linear entre as duas cidades para determinar o valor de toda a circunferência da Terra. Alexandre o Grande e depois dele os ptolomeus tinham mandado medir os caminhos do Egito pelos bematistas — agrimensores que contavam seus passos — e eles, ou seus camelos (há todavia mais de um milhão de passos entre Siene e Alexandria), tinham encontrado a distância de 5 mil estádios entre as duas cidades. Conseqüentemente, para a circunferência inteira o valor seria de 50 vezes 5 mil estádios, ou seja 250 mil estádios.

Chegar a um valor em quilômetros da circunferência da Terra, a partir desses dados, cria alguns problemas. Além do mais, o valor de 5 mil estádios era visivelmente arredondado, o que aliás Eratóstenes sabia, visto que, por motivos de comodidade de cálculo, elevou esse valor a 252 mil estádios (252 mil divididos por 360 dão o resultado redondo de 700 estádios por grau de meridiano), e o valor de 7°10' também era aproximado, ficando difícil conhecer o valor do estádio utilizado. Digamos que a circunferência da Terra, assim determinada, dava um pouco mais de 40 mil quilômetros, e notemos a simplicidade do método, que consiste em avaliar linearmente a distância entre dois pontos de um mesmo meridiano, e depois determinar a circunferência inteira por uma regra de três.

Digressão sobre os quadrantes solares

Cleômedes pretende que Eratóstenes não deduziu o ângulo de 7°10' da sombra do obelisco de Alexandria sobre o chão, e sim do *scaphé*, e os comentaristas acrescentam que assim ele obtivera um valor mais preciso do ângulo entre o zênite de Alexandria e o de Siene. O *scaphé* seria uma das etapas que vão do simples gnômon ao quadrante solar equatorial. Embora o termo *gnômon* seja grego, parece que o instrumento é muito anterior à civilização helênica. Os chineses pretendem tê-lo empregado 24 séculos antes de Cristo, mas sabe-se que pouco valem as cronologias chinesas, e foi Heródoto quem afirmou no seu segundo capítulo de *História*, *Euterpe* (§109), que os babilônios o deram a conhecer aos gregos. Na verdade, o instrumento é tão simples (um bastão plantado verticalmente no chão, cuja sombra projetada no solo é observada), que deve ter sido inventado independentemente em vários pontos do planeta. Para que as observações feitas com o gnômon tenham uma certa precisão, é indispensável que as dimensões do instrumento sejam bem grandes; mas então, como o sol não é um simples ponto, a extremidade da sombra perde cada vez mais sua nitidez, à medida que o gnômon é mais alto (*Fig. 24*). Este inconveniente foi atenuado primeiro colocando-se uma pequena esfera no alto do gnômon: então a penumbra é simétrica ao redor de um ponto mais bem determinado, e que corresponde ao centro da esfera e ao do sol. Esse inconveniente pode também ser eliminado pelo emprego de um buraco redondo na extremidade do gnômon; nesse caso, o centro da sombra recebe mais luz que as regiões vizinhas e o ponto luminoso corresponde igualmente ao centro do buraco e ao do sol. No século XVII, esse buraco foi substituído por uma série de objetos corretamente orientados e de distâncias focais convenientes.

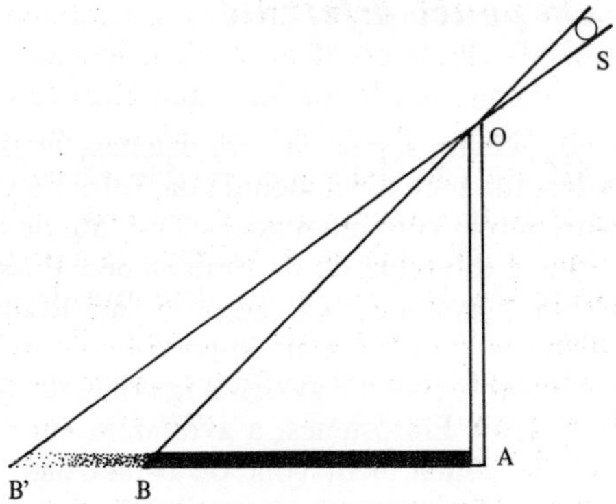

sombra e penumbra do gnômon comum

Figura 24

O gnômon tem, além disso, um grande inconveniente para a divisão do dia à qual, entre outras coisas, servia: para uma mesma hora considerada em dias diferentes, o comprimento e a orientação da sombra divergem. Tal inconveniente, devido ao fato de que o estilo do gnômon é vertical, provocou a busca de uma forma mais adaptada, seja quanto ao estilo, seja no que dizia respeito à superfície receptora da sombra. Quem inventou o *scaphé*, ou *pólos*, substituiu a superfície plana sobre a qual se projetava a sombra do gnômon por uma superfície esférica côncava e voltada para o alto, com um estilo cuja extremidade livre chegava exatamente no centro desse hemisfério. Esse instrumento, réplica da abóbada celeste, era fácil de imaginar e construir, desde que sua dimensão fosse modesta. Aquele que inventou o quadrante equatorial teve o cuidado de dirigir o estilo para o pólo, colocando-o, assim, paralelamente ao eixo do mundo para que a direção de sua sombra fosse sempre a mesma para uma dada hora, fosse qual fosse o dia considerado. Se o *scaphé* apresenta a vantagem de se adaptar, a um tempo, às horas iguais e às horas desiguais, ou sazonais, a modéstia de suas dimensões nos faz duvidar que Eratóstenes o tenha utilizado para melhorar sua medida da Terra, se é que a precisão foi sua preocupação principal — os arredondamentos relatados por Cleômedes deixam antes entendido o contrário.

Um método um pouco diferente

Pouco mais de um século depois de Eratóstenes, Possidônio, sempre segundo Cleômedes, fez uma nova medida da Terra não tão boa como a de seu predecessor, porém cujo interesse está no fato de que o fenômeno astronômico de base é diferente do de Eratóstenes. Possidônio também partiu de Alexandria, mas em direção ao norte, até Rodes, que ele situa no mesmo meridiano — o erro é mais importante do que na escolha de Siene. A distância linear foi por ele avaliada igualmente em 5 mil estádios — outros, entre os quais Eratóstenes, a avaliaram em 4 mil! Para esse cálculo não se podia contar nem com os bematistas, nem com seus camelos, porém com os marinheiros e as estimativas que eles faziam dos tempos de navegação. Logo, o método era diferente: a estrela Canopus não é visível na Grécia, mas começa a ser percebida em Rodes, onde vivia Possidônio; ela surgia apenas por um instante e se punha imediatamente. Em Alexandria, quando atinge o seu ponto mais alto no céu, no meridiano, sobe até um quarto de signo, ou seja, 7°30'. Novamente, os números redondos: 1/4 de signo e 5 mil estádios, são suspeitos. Sendo 7°30' a quadragésima oitava parte de 360°, a circunferência da Terra equivale a 48 vezes 5 mil estádios. Tropeçamos de novo no valor do estádio; o estádio grego devia valer aproximadamente 185m. De qualquer modo, Possidônio adotou mais tarde, para a circunferência total da Terra, o valor muito pequeno de 180 mil estádios, o que dá menos de 35 mil quilômetros de circuito.

Generalizações utópicas

Ptolomeu assinalou que seus predecessores, para determinar a relação das distâncias à circunferência inteira do grande círculo, exigiram que o arco, medido em uma direção constante, estivesse por inteiro no meridiano. Quanto a ele, estimou que o arco terrestre pode ser medido de um grande círculo qualquer, contanto que à observação da altura do pólo nas duas extremidades do arco se acrescente a do ângulo no zênite, entre esse arco e o meridiano de um dos dois lugares.

Tudo o que diz Ptolomeu é geometricamente correto, mas, na prática, o meio seria a um tempo mais demorado e mais incerto. A menos que o arco medido fosse de extrema pequenez, os dois pontos seriam invisíveis um para o outro, e só se poderia avaliar a direção pela do começo do arco. Seria necessário determinar o ângulo com a maior exatidão, o que nunca é fácil, e o era ainda muito menos para os Antigos, e era forçoso estar bem certo de que não se estava se afastando da linha. Aliás, Ptolomeu se absteve de precisar as modalidades da própria operação, e nem sequer chega a dizer se ela foi tentada por ele nem por qualquer outro, e, segundo todas as aparências, nunca o foi.

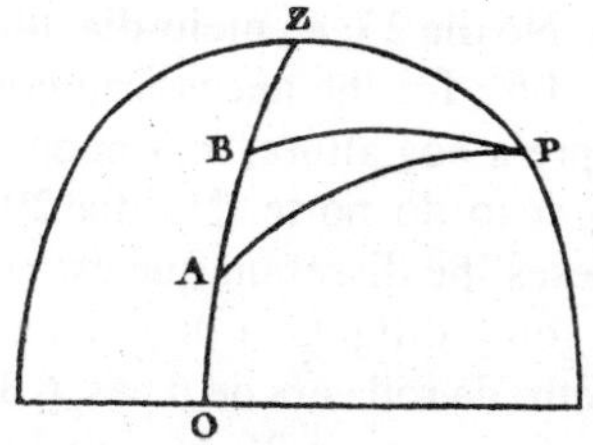

Figura 25

Riccioli é mais preciso quanto à teoria porém não mais convincente quanto à prática. No *Almagestum novum*, dá o seu método para medir um grau da Terra esférica. Sejam duas localidades visíveis uma da outra, e cujos zênites sejam Z e B; em Z, observem uma bela estrela em A: na vertical ZBAO, terão ZA, PZ e PA, e poderão calcular o ângulo A (*fig.* 25). Em B, observem a distância zenital BA, e terão ZB = ZA - BA. Com PB, PA e o ângulo A, Riccioli calculou BA, que diminuiu de ZA: sem dúvida queria poupar o trabalho de transportar o seu quarto de círculo de Z a B. Já que de Z pode-se ver B, era possível medir o azimute PZA; em vez de calcular A, poderia calcular-se B; com Z, PB e PZ, ter-se-ia ZB. Assim o método se parecia bastante com o de Ptolomeu. De qualquer maneira, ZB será sempre um arco da ordem de um terço de grau ou, no máximo, de meio grau, e o erro de observação será duplicado ou triplicado no valor do grau... e, para a circunferência inteira... uma catástrofe.

Um médico se mete no meio

Foi necessário esperar o começo do século XVI para que um médico, Jean François Fernel, retomasse o método de Eratóstenes e o aplicasse com um pouco mais de rigor. No parágrafo 8 de sua *Cosmotheoria*, de 1528, Fernel descreve de que forma mediu o comprimento de um grau de meridiano.

A 25 de agosto de 1527, observou, pelo triquetrum, a altura meridiana do sol e a encontrou igual a 49°13'. Se tivesse feito a mesma medida, no mesmo dia, um grau ao norte de Paris, teria achado uma altura meridiana do sol de 48°13'. Ora, estimando que a declinação do sol, nessa época do ano, diminuía de 22', e depois de 23' e 24' por dia, ele notou que, no mesmo lugar, a altura meridiana do sol seria, a 26 de agosto, de 47°51'; a 27, de 47°28'; a 28, de 47°05', e a 29, de 46°41'. Depois, ele partiu, a pé, pela estrada de Amiens. No dia 27, ao meio-dia, tomou a altura meridiana do sol, e achou-a de 48°06'; foi-lhe necessário continuar o caminho. No dia 28, não achou sempre a boa altura, mas pôde estimar o quanto ainda teria de avançar na direção do norte. No dia 29, encontrou os 46°41' esperados. Os camponeses lhe disseram que estava a 25 léguas de Paris, ele tomou nota mas pegou a diligência de volta a Paris e contou 17.024 giros de rodas! O diâmetro da roda era de 6 pés, 6 dedos e um pouco mais, e ele estimou sua circunferência em 20 pés, ou 4 passos. Portanto, havia percorrido 68.096 passos, digamos um pouco mais de 110 km.

Um progresso decisivo

Snellius parece ter sido o primeiro, por volta de 1615, a ter aplicado a trigonometria à determinação do comprimento de um grau de meridiano. Não pediu emprestado o seu arco terrestre aos resultados dos bematistas, mediu-o por inteiro pelo método dos triângulos. Não teve de desprezar as desigualdades do terreno, nem as voltas do caminho, nem a sua inclinação ao meridiano. O método da triangulação, que Gemma Frisius havia preconizado desde 1533, e que Tycho Brahe teria utilizado, é bem simples: consiste em medir cuidadosamente o comprimento de uma base de partida, e depois construir, a partir dessa base, uma série de triângulos com a ajuda de pontos fixos e bem marcados, geralmente as flechas das igrejas. As regras da trigonometria permitem determinar todos os lados dos triângulos, visto que são conhecidos os ângulos e o valor do primeiro lado do primeiro triângulo. Progride-se, desse modo, sobre o comprimento a ser calculado, e pode-se fazer uma boa idéia da qualidade da determinação do comprimento procurado confrontando-se, para o último lado do último triângulo, o valor calculado e o valor medido com o mesmo padrão de comprimento que serviu para estabelecer a base de partida.

Foi assim que Snellius Willebrord, nascido em Leyde em 1580, determinou a distância que separa Alkmaar de Bergen op Zoom, cerca de 130km, estando as duas cidades mais ou menos sobre o mesmo meridiano.

Sua base de partida foi a distância entre Leyde e Zoeterwoude, cerca de 5km. Seus instrumentos, entre os quais o grande quadrante de 210cm utilizado para a triangulação, eram devidos a Guillaume Blaeu. A unidade de medida de comprimento era a vara do Reno, de 3,767m. Snellius publicou seus resultados em 1617, em uma obra onde qualifica a si mesmo de Eratóstenes dos Batavos: "*Eratosthenes Batavus de Terrae ambitus vera quantitate...*" Para medir a distância de Leyde a Zoeterwoude (*Fig. 26*), escolheu uma reta *ae* que a atravessasse e que mediu com o auxílio de sua vara de 3,767m. Nos pontos *t* e *c*, mediu os ângulos *etc* e *ect*; tendo medido *tc*, deduziu daí *et* e *ec*. Depois, tendo medido os ângulos *atc* e *act*, deles deduziu *at* e *ac*. Podia então, no triângulo *eta*, calcular *ae* e confrontar esse valor calculado com o valor medido no ponto de partida: a diferença teria sido de uma meia vara sobre as 326 varas e pouco que separavam os pontos *a* e *e*.

Pelo mesmo tipo de cálculos, Snellius determinou a distância entre *L*, Leyde, e *S*, Zoeterwoude. Depois, as distâncias entre Alkmaar e Leyde etc., e, para acabar, observou as diferenças de latitude entre Alkmaar e Bergen op Zoom. Finalmente, o valor que achou para o grau do meridiano não era muito bom, devido à imprecisão dos instrumentos, pois seu

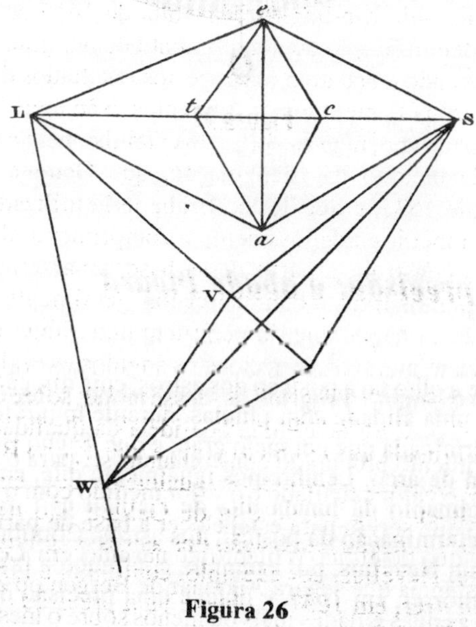

Figura 26

quadrante dava apenas o minuto de arco, e porque a verdadeira base de partida *ae* era muito curta, cerca de 1.200m. Seu valor do grau do meridiano levou a uma circunferência da Terra de 38.650km aproximadamente. Todavia, seu método foi conservado, e Jean Picard faria uso dele com muito mais êxito.

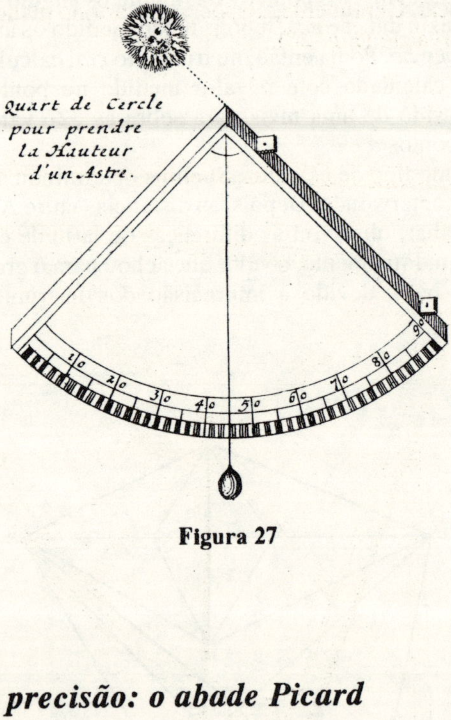

Figura 27

O rigor e a precisão: o abade Picard

Lembremos que a olho nu a posição dos astros, cuja direção se materializa pela visada em uma alidade com pínulas, durante muito tempo não pôde ser melhor determinada que em meio grau, e que Tycho Brahe levou essa precisão a 2min de arco. Lembremos igualmente que, em uma primeira etapa, o aparecimento da luneta dita de Galileu não trouxe progresso algum para a determinação da posição dos astros. Continuaram as observações a olho nu; Hevelius, por exemplo, continuou a fazer suas visadas na alidade até morrer, em 1687, e obteve uma precisão da ordem de um minuto de arco (*Fig. 27*).

Para que a luneta ótica trouxesse uma vantagem importante de precisão, foi necessário construir instrumentos suficientemente rígidos e cujos eixos óticos e mecânicos estivessem perfeitamente determinados. O tipo geral dos instrumentos de precisão permaneceu sendo o setor, filho dos grandes quadrantes de alidade com pínulas, que compreende uma luneta móvel em um plano ao redor de um eixo vizinho de sua objetiva. A rotação é medida sobre um arco graduado; um fio de prumo permite corrigir a direção da vertical. O conjunto pode ser orientado ao redor de um eixo vertical. Geralmente, dispõe-se o setor no plano do meridiano do local de observação (*Fig. 28*).

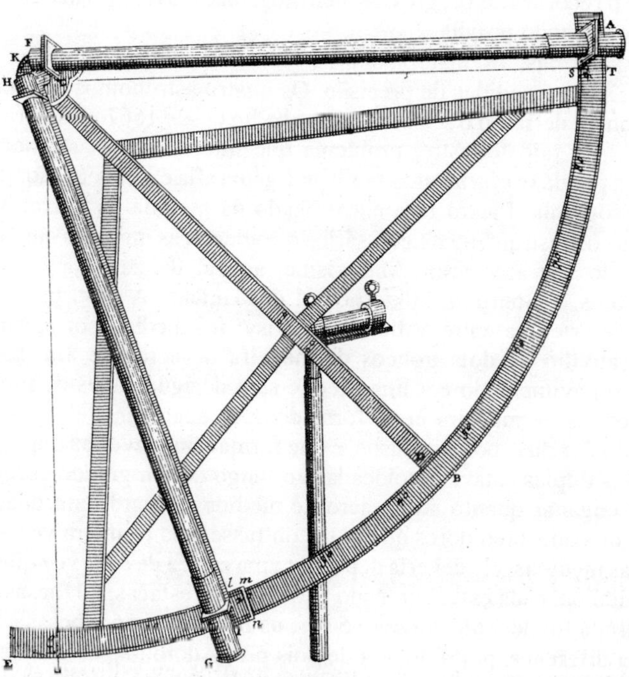

Figura 28

No plano focal comum à objetiva e à ocular convergente é disposto um micrômetro, compreendendo fios fixos e um fio móvel levado por um quadrante que desloca um parafuso munido de um tambor graduado. Esse micrômetro data de 1666, é devido a Auzout e a Picard, que foi o primeiro a utilizá-lo regularmente; aperfeiçoado pelo acréscimo de uma mola contrária, que evitava o jogo do parafuso (Roemer, 1672), permanece, quanto ao princípio, sendo o micrômetro que se emprega ainda hoje. Se na verdade William Gascoigne fez melhor e antes (morreu em 1644), então é necessário que nos expliquem por que Newton esperou a medida da Terra pelo abade Picard para retomar seus trabalhos sobre a gravitação.

Por outro lado, a partir do momento em que os astrônomos dispuseram de bons relógios, o instante da passagem de um astro tornou-se um elemento de medida. Pois bem, os progressos da relojoaria mecânica são contemporâneos dos da astrometria de precisão; foi em 1656 que Huygens inventou o pêndulo regulador cuja batida é conservada pelo escape: as irregularidades do relógio eram reduzidas por um fator de 1.000, o que parecia o recorde dos progressos metrologistas, e o relógio marcou daí em diante o segundo por dia.

As teorias, os materiais e as técnicas estavam reunidas para a realização das medidas de precisão. Os quatro astrônomos da Academia Real tinham definido o seu plano de trabalho desde 1667. A determinação do valor do raio terrestre, problema que interessava à astronomia por causa da paralaxe diurna, mas também à geografia e à navegação, figurava nesse programa. Picard fora encarregado da medida da Terra. Mandou construir os instrumentos necessários e começou as medidas em 1669. Os limites do seu arco eram Malvoisine, ao sul de Paris, a 6km de La Ferté-Alais, e Sourdon, 20km ao sul de Amiens. A base principal, de 11km, se estendia entre Villejuif e Juvisy; foi medida por agrimensura com o auxílio de dois troncos de madeira de cerca de 8m, sobre um caminho pavimentado em linha reta e sem desigualdades de monta. Os dois troncos de madeira eram formados por quatro madeiras de chuço, juntas duas a duas por parafusos, e que formavam craveiras duplas. Essas craveiras duplas estavam colocadas ao longo de um grande cordel. Para não se enganar quanto ao número de medidas, Picard dera dez estacas àquele dos dois medidores que se encontrasse pela primeira vez à cabeça das duas medidas; ele deveria depositar uma estaca de cada vez que fizesse a sua medida, cada estaca valendo 8 toesas e 10 estacas, 80 toesas. A base encontrada foi de 5.662 toesas e 5 pés, na ida, e de 5.663 toesas e 1 pé, na volta: a diferença, portanto, era de dois pés. Adotou-se o valor médio. A base de verificação, na outra extremidade da cadeia de triângulos, era de 3.902 toesas. A toesa era a de Châtelet, recentemente estabelecida, e, "de medo que acontecesse a essa toesa, o que acontecera a todas as antigas medidas das quais só o nome subsiste, nós a ligaremos a um original, que, sendo tirado da própria natureza, deve ser invariável e universal". Para tanto, Picard determinou, com dois relógios de pêndulo, o comprimento do pêndulo simples que dava o segundo de tempo solar médio. Picard acrescentou: "O comprimento do pêndulo simples de segundos de tempo médio poderia ser denominado *raio astronômico*, cujo terço seria o pé universal; o dobro desse raio seria a toesa universal, que seria a de Paris como 881 para 864." A idéia era excelente, tendo aliás a vantagem de ligar, numa mesma experiência de física, a unidade de tempo e a unidade de comprimento, visto que o comprimento do pêndulo a marcar o segundo deveria ser o padrão do comprimento... Infelizmente a toesa e o pé, assim definidos, não tinham nada de universal, e logo se percebeu que o pêndulo que dava o segundo mudava de comprimento em cada lugar de latitude diversa. Além do mais, Picard formulava o desejo de que "o comprimento da toesa de Paris e a do pêndulo de segundos, tais como os estabelecemos, serão cuidadosamente conservados no magnífico observatório que Sua Majestade mandou construir para o progresso da astronomia". O Observatório de Paris, na época, estava em construção. Os membros da Academia tinham vindo traçar o meridiano que se tornou o meridiano de Paris, no dia do solstício de 1667, e Claude Perrault conduzia os trabalhos com rapidez: a grande obra foi terminada em 1672. O voto de Picard não foi favoravelmente acolhido, e as toesas e o pêndulo em breve desapareceram.

Para a triangulação, Picard empregou um quarto de círculo com duas lunetas dotadas de micrômetros, instalado horizontalmente, e cujo limbo tinha 38 polegadas (102cm) de raio. Para a determinação astronômica das latitudes, mandou fazer um setor de 10 pés (325cm) de raio, de curto ângulo no centro (18°), e mediu nas localidades de Sourdon e Malvoisine a distância zenital de uma mesma estrela. Picard realizou o seu trabalho em 1669 e 1670, no decorrer de viagens de uma ou várias semanas, mas sem abandonar suas observações em Paris. Publicou os resultados em um pequeno livro, *Mesure de la Terre*, em 1671. Nas 31 páginas desse livro raríssimo, que é, ao mesmo tempo, a base e a carta da geodésia e da astronomia de precisão, Picard expõe o seu trabalho e seus resultados, descreve o seu material e dá a maneira de empregá-lo e os princípios de seu controle. O valor do raio terrestre obtido por Picard só chegou ao conhecimento de Newton treze anos depois, em 1684! Esse valor eliminou um sério obstáculo que a lei da gravitação universal encontrava até então na sua justificação numérica precisa. O grau do meridiano valia 57.060 toesas, ou seja, algo entre 111 e 112km.

2. A medida do sistema solar

Da Terra à lua

O primeiro sábio que tentou determinar efetivamente as dimensões e as distâncias dos corpos celestes, ainda que os teoremas geométricos preparados remontem a Euclides, foi um quase contemporâneo de Eratóstenes, entretanto um pouco mais velho, Aristarco de Samos, nascido cerca de 310 a.C. Embora seja conhecido como o primeiro "heliocentrista", o único tratado seu que chegou até nós foi *Sobre as dimensões e sobre as distâncias do sol e da lua.*

Resumamos os princípios e os resultados. Para a distância da Terra à lua, o método é de uma simplicidade bíblica. Sendo o sol mais volumoso que a Terra, esta lança no espaço uma sombra em forma de cone, cujo ápice está exatamente oposto ao sol (*Fig. 29*). Estando o sol mais afastado e a lua mais próxima, pode-se considerar a porção desse cone de sombra compreendida entre a Terra e a lua como um cilindro cuja seção reta seja igual ao diâmetro da Terra. É esta sombra, larga como a Terra, que a lua atravessa por ocasião de um de seus eclipes. Medindo o tempo que a lua eclipsada leva para atravessar a sombra, vê-se que essa sombra é cerca de três vezes mais larga que a lua. Conclui-se daí que o diâmetro da lua é de um terço do da Terra (o valor correto é de 0,27). Por outro lado, a lua é vista no céu sob um ângulo de meio grau; ora, para ver um círculo qualquer sob um ângulo de meio grau, é necessário afastá-lo de 120 vezes o seu diâmetro. Logo, a lua se acha à distância de sessenta raios terrestres. De qualquer modo, trata-se de um valor médio, pois a variação da distância é de aproximadamente 10%.

Da Terra ao sol e aos planetas

Consideremos a lua no seu quarto: o sol, a lua e a Terra ocupam então os vértices de um triângulo retângulo em L (*Fig. 30*), cujo ângulo em T,

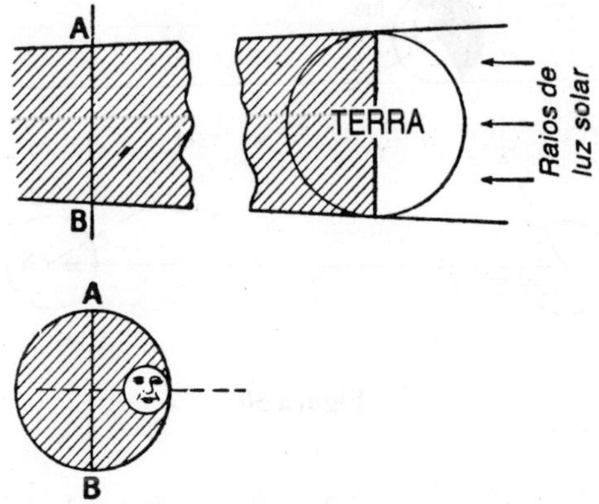

Figura 29

teoricamente mensurável, faz conhecer a relação dos lados LS e LT. Aristarco atribui a esse ângulo o valor de 87° e daí conclui que o sol está 19 vezes mais distante que a lua, enganando-se por um fator de 20: o sol está 400 vezes mais distante que a lua. A dificuldade é que o ângulo em T, dado o grande afastamento do sol em relação à distância da lua, é pouco diferente de 90° e que um pequeno erro na determinação deste ângulo acarreta um erro muito grande na estimativa da relação.

Historicamente, o caminho foi um pouco menos simples; o método de Aristarco foi melhorado e empregado por Hiparco e, depois, por Ptolomeu. De fato, se Aristarco determinou efetivamente a relação das distâncias da lua e do sol, relativamente às suas distâncias da Terra, a partir daí pesquisou primeiro as dimensões reais da lua e do sol. Sabendo que seus diâmetros aparentes são praticamente iguais, como é possível verificar por ocasião dos eclipses totais do sol, é evidente que seus diâmetros verdadeiros estarão na mesma proporção de suas distâncias. Ora, Aristarco determinara pelo método da observação das quadraturas, a relação das distâncias, ou antes, enquadrou-a; para ele AB/BC é superior a 18, mas inferior a 20 (*Fig. 31*). Notemos primeiro que, para Aristarco, o diâmetro do cone de sombra da Terra, no ponto em que a lua o corta quando de um eclipse, é duas vezes maior que o diâmetro da lua.

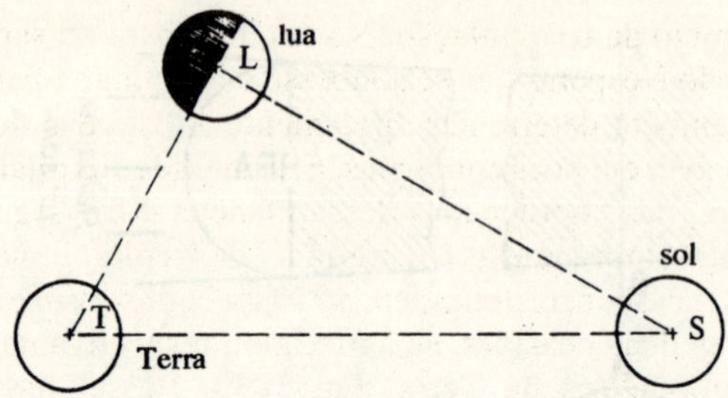

Figura 30

Já que AB/BC > 18 e que NO = 2NC, então NO/PQ < 1/9 e AM/MC > 9, de onde AM/AC < 9/8 (1).

Por outro lado, visto que AB/BC > 18, então AC/AB < 19/18 (2).

Das desigualdades (1) e (2), Aristarco deduziu que AM/AB < 19/16, e portanto que AM/BM > 19/3 e que AQ/BG > 19/3.

Recomeçou Aristarco o mesmo raciocínio com AB/BC < 20, e finalmente deduziu que o diâmetro do sol era superior aos dezenove terços do diâmetro da Terra, porém inferior aos quarenta e três sextos. Evidentemente, a subestimação inicial da distância da Terra ao sol é encontrada nesses resultados. Vê-se que, por fim, todas essas dimensões e distâncias são expressas relativamente ao diâmetro da Terra, de onde a importância das medidas desta.

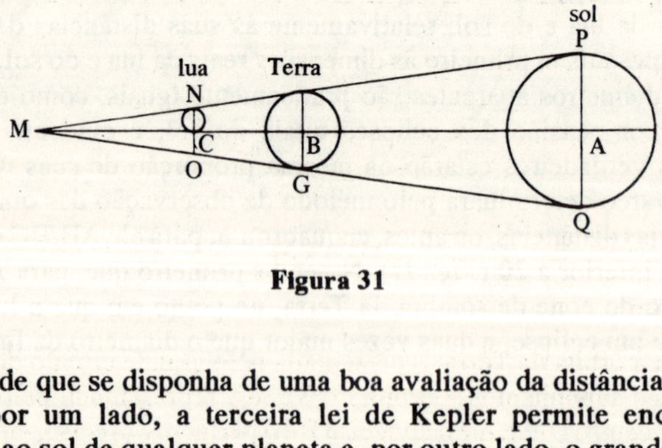

Figura 31

Desde que se disponha de uma boa avaliação da distância da Terra ao sol, por um lado, a terceira lei de Kepler permite encontrar a distância ao sol de qualquer planeta e, por outro lado, o grande eixo da órbita da Terra pode servir de base para medir a distância das estrelas próximas por meio da triangulação. No entanto, para tal seria necessário mudar de método e esperar que se soubesse determinar a paralaxe do sol. Mas pode-se também determinar diretamente a distância de um planeta, que seja observável em boas condições, pela medida simultânea, de vários pontos da Terra, das coordenadas desse planeta, e em seguida chegar à distância do sol, sempre graças à terceira lei de Kepler. Foi o que fizeram Hinks, em 1901, e Spencer Jones, em 1930, pela observação do asteróide Eros que, nessas duas ocasiões, se aproximou respectivamente a 56 e 30 milhões de quilômetros da Terra. Em 1837, Bessel havia medido a primeira paralaxe estelar, a da estrela 61 do Cisne; encontrou o valor de 0,313, o que colocava 61 do Cisne a 100 trilhões de quilômetros da Terra.

Da Antiguidade às primeiras medidas de paralaxes, os astrônomos só determinaram as distâncias no sistema solar relativamente à distância do centro do mundo ao sol, no caso do geocentrismo, ou relativamente à distância do centro do mundo à Terra, no caso do heliocentrismo. O método permaneceu o mesmo. A título de exemplo, daremos a determinação da distância de Vênus ao sol por Copérnico.

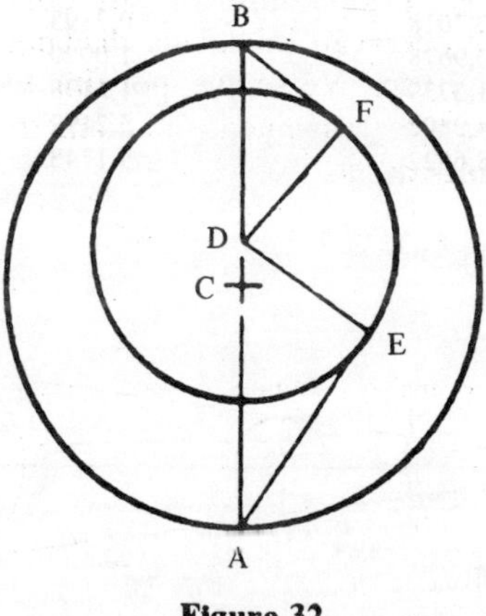

Figura 32

Seja a órbita da Terra, representada pelo grande círculo de centro C (*Fig. 32*), e suponhamos a órbita de Vênus, representada pelo pequeno círculo de centro D. Se A é o apogeu e P é o perigeu, é preciso, em primeiro lugar, determinar os valores dos ângulos DAE e DPF que medem as maiores elongações de Vênus em relação ao sol, quando o planeta está em um desses pontos. Copérnico utilizou os mesmos valores que Ptolomeu, a saber: 44°48' e 47°20'. Já que os ângulos AED e PFD são retos, tem-se:

DE = ADsenDAE e DF = PDsenDPT. E, já que DE = DF, tem-se
PD = 0,9593 AD;
além disso, AP = AD + DP = 1,9593 = 2 AC; logo: AC = 0,9797 AD.

e finalmente: DE = 7193 AC, isto é, a distância de Vênus ao sol em função da distância da Terra ao sol. O quadro 1 dá as distâncias dos diferentes planetas ao sol no sistema de Copérnico. Copérnico podia chegar às distâncias absolutas, visto que o raio da Terra era conhecido com muito boa precisão; porém tais distâncias absolutas eram avaliadas para menos por um fator de 20, devido à grande subestimação da distância da Terra ao sol.

QUADRO 1

Distância em raio do grande orbe

planetas	*menores*	*médias*	*maiores*
Mercúrio	0,2627	0,3763	0,4519
Vênus	0,7018	0,7193	0,7368
Terra	0,9678	1,0000	1,0322
Marte	1,3739	1,5198	1,6657
Júpiter	4,9802	5,2192	5,4582
Saturno	8,6522	9,1743	9,6963

3. A medida da via-láctea

Para essa viagem ao fim do mundo, dificilmente os astrônomos poderiam continuar a estimar as distâncias em quilômetros ou milhas. Para o estudo do sistema solar a unidade de comprimento que utilizam é a unidade astronômica (UA), ou seja, a distância média da Terra ao sol, aproximadamente 150 milhões de quilômetros. As estrelas e as galáxias estão longe demais para que essa unidade possa ser empregada. O ano-luz é a unidade de distância que ocupa o seu lugar: é o caminho percorrido pela luz em um ano, isto é, à razão de 300 mil quilômetros por segundo, 9 trilhões e 460 bilhões de quilômetros. Depois vem o *parsec* (pc), distância na qual o raio da órbita terrestre é visto sob um ângulo de um segundo de arco. Tem-se as relações: 1 parsec = 3,26 anos-luz = 206 mil unidades astronômicas.

Da geometria à física

Explorar o universo significa, em primeiro lugar, determinar as dimensões dos objetos observados e suas distâncias. Para isso, os astrônomos elaboraram uma série de métodos que permitem mergulhar progressivamente no universo. O ponto de partida é o sistema solar; o método, geométrico, se assemelha ao utilizado em geodésia: mede-se uma mudança da direção de um objeto quando ele é observado de dois pontos o mais afastados possível um do outro. A base é a órbita terrestre — com seis meses de intervalo, a Terra ocupa duas posições distantes entre si 300 milhões de quilômetros. Para a estrela Próxima do Centauro, muito perto aliás, o deslocamento aparente é de 2,6s de arco, isto é, sua distância equivale a 1,3pc, ou 4,25 anos-luz. O número de estrelas cuja distância é assim determinada atinge cerca de dez mil, e a distância que esse método permite alcançar é da ordem de uma centena de parsecs.

O método de correntes de estrelas

Na etapa seguinte, conserva-se esse método geométrico, porém a base empregada é o deslocamento aparente do sol em relação a certas estrelas; além disso, os métodos físicos principiam a intervir. Trata-se do método das correntes de estrelas. Para cada corrente de estrelas, deve-se determinar a velocidade aparente sobre a esfera celeste, a velocidade de afastamento ou de aproximação, com a ajuda do efeito Doppler-Fizeau, a direção para a qual as estrelas parecem estar se dirigindo. Esse método permitiu a determinação precisa da distância das estrelas das Híades, 45pc, elo importante para a etapa seguinte que apela totalmente para a física. As estrelas desse aglomerado são animadas de um movimento de conjunto ao qual se acrescentam os seus movimentos próprios. A observação das estrelas do aglomerado em épocas diversas permitiu a determinação da direção do movimento do conjunto. A velocidade desse movimento nessa direção é caracterizada por um vetor V. O efeito Doppler-Fizeau permite medir a componente radial dessa velocidade V1, ou seja, a projeção da velocidade V sobre a linha de visada. A partir de V e de V1, pode-se, portanto, determinar a componente transversal de V. A medida do deslocamento da estrela em um ano fornece então sua distância. Se se quer eliminar, por um efeito de média, a contribuição dos movimentos próprios, é necessário observar um grande número de estrelas.

As distâncias pela física

A terceira etapa, portanto, utiliza a física das estrelas. A idéia básica é a seguinte: o brilho aparente, ou magnitude m, de uma estrela é uma função do seu brilho absoluto, ou magnitude absoluta M, e de sua distância. Se a distância d é estimada em parsecs, tem-se a relação: $M - m - 5 = 5. \log d$. A medida do brilho aparente de uma estrela permitirá determinar sua distância, contanto que se chegue ao seu brilho (ou magnitude) absoluto. Ora, no começo do século XX Hertzsprung e Russell descobriram que as características espectrais de uma estrela dependem de seu brilho absoluto.

Entre 1890 e 1901, o Harvard College Observatory publicou três catálogos de espectros estelares; eram as bases do futuro *Henry Draper Catalogue* que, sob a direção de Edward Pickering, agruparia o estudo de 250 mil estrelas. Entre os colaboradores de Pickering, que eram sobretudo colaboradoras, Antonia Maury e Annie Jump Cannon tinham a seu cargo classificar as estrelas segundo sua classe espectral. Antonia Maury, encarregada das estrelas do hemisfério norte, desenvolveu um sistema de classificação pessoal mais bem feito que o que Pickering havia adotado; não era nada ao gosto de Pickering, cujo objetivo não era a pesquisa, mas sim o recenseamento do maior número de estrelas possível; em troca, tal refinamento deveria fazer a felicidade de Hertzsprung.

Em 1905 e 1907, Ejnar Hertzsprung, que se interessava pelos laços existentes entre a radiação do corpo negro e os espectros estelares, publicou dois artigos, ambos intitulados "Zur Strahlung der Sterne" (Sobre a radiação das estrelas). Esses artigos, publicados numa revista dedicada aos problemas científicos da fotografia, *Zeitschrift für wissenschaftliche Photographie*, foram lidos por poucos astrônomos; no entanto, continham o germe do método que permitiu mergulhar no espaço muito além do nosso sistema solar e da nossa galáxia. Tendo examinado as estrelas classificadas por miss Maury, demonstrou que as que apresentavam raias de absorção fortes e nítidas eram intrinsecamente mais luminosas que as outras.

Na mesma época, em Princeton, Henry Norris Russell, ignorando totalmente os trabalhos de Hertzsprung, pesquisava no sentido de descobrir se havia uma ligação entre o brilho e a temperatura das estrelas. Foi só em 1910 que, por intermédio de Karl Schwarzschild, ele soube da descoberta de Hertzsprung. Começou então, entre os dois astrofísicos, uma troca de cartas e uma amizade que resistiu à ascensão mais rápida e brilhante de Russell. Para ilustrar seus resultados, este último apresentou, em 1913, perante a Royal Astronomical Society, um diagrama que o tornou célebre. Na abscissa, ele colocou a magnitude absoluta das estrelas, cuja distância havia determinado pelo método das correntes de estrelas. Na ordenada, colocou os tipos espectrais, segundo a classificação de Harvard. Apresentando o seu diagrama, Russell teve a honestidade de deixar claro que o trabalho de Hertzsprung, que, sob outra forma, chegara às mesmas conclusoes dele, o havia precedido; esse diagrama, hoje, leva o nome de Hertzsprung-Russell. É verdade que, desde 1906, Hertzsprung elaborara um diagrama do mesmo tipo para as estrelas agrupadas no aglomerado das Plêiades, e que, portanto, podiam ser consideradas todas como estando à mesma distância.

4. A medida do universo

Primeiros passos

A quarta etapa, que permite deixar a via-láctea, está igualmente ligada a uma propriedade física das estrelas descobertas por Henrietta Leavitt. Dessa vez, trata-se de estrelas variáveis, cujos períodos relativamente curtos vão de 2 a 150 dias. Desde 1908, miss Leavitt elaborava o catálogo das mil estrelas variáveis que havia recenseado na Pequena Nuvem de Magalhães. Sobre 16 delas, Leavitt dispunha de um número suficiente de clichês para estabelecer o seu período. Notou então um aspecto curioso: quanto maiores eram os períodos, mais brilhantes se tornavam as variáveis. Em 1912, tendo estendido sua análise a 25 dessas variáveis ditas cefeidas, publicou um artigo em que apresentava a relação matemática que ligava o período à magnitude aparente. Já que as cefeidas da Pequena Nuvem podiam ser consideradas como estando todas à mesma distância da Terra, miss Leavitt acabava de descobrir um novo meio de passar da magnitude aparente à magnitude absoluta, e, portanto, à distância, com a condição de calibrar a relação a partir de uma cefeida próxima, cuja magnitude absoluta fosse possível calcular, visto que, à época, era desconhecida a distância das Nuvens de Magalhães. O conhecimento da magnitude absoluta de uma cefeida permitiria, por meio da relação de miss Leavitt, conhecer a magnitude absoluta de qualquer outra cefeida. Miss Leavitt não continuou no caminho aberto pela sua descoberta da relação período-luminosidade; Edward Pickering, já que era também para ele que miss Leavitt trabalhava, portanto, sempre tão apressado para dar andamento ao seu catálogo, encarregou-a de outras tarefas.

Foi ainda E. Hertzsprung quem retomou o trabalho. Tendo lido o artigo de miss Leavitt, imaginou que as distâncias de certas variáveis próximas podiam ser determinadas por um estudo estatístico de seu movimento próprio. Treze cefeidas no centro da nossa galáxia permitiram estabelecer essa proporção. Hertzsprung pôde avaliar uma distância média para essas 13 estrelas, e depois uma magnitude aparente média e uma magnitude absoluta média para uma cefeida média. Restava encontrar uma cefeida da Pequena Nuvem que tivesse o mesmo período que a "estrela média". O resultado foi publicado em 1913: Hertzsprung anunciava, para a Pequena Nuvem de Magalhães, uma distância de cerca de 3 mil anos-luz... o que a situava no interior da nossa galáxia! Tratava-se de simples erro tipográfico, pois os dados e o método que apresentava conduziam a uma distância de 30 mil anos-luz. Contudo, esse valor era ainda muito pequeno; revisou-se e melhorou-se a proporção, utilizando especialmente um outro tipo de estrelas variáveis, as RR Lyrae: a Pequena Nuvem está a 190 mil anos-luz, ou seja, 55 mil parsecs, e a Grande Nuvem a 45 mil parsecs. Esse método é extremamente eficaz, pois permite sondar o universo em profundezas de vários milhões de parsecs, mas é preciso ter ciente que sua validade implica a universalidade da relação período-luminosidade, enquanto sabemos que as condições físicas reinantes nas galáxias diferem de uma para outra. Além disso, o estabelecimento da proporção é muito delicado, em particular devido aos problemas de extinção da luz pelas poeiras do meio interestelar, fenômeno cujas leis são mal conhecidas. Tal proporção tem sido, desde o começo do século, objeto de numerosos retoques, todos no sentido de um alongamento das distâncias.

Saltos de pulga no universo

A proporção da relação período-luminosidade é tanto mais importante por ser o ponto de partida de uma série de critérios sucessivos de distâncias das galáxias que levam aos confins do universo observado. A 5 de outubro de 1923, Edwin Hubble descobriu uma cefeida na grande nebulosa de Andrômeda. Logo, utilizou a relação de miss Leavitt para estimar sua distância, como Harlow Shapley o fizera para determinar a distância dos aglomerados globulares que envolvem a nossa galáxia. Além do valor ser impressionante, cerca de 900 mil anos-luz, para Hubble isto punha fim ao debate sobre a localização das nebulosas espirais: elas eram bem exteriores à via-láctea. Essa descoberta foi, para Hubble, o começo da exploração dos confins do universo. Estabeleceu uma série de critérios de medida das distâncias, que assim podem ser resumidos: a) determinar a distância das galáxias vizinhas pelo estudo das variáveis de curto período; b) demonstrar, para cada tipo de galáxia, que as estrelas de brilho máximo têm sempre a mesma magnitude absoluta; c) determinar a distância das galáxias mais longínquas com a ajuda dessas estrelas de máximo brilho; d) demonstrar que o brilho total das galáxias mais brilhantes de um conjunto é sempre o mesmo, contanto que tal conjunto seja bastante rico em galáxias... e) depois da aferição desse brilho total, no caso dos aglomerados de galáxias mais próximos, determinar a distância dos aglomerados mais afastados. Vê-se que são abundantes as hipóteses necessariamente simplificadoras. Mas foi devido aos trabalhos de V. Slipher, Hubble e M. Humason que devemos a determinação das maiores distâncias atualmente acessíveis.

Os confins do mundo

O estudo do espectro de um astro fornece sua velocidade radial. Esse espectro é desviado para o azul se o astro se aproxima, e para o vermelho se está se afastando. Em 1914, Vesto Slipher, que observava o efeito Doppler-Fizeau para daí deduzir as rotações das galáxias sobre si mesmas, encontrou cerca de quinze delas cujas raias espectrais apresentavam um nítido desvio para o vermelho. Em 1925, Slipher dispunha do desvio para o vermelho de 45 galáxias. A tarefa foi retomada por um aluno de Hubble, Milton Humason, que, no telescópio de 2,50m do monte Wilson, continuou a observação dos desvios para o vermelho e propôs associar ao fenômeno uma velocidade de fuga. Hubble concentrou então todos os esforços na comparação das distâncias que havia obtido para algumas dessas galáxias, e as velocidades determinadas por Slipher e Humason. Daí tirou uma relação tão simples quanto espantosa: à exceção das galáxias próximas, quanto mais uma galáxia se afasta, tanto mais veloz é o seu afastamento. Hubble determinou o fator de proporcionalidade entre a velocidade de fuga e a distância, o que se denomina a constante de Hubble, H_o. Esses resultados, publicados em 1929, subverteram os fundamentos da astronomia e abriam caminho ao mergulho no fundo do universo. Depois de uma série de reparos na constante de Hubble, admitiu-se o valor proposto por Sandage em 1961: $H_o = 100 km.s^{-1}.Mpc^{-1}$, isto é, a velocidade de fuga (ou recessão) de uma galáxia cresce de 100 quilômetros por segundo a cada milhão de parsecs. O efeito Doppler-Fizeau, dando a velocidade de recessão, permite então chegar à distância. Assim, o aglomerado de Virgem está a 23 milhões de anos-luz, e os quasares mais longínquos que conhecemos a... 9 bilhões de anos-luz, o que faria estremecer os bematistas de Alexandre o Grande.

Seria necessário, ainda, que nos lembremos de duas coisas. Primeiro, que nenhum astrônomo jamais viu fugirem as galáxias, como é possível ver as estrelas se dispersarem lentamente em função de seu movimento próprio. O que os astrônomos vêem é o desvio dos espectros para o vermelho, e é unicamente interpretando-o como um efeito Doppler que eles tiram a conclusão de uma recessão de certa velocidade e, finalmente, determinam uma tal ou qual distância. A seguir, em compensação, precisamos nos lembrar que os teóricos da cosmologia chegaram à conclusão de um universo em expansão antes que Slipher houvesse detectado o primeiro desvio espectral para o vermelho, o que até os partidários da expansão esquecem de assinalar muitas vezes; e atualmente a hipótese da expansão do universo, partilhada pela maioria dos astrônomos, é a que melhor dá conta do conjunto de fenômenos observados em grande escala: o que, é claro, não prova em nada a sua veracidade, mas significa que a bola está no campo dos que recusam a expansão.

Quarta Parte

A Formação do Sistema Solar

1. As cosmogonias de Descartes e de Buffon

Introdução

Por mais longe que se vá na memória dos homens, tem-se sempre a formação de cosmogonias. A reflexão sobre o nascimento do mundo parece tão antiga quanto os primeiros vestígios do pensamento: contos, lendas e mitos cosmogônicos existem em abundância. Em todas as épocas, sob todas as latitudes, em todos os níveis de civilização, o homem se interrogou sobre suas origens. A formação da Terra, o aparecimento da vida e o surgimento do homem são as interrogações essenciais dessa busca. O ganho é só científico: impelidos por uma necessidade fundamental, que envolve muito mais do que simples curiosidade, os homens tentaram formular respostas antes mesmo de dispor de meios para enunciar corretamente as perguntas. Se se perdem nas brumas da pré-história as origens da reflexão sobre o nascimento do mundo, pelo menos é possível assinalar uma época para os começos da cosmogonia científica: os primeiros decênios do século XVII.

Em 1664, Jacques Le Gras, livreiro em Paris, publicava um pequeno in-oitavo: *O mundo do sr. Descartes, ou o tratado da luz*. Descartes estava morto havia quatorze anos, e escrevera esse livro entre 1629 e 1633. No último instante, porém, desistira de publicá-lo: o caso Galileu acabara de estourar. Lembremos os fatos. A 24 de fevereiro de 1616, 73 anos após o aparecimento do *De revolutionibus*, o Santo Ofício havia condenado o heliocentrismo de Copérnico. Entretanto, em 1620, um decreto da Congregação dos cardeais autorizara a menção do heliocentrismo, contanto que não fosse apresentado como a verdadeira estrutura do mundo, e sim como uma hipótese cômoda para a prática astronômica. Logo, Descartes se julgou autorizado a desenvolver uma cosmogonia que justificava um sistema do mundo em que a Terra, bem como todos os planetas, giram ao redor do sol, parecendo-lhe bastante tomar algumas precauções oratórias.

Mas, em 1632, o *Massimi sistemi* de Galileu reabriu a polêmica e provocou a cólera do Santo Ofício: a 22 de junho de 1633, no convento dominicano de Santa Maria sopra la Minerva, Galileu, ajoelhado e coberto com a camisola branca da penitência, escutou a sentença que fulminava seu *Diálogo dos dois sistemas do mundo*, e depois leu a fórmula de abjuração que lhe apresentaram. Daí em diante, ficou proibido de proclamar o movimento da Terra, mesmo a título de hipótese.

Foi, portanto, em um clima tenso que a nova astronomia, saída da obra de Copérnico, desferiu o seu vôo, e a cosmogonia permaneceria um dos campos privilegiados do confronto, mesmo que os combates viessem a ser mais apagados do que os que levaram Giordano Bruno ao carrasco e Galileu perante o Santo Ofício. Para nos convencermos disso, basta observar hoje a aspereza da polêmica acerca da expansão do universo e sobre a hipótese do *big-bang*. Se atualmente os astrônomos já não entram diretamente em competição com os teólogos, a cosmogonia continua sendo o domínio da astronomia em que os *a priori* filosóficos, quer sejam ligados a uma metafísica religiosa ou a uma dialética materialista, são os mais instigantes. O fio que une a teoria à observação, nesse terreno, é tão tênue que sempre está prestes a se romper. As campinas de sombra são tão numerosas e tão extensas, as da luz tão lacunosas e incertas, que é comum o perigo de ver a especulação não científica vir preencher os vazios. Entretanto, a cosmogonia é uma ciência, apesar do que disse Poincaré: "Deveríamos talvez esperar para buscar uma solução, cujos elementos tenhamos acumulado com paciência; e que tenhamos adquirido, devido a isso, alguma séria esperança de a encontrar. Mas se fôssemos tão razoáveis, tão curiosos sem impaciência, é provável que jamais tivéssemos criado a ciência." Descartes devia estar entre os mais impacientes, visto que, por volta de 1630, redigiu seu *Tratado do mundo* e propôs aos homens uma gênese do sistema solar.

A primeira cosmogonia evolucionista

Para Descartes, não há nenhum vazio no universo, mas sim três elementos e três espécies de corpos. O primeiro elemento é o fogo. Descartes o concebe como o "licor" mais sutil e mais penetrante que existe no mundo. A impetuosidade de seu movimento é bastante para que ele seja dividido, de todos os modos e em todos os sentidos, pelo encontro de outros corpos, e que suas partes mudem de feição a todo instante para se adaptar à forma dos lugares em que esse licor penetra; assim, não há passagem tão estreita nem ângulo tão agudo em que esse elemento não possa se infiltrar e que não preencha exatamente sem dificuldade. O segundo elemento é o do ar, que, se é sutil comparado com o terceiro, exige que se lhe atribua alguma espessura e uma certa forma a cada uma de suas partes, se desejamos compará-lo com o primeiro. Suas partes devem ser quase redondas e juntas entre si como grãos de areia; não são tão bem arranjadas, nem de tal modo pressionadas, que não haja ao redor delas pequenos intervalos entre os quais é fácil deslizar o primeiro elemento. Enfim, o último elemento é o da terra. É preciso concebê-lo como uma ou diversas massas grandes cujas partes só têm pouco movimento, ou mesmo movimento nenhum que as faça mudar de situação umas em relação às outras.

Quanto aos corpos do universo, são também em número de três, classificados de acordo com sua relação à luz, de onde esse título dúbio, à primeira vista enigmático, da obra de Descartes: *Do mundo ou da luz*. Em primeiro lugar, existem os que brilham, como o sol e as estrelas; depois, os que são transparentes, como os céus; enfim, aqueles que, como a Terra, os planetas e os cometas, são opacos.

Dessas premissas, último avatar dos elementos da física aristotélica, Descartes pensava poder deduzir que o sol e as estrelas só têm a forma do primeiro elemento; os céus, só do segundo; e a Terra e os planetas, só do terceiro!

O cosmogonista dispõe agora da matéria-prima de que são feitos todos os corpos do universo; do universo ele conhece, pela observação, a estrutura e as leis; resta-lhe apenas gerar um mundo e mostrar que é semelhante ao nosso. A descrição desse mundo novo já pode começar: "Permitam, pois, que o vosso pensamento saia, durante algum tempo, para fora desse Mundo para vir ver um outro inteiramente novo, que farei nascer em vossa presença nos espaços imaginários. Os filósofos nos dizem que esses espaços são infinitos, e devemos crer neles, visto que foram eles mesmos que os fizeram. Porém, a fim de que essa infinidade não nos impeça nem nos atrapalhe em nada, cuidemos de não ir até o fim; entremos nela apenas antes de podermos perder de vista todas as criaturas que Deus fez há cinco ou seis mil anos; e depois de termos parado aí em algum local determinado, suponhamos que Deus tenha criado de novo à nossa volta tanta matéria que, para todo lado que nossa imaginação se possa estender, ela não perceba mais nenhum lugar que esteja vazio."

Agora, sobre essas partes do mundo se exerce a plena liberdade de Deus, fazendo com que, desde o primeiro instante em que são criadas, umas comecem a se mover de um lado, e outras de outro. Umas mais rapidamente e outras com maior lentidão; e que elas continuem seus movimentos seguindo as leis ordinárias da natureza. Pois Deus estabeleceu tão maravilhosamente essas leis que nos sentimos autorizados a supor que Ele nada tem a criar mais além do que Descartes acaba de dizer, e que, mesmo supondo que Ele não ponha nisso qualquer ordem ou proporção, mas que compõe o caos mais confuso, estas leis são suficientes para fazer com que as partes desse caos se desenredem por si mesmas e se disponham em tão boa ordem que terão a forma de um mundo onde se verá nascerem todas as coisas que existem no nosso mundo verdadeiro... que o cosmogonista agora descobre as leis da natureza capazes de organizar esse caos.

Figura 33

Descartes enuncia três delas. A primeira é que cada parte da matéria continua sempre a estar no mesmo estado, tanto que o encontro com as outras não a obriga a mudar; a segunda é que, quando um corpo empurra um outro, não poderia lhe dar nenhum movimento sem, ao mesmo tempo, perder um tanto do seu; e a terceira é que, quando um corpo se move, ainda que seu movimento se faça freqüentemente em linha curva, cada uma de suas partes tende sempre a continuar o seu em linha reta.

Para os nossos propósitos, não é útil entrar em detalhes sobre a criação do mundo a partir dessas premissas. Essa cosmogonia tem o defeito de ter sido concebida antes da descoberta da gravitação universal, e padece também das fraquezas da física cartesiana. Em um caos onde nada saberia se mover sem ser impelido, onde não é tolerado nenhum vazio, são os movimentos e os encontros de grandes turbilhões de matéria que vão dar forma ao mundo. Essa visão mecanicista de um universo, no qual a lei da inércia não tem nenhum ponto onde possa se exercer, é um tanto espantosa, considerando que Descartes foi o primeiro a enunciar claramente essa lei. No entanto, a formulação do problema cosmogônico permanece exemplar, pois aí se encontra o que caracteriza as cosmogonias que designaremos de "evolucionistas": o mundo que observamos está submetido a movimentos relativamente simples, seu estado presente conserva os sinais de sua origem e de seu desenvolvimento; deve-se, portanto, poder reconstituir sua história ao submeter a algumas leis simples o seu caos original, que só terá que evoluir naturalmente sem que intervenham catástrofes ou um milagre permanente.

A primeira cosmogonia catastrofista

Se a primeira cosmogonia dos tempos modernos permanece como o modelo das cosmogonias evolucionistas, a segunda, devida a Buffon, é o modelo das cosmogonias "catastrofistas". Em 1680, um cometa provocou, se não grande terror, ao menos um vivo interesse, inspirando escritos de todos os tipos e sugerindo a William Whiston a idéia de que a Terra não passava de um antigo cometa, cuja órbita Deus teria modificado para torná-la habitável! Buffon criticará a hipótese inicial de Whiston, mas haveria de manter a idéia do cometa original e desenvolverá, em sua *Teoria da Terra* (1749) e no seu *As épocas da natureza* (1778), uma cosmogonia bem detalhada.

Trata-se de atravessar a noite dos tempos, de reconhecer pela inspeção das coisas atuais a antiga existência das coisas desaparecidas e de alcançar, unicamente pela força dos fatos subsistentes, a verdade dos fatos enterrados. Para realizar tal programa, Buffon utilizaria primeiro os fatos que podem aproximá-lo da origem da Natureza, a seguir, os monumentos que são testemunhas de seus primeiros tempos, e, enfim, as tradições que podem nos dar alguma idéia dos tempos passados. Após o que, tentaria ligar o todo por meio de analogias e formar uma cadeia que, do alto da escala dos tempos, desceria até nós. Mas, primeira surpresa, os fatos empregados são todos fatos terrestres. E em número de cinco: a Terra é inchada no equador e achatada nos pólos; o globo terrestre tem um calor que lhe é próprio; o calor que nos vem do sol é pequeno em relação a esse calor interno; as matérias que compõem o globo são em geral da natureza do vidro; sobre toda a superfície da Terra, inclusive sobre as vertentes das montanhas elevadas, encontram-se conchas e outros depósitos marinhos.

Os monumentos do passado são também terrestres, neles se encontram ossadas e conchas. Quanto às tradições, reduzem-se à Bíblia, e Buffon se preocuparia com uma cosmogonia que não discorde muito do texto do Gênesis.

Para Buffon, a Natureza é contemporânea da matéria, do espaço e do tempo. Sua história é a das substâncias, dos lugares e das idades. Se, observada global e superficialmente, ela parece imutável, uma observação atenta mostra que seu curso não é absolutamente uniforme. A Natureza admite variações sensíveis, sofre alterações e se presta a novas combinações; até os céus têm variado, como todas as coisas do universo físico. Sem dúvida alguma, a Natureza hoje deve ser diferente do que era no começo. A essas mudanças diversas foi que Buffon denominou "épocas da Natureza", mas não tentou remontar ao caos inicial. Para ele, o sol e os cometas preexistiam ao sistema de planetas que teria nascido de uma catástrofe, ou seja, de um acontecimento imprevisível e raríssimo: o choque tangencial de um cometa com o sol. Foi só depois dessa catástrofe que o sistema solar iniciou a sua evolução tranqüila, submetida às leis ordinárias da mecânica. Pois Buffon é newtoniano e, se a cosmogonia de Descartes padece da ausência das leis da gravitação, a de Buffon vai padecer de um domínio muito rudimentar, para não dizer deficiente, dessas leis.

Dos fatos terrestres mencionados acima, Buffon tirou, entre outras coisas, a certeza de que, em sua origem, a Terra era fluida e que essa fluidez não se devia a uma dissolução pela água e sim a uma fusão pelo fogo. A observação do conjunto do sistema solar confirmou-lhe as primeiras constatações. Nos primeiros tempos, quando a Terra em fusão girava sobre si mesma, os outros planetas estavam no mesmo estado. De fato, os globos dos planetas são tanto mais elevados sobre o equador, e mais abaixados nos pólos, conforme os planetas giram mais ou menos depressa sobre si mesmos. Daí Buffon concluiu que a velocidade de rotação é a causa única do inchamento no equador, e que esse inchamento supõe uma fluidez de toda a massa do globo planetário, isto é, um estado de liquefação pelo fogo.

Portanto, um fogo, mas qual fogo? Na Natureza, Buffon não vê outro senão o do sol, capaz de fundir e de manter em liquefação a massa da Terra e de todos os planetas. E, como lhe parece impossível que essa liquefação possa provir da simples passagem dos planetas perto do sol, é necessário que todo o sistema solar tenha sido extraído da própria matéria da nossa estrela mãe. Basta agora que se imagine a catástrofe que pôde arrancar tanta substância do sol. Buffon, assombrado com a forte excentricidade das órbitas cometárias, aferrou-se à idéia de um choque entre o sol e um cometa.

Não desenvolveremos a cosmogonia de Buffon mais do que a de Descartes. Sabe-se hoje que um cometa é totalmente incapaz de arrancar um sistema planetário ao sol, e que os cometas pertencem eles próprios ao sistema solar. É interessante notar que, desde que se ergue o pano, antes mesmo que os tenores entrem em cena, os protagonistas estão em seus lugares: eles se repartem em dois clãs, o dos *evolucionistas* e o dos *catastrofistas*. Evidentemente, haverá debates e polêmicas no interior de cada clã, mas não se formará um terceiro partido, e é entre esses dois clãs que se desenvolverá o confronto fundamental.

O conflito é mais ideológico que científico. As divergências se estendem mais sobre a origem do sistema solar do que sobre sua evolução. Os catastrofistas reconhecem que o estado atual do nosso sistema resulta de uma longa evolução, cuja maior parte das fases se explica pelo simples jogo das leis da natureza, senão toda cosmogonia com pretensões científicas seria vã. Assim, Buffon é partidário das causas lentas que modelam imperceptivelmente o mundo e recusa as catástrofes em cadeia para explicar o relevo terrestre. Os evolucionistas não negam que existam catástrofes no universo, as quedas raríssimas de meteoritos gigantescos e as explosões espetaculares de estrelas ou de galáxias estão aí para testemunhá-lo — mas não admitem que tais catástrofes dêem forma ao mundo. Para eles, se a origem do sistema solar, o aparecimento da vida e do homem podem ser explicados pelas leis da mecânica, da física e da química, não há necessidade alguma de invocar catástrofes hipotéticas. Se a isso se acrescenta que as leis que descobrimos sobre a Terra reinam no universo tão longe quanto podem ver os nossos olhos, e que as estrelas do tipo solar se contam por bilhões e bilhões, é claro então que os sistemas planetários são bastante numerosos e que a existência de outras Terras habitadas se torna altamente provável.

Logo, é importante o ganho ideológico. A perspectiva de ilhas habitadas, espalhadas pela imensidade do universo, não só melindra um certo antropocentrismo vago e difuso, que deve ser encontrado em todas as civilizações, como fere violentamente uma manifestação desse antropocentrismo, essencial para o mundo cristão: a redenção. Encontra-se aí, colocado com bastante acuidade, o problema com que se defrontaram os teólogos depois da descoberta do Novo Mundo. Como podem ser salvos os homens, se jamais foram atingidos pela palavra de Deus? Pelo menos os indígenas da América pisavam o mesmo globo onde o Cristo estivera para morrer a fim de resgatar os homens.

O objetivo último de certos catastrofistas era, portanto, o de salvar a unicidade da nossa presença no universo. Introduzir uma catástrofe na origem do sistema solar, depois, uma catástrofe chamando outra, multiplicá-las nas encruzilhadas estratégicas da história da natureza, é colocar outras tantas barreiras nos caminhos que levam ao aparecimento de outros homens no universo.

2. A chegada de Newton: um momento de hesitação

Newton e a cosmogonia

A mecânica de Newton, que dá enfim os meios de uma cosmogonia cientificamente racional, vai, numa primeira etapa, paradoxalmente, minar os anseios dos cosmogonistas. Tudo ocorre como se, tendo recusado os turbilhões que estruturam o mundo de Descartes, Newton se encontrasse visivelmente tolhido diante da constituição eminentemente giratória do sistema solar; tal constituição não depende de causas mecânicas: a gravitação não pode pôr o mundo em movimento e ainda menos justificar a ordem dos orbes e as leis que os ligam; esse arranjo admirável só pode ser obra de um Ser todo-poderoso e supremamente inteligente. Além disso, essa reserva manifesta a recusa sistemática de toda hipótese não exigida pela experiência, e afirma uma exigência metodológica: deve-se extrair as proposições dos fenômenos e, a seguir, generalizá-las por meio da indução. Desse modo é que foram descobertas as leis do movimento e da gravidade. Basta que a gravidade exista e que aja de acordo com as leis expostas por Newton; basta que essas leis dêem conta de todos os movimentos dos corpos celestes então conhecidos. Newton não exige mais: não só se proíbe toda pesquisa acerca do nascimento e dos começos do mundo, como chega mesmo a temer não abranger a ordem definitiva do universo. Observa algumas pequeninas desigualdades, mal perceptíveis, no movimento dos planetas, desigualdades que podem provir da ação mútua dos planetas e dos cometas, e que, no longo decorrer dos tempos, se tornarão provavelmente maiores, até que o sistema tenha necessidade de ser reposto em ordem pelo seu autor. O grande arquiteto também deve assegurar o serviço após a venda. Leibnitz haverá de troçar dessas intervenções divinas, milagres repetidos, para repor o sistema solar em ordem. Newton replicará com uma crítica tão arrebatada da harmonia preestabelecida de Leibnitz, que a qualificará de milagre perpétuo!

Nas reflexões cosmológicas de Newton, há uma coisa mais grave: para ele, Deus colocou distâncias enormes entre as estrelas por receio de que elas caíssem umas sobre as outras pela força da gravidade. Reintroduzir desse modo as causas finais na explicação dos fenômenos naturais, enquanto que se acaba de banir delas as hipóteses que a experiência não exige, é no mínimo uma incoerência. É um nítido recuo do espírito científico nascente, um nítido recuo em relação a Descartes, que acabava de eliminar os recursos às causas finais nas ciências da natureza. Nos *Princípios filosóficos*, Descartes lembra que há uma certa presunção em se convencer que Deus criou o mundo para nosso uso e em querer discernir os fins para os quais ele o criou.

Kant: cosmogonia e religião

Mas antes de polemizar entre si, os cosmogonistas terão de debater com os teólogos que se ocupam do assunto, além de se justificarem diante dos sábios que julgam a empreitada cientificamente um desespero. Enquanto que Descartes e Buffon escolheram a prudência e o desprendimento, Kant levará o debate entre a ciência e a religião até a cosmogonia. No prefácio ao seu *Allgemeine Naturgeschichte und Theorie des Himmels* (*História natural geral e teoria dos céus*), aborda o duplo problema da hostilidade dos teólogos e do ceticismo de certos sábios: "Escolhi um assunto que pode parecer, à primeira vista, de natureza a desgostar um bom número de leitores por suas próprias dificuldades, e também porque parece melindrar seus sentimentos religiosos. Descobrir as leis sistemáticas que unem os mundos criados na extensão do espaço infinito, e deduzir do estado primitivo da natureza, exclusivamente pelas leis da mecânica, a formação dos corpos celestes e a origem de seus movimentos: tal empresa parece ultrapassar em muito as forças da razão humana." De outra parte, a religião ameaça com seus raios o audacioso que ousasse atribuir à ação da natureza, exclusivamente, uma obra em que ela enxerga a intervenção do Ser supremo, e teme encontrar uma apologia do ateísmo na curiosidade indiscreta de semelhante tentativa.

Em primeiro lugar, Kant dá a palavra ao advogado da fé. Se for possível explicar a ordem e a beleza do mundo através da mecânica cega das forças da natureza, se a matéria, simplesmente submetida às leis do movimento, chega por si mesma a semelhante organização perfeita, então a prova de que existe um Ser supremo perde toda sua força. O fantasma de Epicuro assombra a nova ciência. Uma sabedoria profana arrisca-se a espezinhar a fé. Kant não subscreve tal raciocínio. Se reconhece o valor das provas extraídas da beleza e da ordem do mundo, afirma, também, que os defensores da religião, fazendo mau uso desses argumentos, eternizam a contenda com os naturalistas e preparam a derrota da fé. Por que dissociar a ordem e a perfeição da natureza dessa própria natureza? Por que as leis gerais da ação da matéria também não seriam uma conseqüência do projeto supremo? Se o são, não podem ter outras determinações que as que tendem a preencher o desígnio que se propôs a sabedoria divina. Caso contrário, não seria o naturalista tentado a crer que a matéria e suas leis gerais são independentes, e que, portanto, o Ser supremo é certamente grandioso mas com certeza não infinito, certamente poderoso mas não inteiramente suficiente?

A seguir, Kant dá um resumo de sua teoria do céu. Pega toda a matéria do mundo e dela forma um caos perfeito; depois, a vê, sem o auxílio de ficções arbitrárias, organizar-se conforme as leis estabelecidas da atração. Daí nasce um mundo, bem ordenado, e que parece tão semelhante ao sistema do mundo que conhecemos que ele não pode evitar considerá-lo idêntico. Reconhece-se o passo de Descartes, enriquecido das leis da atração universal. Depois de ter plagiado Lucrécio e seus predecessores, cujas teorias admite terem algum parentesco com a sua, é preciso responder aos céticos.

Se se admite que Deus colocou, nas forças da natureza, a arte oculta de se constituírem por si mesmas, a partir do caos, em um perfeito sistema do mundo, não será ainda mais evidente que o entendimento humano, tão desarmado diante dos problemas mais comuns, não é capaz de alcançar as propriedades escondidas ao realizar um tão grande objetivo? Não só Kant afirma que semelhante exploração é possível, mas entende que essa pesquisa é, dentre todas as que podem ser empreendidas nas ciências da natureza, aquela em que se pode atingir a origem com mais facilidade e segurança! Prova disso seria o passado recente de tais ciências: não há problema nas ciências naturais que não tenha sido resolvido com mais certeza e exatidão como os relativos à constituição do universo em seu conjunto e das leis do movimento dos corpos celestes. É fácil ver a causa disso: os corpos celestes são massas redondas que dependem da formação mais simples que um corpo, cuja origem se busca, possa ter. Seus movimentos também são simples, resultam apenas da livre permanência de um impulso que, uma vez imprimido, ligado à atração de um corpo central, se torna quase circular. Enfim, os espaços em que os corpos celestes se movimentam são vazios, não trazem, portanto, nenhuma perturbação à perfeição dos movimentos, nem tampouco aos próprios corpos, já que as distâncias que os separam são imensas. Demos, assim, matéria a um cosmogonista e ele construirá um mundo: um belo otimismo que o próprio Laplace não terá coragem de ostentar de modo tão definitivo.

3. A hipótese de Kant-Laplace

A nebulosa de Laplace

Foi com Laplace que a cosmogonia obteve o estatuto de assunto científico; não que sua hipótese seja mais científica do que a de sua irmã gêmea (a de Kant, surgida quarenta anos antes, e que Laplace desconhecia), mas porque se beneficiou do prestígio e da autoridade do grande estudioso da mecânica celeste que foi seu autor. Também, sem dúvida, porque veio mais tarde e se limitava a considerar a formação do sistema solar, enquanto que a de Kant pretendia estender suas concepções ao conjunto do mundo estelar, numa época em que este era mal conhecido.

Foi na sua *Exposição do sistema do mundo*, cuja primeira edição é de 1796, que Laplace tornou públicas suas idéias sobre a formação do sistema solar. Cinco edições sairiam durante sua vida e quando Laplace morreu, em 1827, já estava em andamento o suplemento à sua edição de 1824. O que indica que ele se interessara por mais de trinta anos por essa obra admirável de vulgarização, modificando-a, aperfeiçoando-a sem cessar, e a ela incorporando, quase dia a dia, as últimas descobertas, das quais algumas, como a dos asteróides por Piazzi, Olbers e Harding, entre 1801 e 1807, são importantes para sua cosmogonia. As condições das descobertas dos asteróides, encontrados no ponto onde uma relação empírica das distâncias dos planetas ao sol indicava que estivessem, só podiam ser, para Laplace, uma confirmação de sua idéia fundamental: a disposição atual do sistema solar não deve nada ao acaso, é o sinal de sua origem.

Mas o que é preciso guardar dos conhecimentos astronômicos para tentar a aventura de uma cosmogonia? As revoluções dos planetas em torno do sol se fazem todas no mesmo sentido; as revoluções dos satélites se fazem igualmente no mesmo sentido e mais ou menos no mesmo plano que o do equador do planeta-mãe; os planetas e os satélites, cujos movimentos de rotação sobre si mesmos já foram observados, giram no mesmo sentido e mais ou menos no plano de seu movimento de revolução. E assim, se os elementos dos corpos do sistema solar são arbitrários, em compensação apresentam, entre eles, relações que não podem ser o efeito de causas irregulares. Submetendo ao cálculo a sua probabilidade, há mais de duzentos mil bilhões de chances contra uma de que essas relações não sejam o efeito do acaso.

Observemos o próprio sol. Seu globo imenso, foco principal das elipses dos movimentos do sistema, gira sobre si mesmo no sentido das revoluções planetárias, e seu equador está um pouco inclinado em relação à eclíptica. Assim, no sistema, não só o sol governa os movimentos, mas também organizou a geometria do conjunto, e isso, ao que parece, desde a origem. O futuro não está menos garantido que o passado. Laplace demonstrou que os movimentos dos planetas e dos satélites, sendo quase circulares e dirigidos no mesmo sentido, e efetuando-se em planos pouco diferentes, fazem com que o sistema solar apenas oscile em torno de um estado médio do qual só se afasta em quantidades ínfimas.

Se, por fim, erguermos nosso olhar para além do sistema solar, encontraremos sóis inumeráveis. Estrelas parecem de súbito mais brilhantes que Júpiter ou Vênus, e depois desaparecem. Também encontramos nebulosas, e muitas delas devem ser outras vias-lácteas. Laplace segue os trabalhos de Herschel que, na época, julgava observar os progressos da condensação das nebulosas. Tais observações indicam, com forte grau de verossimilhança, sua futura transformação em estrelas. Em todo caso, é evidente que o universo está evoluindo. Eis o caminho que permite descer da matéria nebular a um sol outrora cercado de vasta atmosfera, mas Laplace, pelo caminho inverso, partindo do exame atual do sistema solar, remontou a esse mesmo estado de matéria nebular. Um encontro tão notável, seguindo caminhos opostos, dá à existência desse estado anterior do sol uma grande probabilidade. Será possível chegar às verdadeiras causas de tantos fenômenos notáveis e seguros?

Seja qual for a natureza da causa do sistema solar, visto que produziu e dirigiu os movimentos dos planetas por mais longe que estejam do sol, é necessário que tenha sido um fluido de extensão imensa. Para ter produzido movimentos quase circulares, todos no mesmo sentido, ao redor do sol, e quase no plano de seu equador, é preciso que esse fluido cercasse esse astro como uma atmosfera. Portanto, Laplace não parte do caos primitivo de Descartes, mas de um proto-sol cuja atmosfera, em virtude de um calor excessivo, se estendia aos confins do sistema atual. Laplace só se ocupa da maneira como os planetas puderam nascer a expensas da atmosfera que envolvia o núcleo central da nebulosa.

A seguir, é necessário lembrar que a atmosfera do sol não pode, todavia, se estender indefinidamente: seu limite é a distância em que a força centrífuga, devida ao movimento de rotação, equilibra o peso. Ora, à medida que o resfriamento comprime a atmosfera, aumenta o movimento de rotação. Assim, tornando-se maior a força centrífuga, a distância em que o peso lhe é igual diminui. Ao se resfriar, a atmosfera deve ter abandonado as moléculas situadas no limite primitivo, e depois as dos limites sucessivos produzidos pelo aumento da velocidade de rotação do sol.

Pode-se conjecturar que os planetas foram formados nesses limites sucessivos, pela condensação de zonas de vapor assim abandonadas. Depois essas zonas se transformaram em anéis concêntricos circulando ao redor do sol sempre em vias de formação. No interior de cada anel, as moléculas circulam por sua própria conta, logo em velocidades que só deveriam ser determinadas por sua distância ao centro, mas a fricção mútua das moléculas de cada anel deve ter acelerado algumas e atrasado outras. E, se Laplace insiste no fato de que, em um mesmo anel, as velocidades reais das moléculas mais afastadas do centro acabaram sendo as maiores, é que faz disso o seu principal argumento para explicar as rotações diretas de todos os planetas.

Os anéis achatados e concêntricos, em vez de continuarem a se condensar sem se desunir, vão se transformar em planetas e satélites, porque a regularidade exigida por essa formação torna o fenômeno extremamente raro. O sistema solar também só apresenta um único exemplo: o do anel de Saturno. Em quase todos os casos, algumas heterogeneidades provocaram a ruptura dos anéis em várias massas. Tais massas tomaram uma forma esferoidal, com um movimento de rotação dirigido no sentido de sua revolução, porque suas moléculas inferiores tinham menos velocidade linear que as superiores. A seguir, ou uma das massas foi poderosa o bastante para unir todas as outras ao redor de seu centro, e o anel de vapores se achou transformado em uma única massa, ou, caso mais raro, mas é talvez o que se observa com os planetóides, cada massa continuou a circular em torno do sol.

Seja como for, os planetas, nesse estágio de sua evolução, estão em um estado que se assemelha ao do sol na fase precedente. E os satélites se formarão a partir das "nebulosas parciais dos planetas", como os planetas começaram a se formar em detrimento da nebulosa solar. Assim, os fenômenos singulares da fraca excentricidade dos orbes dos planetas e satélites, da fraca inclinação desses orbes em relação ao equador solar, da identidade do sentido dos movimentos de revolução e de rotação de todos esses corpos com o da rotação do sol decorrem da hipótese proposta para o nascimento do sistema solar e conferem a essa hipótese uma extraordinária verossimilhança.

A nebulosa de Kant

Kant se mostra menos "mecanicista" que Laplace, e chega ao ponto de se pôr em contradição com um dos princípios da mecânica. Entretanto, a semelhança das análises das regularidades do sistema solar, das hipóteses de ponto de partida e de desenvolvimento geral do sistema, bem como a mesma preocupação de só apresentar um vasto esquema, certamente argumentado, lógico e coerente, mas do qual são excluídos os cálculos, justificam que se achem com freqüência agrupados, sob a denominação de *hipótese de Kant-Laplace*, os trabalhos cosmogônicos desses dois sábios.

Kant não resiste ao desejo de partir de um estado do mundo tão primitivo quanto possível; admite que, originalmente, a matéria que compõe os corpos do sistema solar espalhado se achava por todo o espaço, caos nebular quase uniforme. Da uniformidade vai nascer a diversidade, tanto mais que, diferentemente de Laplace, que considera uma nebulosa exclusivamente gasosa, Kant imagina uma nebulosa primitiva de "partículas", termo um tanto vago que designa tanto as moléculas de gás como as de poeira. À gravidade, como causa da condensação, acrescenta-se a colagem progressiva de partículas que se chocam em seus movimentos. Mas como se organiza o caos kantiano?

Admitamos que se encontre na nebulosa primitiva, no ponto onde vai se formar o sol, uma leve predominância de densidade e, a seguir, de atração; essa massa primeira irá crescer pelo afluxo de materiais, e os mais pesados se comprimem na região que se torna o centro, pois, sozinhos, conseguem penetrar no caos dos materiais mais leves. Nos movimentos resultantes da queda desigual dos corpos, as resistências produzidas entre as partículas não podem ser exatamente as mesmas; daí decorrem, aqui e ali, desvios laterais que terminam numa circulação comum no mesmo sentido. Até as partículas de que é formado o sol já são afetadas por esse desvio, de modo que o sol está animado de uma rotação no mesmo sentido. As partículas se põem então em movimento sob a ação da gravidade, faz-se um policiamento espontâneo devido ao efeito dos próprios choques, o qual engendra um movimento circular numa nebulosa inicialmente em repouso. Infelizmente, para Kant, o momento de rotação de um sistema isolado é constante; esse momento deve permanecer nulo se o é no começo.

4. Os primeiros continuadores de Laplace

A crítica de Faye

Simples nos grandes delineamentos, exposta com clareza, liberta do temível arsenal matemático da mecânica celeste, portanto fácil de apreensão, gozando do prestígio do primeiro grande continuador de Newton, a hipótese nebular de Laplace reinou absoluta durante a maior parte do século XIX. Contudo, poucos trabalhos realmente importantes foram publicados e a cosmogonia marcará passo por algum tempo. Quer louvem Laplace incondicionalmente, como C. Wolf, quer pretendam "criticá-lo", como H. Faye, o fato é que os cosmogonistas desse século irão tentar generalizações prematuras ou examinarão, para dar uma resposta, as fraquezas de pormenores da hipótese de Laplace, e raramente farão obra original.

Sob este aspecto, os trabalhos de Faye, publicados em 1884, são exemplares. Faye lamenta que a hipótese de Laplace se limite ao sistema solar, ignorando os grandes movimentos de translação que se constatam no universo. Lembra que a cosmogonia de Laplace está baseada na suposição de que todos os movimentos do sistema solar se fazem no mesmo sentido; ora, se é verdade que todos os planetas circulam no mesmo sentido, que é o da rotação do sol, seria abusivo estender tal constatação às rotações de todos os planetas e às revoluções de todos os satélites: as descobertas da rotação retrógrada de Urano e da revolução retrógrada do satélite de Netuno acabam de comprová-lo.

A tentativa cosmogônica de Faye vai se aplicar ao conjunto dos mundos de que o universo se compõe. As diferenças entre esses mundos tendem não a modos especiais de formação e sim a algumas diversidades nas condições de origem próprias a cada um deles. Faye começa, portanto, por uma classificação dos mundos e, em primeiro lugar, precisa o que entende por mundos e por universo: o universo é o conjunto, não de tudo o que existe, mas daquilo que vemos se desenhar em perspectiva sobre o céu. Ele se estende em função da potência ótica de nossos telescópios e hoje o universo nos parece bem maior que nos séculos passados; no entanto, tranqüilizemo-nos, estamos atingindo o fim: se nossos telescópios não nos mostram ainda todo o universo, atingem praticamente os limites da existência estelar! Um mundo não passa de uma unidade no conjunto do universo, é um sistema de corpos unidos pelos laços de uma atração mútua. Tal é o sistema solar, nosso mundo, que se compõe de uma estrela central, o sol, e de uma multidão de pequenos corpos frios e escuros, os planetas e seus satélites.

A classificação de Faye é bastante simples. No universo, dois tipos de objetos: as nebulosas e as estrelas; não obstante, esses tipos se combinam de tantos modos diversos, e os mundos daí resultantes são tão variados que, para se orientar, Faye é obrigado a recorrer a uma classificação morfológica, como fizeram os naturalistas para descrever a multiplicidade de seres vivos. Dessa classificação não haveria nada a guardar, não fossem as conclusões que dela extrai o astrônomo acerca da estrutura do universo e sobre seu nascimento: da natureza desses mundos e de sua distribuição, não se poderia acaso deduzir que existe um plano geral do universo e que, como pensaram Wright, Kant, Lambert e Herschel, o próprio universo forma um mundo de ordem superior, mantendo os mundos secundários em torno de seu centro pelos laços da atração universal? A idéia parece estar de acordo com o aspecto da via-láctea; porém, por mais sedutora que seja, Faye recusa essa conclusão; um exame aprofundado das aparências lhe sugere que a via-láctea oferece mais analogias com um vasto anel em vias de se decompor em fragmentos do que com um berço achatado e homogêneo de estrelas. O universo se reduz a uma via-láctea de existência precária. Se um dia foi uma vasta nebulosa homogênea, criada e posta em rotação por Deus, hoje não é mais que uma série de fragmentos disseminados pelo espaço em virtude de impulsos originais, que conservam traços de um vasto turbilhonamento independente das atrações da massa inteira. Se a cosmogonia de Faye não se estende ao conjunto dos mundos, como ele havia anunciado, ao menos sua classificação lhe permite assinalar o posto e o lugar do nosso mundo! Nosso mundo pertence à segunda ramificação, a das formações estelares, e à classe das estrelas acompanhadas de satélites, porém satélites extintos.

A solução que Faye propõe ao defeito mínimo, porém fundamental, da hipótese de Laplace é mais interessante. Trata-se de levar em consideração a rotação retrógrada de Urano. Para isso, ele admite uma evolução da lei da atração na nebulosa com o decorrer do tempo. No instante inicial, a nebulosa é considerada esférica e homogênea. A atração é proporcional à distância ao centro; o que se escreve $A = Kr$, onde K é uma constante e r a distância ao centro. Passando-se o tempo, a atração mútua, os atritos e os choques vão favorecer o aparecimento de uma condensação central. Ao preço de uma rarefação da nebulosa primitiva, forma-se o sol no centro, fazendo vácuo a seu redor e abandonando anéis concêntricos. Uma vez formado o sol, a atração se torna proporcional ao inverso do quadrado da distância; o que se exprime assim: $A = K' / r^2$.

De onde, no período intermediário, a lei da atração:

$$[A = B(t)\, r + C(t) / r^2]$$

onde $B(t)$ varia de K a 0, e $C(t)$ varia de 0 a K'.

A partir dessa lei evolutiva, pode-se examinar como se comportam os anéis, e Faye mostra que, se alguém faz sua a hipótese dele, o sentido de rotação de um planeta depende da época em que ele se formou, e que os planetas de rotação direta são os mais antigos. Nessa cosmogonia, a idade relativa dos planetas é o inverso da que Laplace lhes atribuía, e a Terra seria não só mais velha que Júpiter, porém mais que o próprio sol.

Os trabalhos críticos de Roche

Finalmente, a hipótese de Laplace é tão esquemática que é ilusório pensar que seja possível criticá-la e depois modificá-la, limitando-se a responder exclusivamente a qualquer uma de suas fraquezas. Para "salvar" o caso particular de uma revolução retrógrada, Faye construiu uma cosmogonia que leva muito menos em conta as grandes regularidades do sistema solar que a de Laplace. Era necessário primeiro submeter a cosmogonia de Laplace ao cálculo. Roche foi o primeiro a fazê-lo.

Roche considera a nebulosa primitiva da forma como Laplace a apresenta. No momento da gênese do sistema solar, ela é constituída de uma condensação central cercada de uma atmosfera extremamente tênue. A massa da atmosfera pode ser considerada desprezível diante da do núcleo central, que se supõe esférico. Considerando então a massa desse núcleo e a velocidade angular da nebulosa primitiva, Roche busca os pontos do espaço em que a soma dos efeitos do peso e da força centrífuga seja igual a um certo valor constante, K. Tais pontos se repartem em superfícies de revolução ao redor do eixo de rotação. Para se compreender o que ocorre, basta estudar a forma das curvas meridianas. A figura 34 mostra meridianos correspondentes aos valores de K decrescendo de K1 a K5. O fenômeno interessante posto em evidência por Roche é a existência, para um certo valor de K, de dois pontos duplos, A e A' (curva nº 3), onde a força centrífuga equilibra exatamente o peso. A partir daí,

Roche mostra que a superfície livre da atmosfera que envolve o sol é gerada pela revolução da curva 3 em torno do eixo de rotação. Num dado momento, a nebulosa adquire uma forma lenticular, de aresta terminal penetrante no plano do equador; quando, após o resfriamento, a nebulosa se contrai, aumenta a velocidade angular e a superfície da nebulosa se acha reduzida, permanecendo semelhante a si mesma: uma camada demasiado fluida escorre dos pólos para o equador e se escapa, como por uma abertura, ao longo da aresta saliente. A matéria dessa camada deixa então de fazer parte da nebulosa e, tendo a força centrífuga equilibrado o peso, continua a descrever círculos ao redor do centro no plano do equador. Encontra-se aí de novo o modo de formação dos anéis de Laplace.

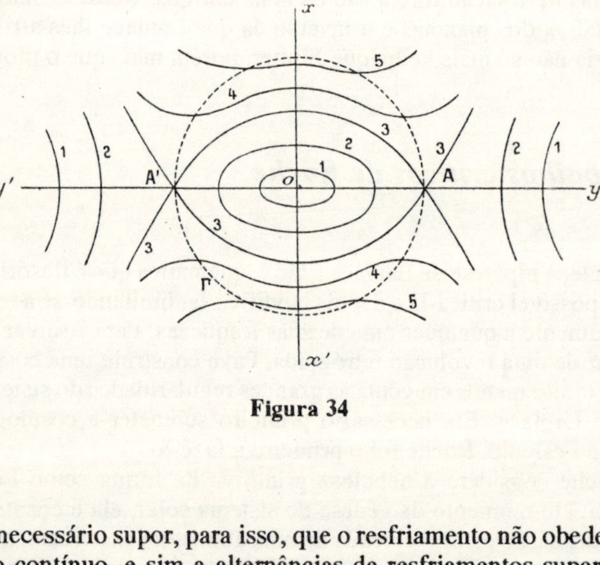

Figura 34

É necessário supor, para isso, que o resfriamento não obedece a um processo contínuo, e sim a alternâncias de resfriamentos superficiais e internos. Quando uma camada atmosférica escorre ao longo da superfície da nebulosa na direção do equador, o desnudamento das camadas mais profundas provoca um resfriamento superficial; enquanto durar esse resfriamento não se produzem anéis, mas quando o resfriamento atinge a zona central, um anel é rapidamente produzido, conforme o processo descrito acima, o que determina um novo deslizamento da matéria ao longo da nova superfície, de onde uma nova perda de calor para as regiões superficiais, e assim por diante.

Depois, Roche mostra que cada anel abandonado pela nebulosa está formado de partículas que já se encontravam nas vizinhanças do equador, que essas partículas se reagrupam em correntes elípticas que irão se transformar em um sistema de círculos concêntricos que ele denomina *anéis interiores*, cuja importância é grande na cosmologia. Um anel interior tanto poderá desaparecer, se a resistência da atmosfera nebular for suficientemente grande para obrigar suas partículas a cair na direção do núcleo central, como subsistir, caso essa resistência seja fraca. É preciso acrescentar, ainda, que, para desempenhar um papel cosmogônico, é necessário que tais anéis sejam constituídos principalmente de poeira. Isso significa que, embora os trabalhos de Roche advoguem os mecanismos de formação do sistema solar segundo Laplace, em compensação justificam a composição física da nebulosa de acordo com Kant.

Os trabalhos críticos de Darwin

Outros trabalhos emergem da geléia geral: os de G.H. Darwin. Estão ligados a seus estudos sobre as marés. Todas as hipóteses que examinamos até aqui postulam uma grande estabilidade do sistema planetário, ao menos em seu estado atual. Darwin estuda a influência do fenômeno das marés sobre os movimentos, e, portanto, sobre as distâncias, no sistema solar. O ponto fundamental de sua teoria é a transformação da quantidade de movimento de rotação de um planeta, à medida que é destruído pela fricção das marés, em quantidade de movimento orbital do corpo que é responsável pelas marés.

Darwin retraça a história do sistema Terra-lua. Remonta até uma época em que a lua, quase em contato com a Terra, girava ao redor dela num período de tempo um pouco mais longo que a duração do dia terrestre, que, nessa ocasião, era da ordem de cinco horas. Pura especulação da parte de Darwin, mas a partir do momento em que a lua se acha associada à Terra, seja qual for a causa, ele segue matematicamente as fases de sua história e constata que reconstrói um sistema Terra-lua que se assemelha estranhamente ao que vemos hoje. Essa constatação o leva a pesquisar os traços de uma evolução idêntica, dominada pelo fenômeno da maré, nos demais sistemas de satélites e depois no sistema solar inteiro, não passando os planetas de satélites do sol.

Darwin verifica, então, que a quantidade de movimento de rotação de um determinado planeta — mesmo acrescida das quantidades do movimento orbital de seus satélites — é sempre muito fraca diante da quantidade de movimento orbital do planeta. Para que o efeito de maré tenha podido aumentar notavelmente as distâncias dos planetas ao sol, seria necessário que as rotações dos planetas sobre si mesmos tivessem sido milhares de vezes mais rápidas outrora do que hoje. O que leva Darwin a pensar que o processo de formação da lua não é aplicável ao conjunto dos planetas. É preciso admitir que os planetas, formados de porções da nebulosa primitiva em vias de contração, se constituíram mais ou menos nas distâncias em que os achamos hoje; partindo de uma visão mais dinâmica da formação do sistema solar que a de Faye, Darwin chega a uma conclusão mais "estática".

Então, muito barulho, e muito trabalho sobretudo, para nada? É certo que Darwin e outros partiram de uma superestimação do papel das marés na formação e evolução do sistema solar; mas o caso é que trabalhos como os de Darwin e Roche obrigaram os astrônomos a passar a hipótese nebular pelo crivo das matemáticas, que precisaram e justificaram certos aspectos qualitativos tanto de Kant como de Laplace, e que animaram os primeiros críticos pertinentes contra essa hipótese, com certeza globalmente correta, mas de um imperialismo esterilizante.

5. O declínio da hipótese nebular

Cosmogonia e idade do sistema solar

Duas séries de ataques, uma vinda do exterior e a outra do interior, vão minar o predomínio da hipótese de Kant-Laplace, preparar seu declínio e relançar a hipótese catastrofista. A primeira série se relaciona à introdução do fator tempo nos processos de formação do sistema solar. Os cálculos, fundados em hipóteses simplificadoras, só podiam dar valores aproximados, mas, fossem quais fossem essas hipóteses, os cálculos desembocavam sempre em intervalos de tempo muito "longos".

Kirkwood, por exemplo, determinou o intervalo de tempo entre o instante em que um anel, tornado instável, se rompe em diversas massas esferoidais e o tempo que levam essas massas para se fundirem em um único planeta; ora, considerando dois fragmentos do anel de Netuno, diametralmente opostos na órbita média, e cujas distâncias ao sol diferem de 1.500km, Kirkwood calculou que sua união se faria ao cabo de 150 milhões de anos. G.H. Darwin avaliara a duração mínima da história do sistema Terra-lua em 54 milhões de anos.

Durações muito longas? Em si mesmas, não teriam por que espantar os astrônomos, ainda que o pensamento ocidental estivesse mal preparado para semelhante antiguidade do universo. A tradição de um mundo que só remontaria a seis mil anos era muito viva no século XVI e ainda bem difundida no século XVII. No entanto, a enormidade do tempo necessário para a formação do sistema solar foi censurada por si mesma na cosmogonia de Laplace, porém se não se tratasse apenas disso, essa crítica teria causado rebuliço, e a hipótese nebular não teria sido abalada. Tais avaliações de duração, confirmadas e ampliadas pelos geólogos, que acrescentam às durações de formação dos corpos do sistema solar aquelas relativas à constituição desses corpos tais como os vemos, vão entrar em contradição com a termodinâmica nascente. Mais profundamente, a partir do fim do século XIX, a física, a química, a geologia e a biologia parecem limitadoras e discriminadoras de toda cosmogonia. Mesmo que Faye não tenha percebido a amplitude do problema, é certo que foi o primeiro astrônomo a tomar consciência dele, pois escreveu: "Até aqui, os astrônomos tinham os côvados livres para edificar seus sistemas cosmogônicos. Hoje, temos necessidade de contar com duas ciências novas, a geologia e a paleontologia, que nos trazem documentos irrecusáveis sobre as eras cosmogônicas."

Faye assinala que a longa série de seres vivos que povoaram sucessivamente a Terra, graças a uma temperatura pelo menos igual à de hoje, exigiu, segundo os biólogos, dezenas de milhões de anos para suas transformações, desde as células primitivas até os arenícolas, e desde estes até o elefante meridional, cujo esqueleto fossilizado podia ser admirado, na época, na galeria de M. Gaudry, no Museu de História Natural de Paris. Pois bem, no seu capítulo consagrado ao sol, Faye estimou a reserva de calor desse astro, bem como o seu gasto anual: as previsões mais otimistas não permitem ao sol brilhar mais do que 15 milhões de anos. Finalmente, existe uma incompatibilidade fundamental entre a idade da Terra, a idade da vida e a idade do sol. O mistério da fonte da radiação solar não só compromete particularmente a teoria de Laplace, mas toda e qualquer cosmogonia, toda a história da Terra, e toda a história da vida. Seguindo os passos de Faye, a maioria dos cosmogonistas irá tentar construir teorias que não apenas conciliem a idade do sistema solar e a idade máxima do sol, mas que respondam às questões dos físicos solares. Beco sem saída: estabelecer uma cosmogonia que integrasse todos os dados principais comprovados da astronomia planetária era já trabalho realizado, e fora uma tarefa rude; querer, além disso, que ela resolvesse os problemas dos especialistas em termodinâmica era, na verdade, muita presunção.

A volta ao catastrofismo

Esse desejo de conciliar a cosmogonia e a física do sol irá provocar um deslizamento na direção do passado próximo: de agora em diante as referências serão Kant e Buffon. Kant, porque sua nebulosa pareceu, por algum tempo, mais apta para explicar a incrível reserva de energia do sol. Buffon, porque as catástrofes são mais econômicas, no tempo, do que os processos evolutivos. Talvez também porque as teorias catastrofistas aceitem com mais boa vontade as hipóteses *ad hoc* e, nesse período de crise e de dúvida, tais hipóteses serão numerosas.

Os cosmogonistas adeptos do catastrofismo irão receber, no entanto, o auxílio involuntário de evolucionistas radicais, especialmente do coronel du Ligondès: a tendência de toda cosmogonia evolucionista para explicar a diversidade dos sistemas pela unidade e homogeneidade iniciais, para fazer decorrer a ordem natural do mundo de sua desordem primitiva, nunca terá sido tão categoricamente afirmada, nem tão escrupulosamente levada às últimas conseqüências. A cosmogonia de R. du Ligondès se liga diretamente à de Faye, que pretende continuar, completar e melhorar, e, mais além, à de Kant e à de Descartes. De fato, du Ligondès apresenta uma teoria completa da evolução do sistema solar, inspirando-se largamente na teoria cinética dos gases; não é estúpida nem desprovida de interesse, mas o gosto de du Ligondès pela dedução, aplicada às formas vazias, leva-o a tentar explicar, sem novas hipóteses, os detalhes do sistema solar, e até o número, a massa, as rotações e as distâncias dos diversos planetas, sem esquecer a ordem de formação: primeiro Júpiter e Netuno, e depois Urano, Saturno, a Terra, Marte, Vênus e Mercúrio.

Poincaré haveria de criticar semelhante visão ultramecanicista: "Parece-nos prematuro buscar justificar, por considerações *a priori*, leis que ligam as massas dos planetas aos grandes eixos de suas órbitas, à duração de sua rotação, ao número e à distribuição de seus satélites. Se tais considerações fossem justificadas, deveriam aplicar-se aos sistemas planetários que cercam todas as estrelas, e todos esses sistemas deveriam ser idênticos, o que é bem pouco provável."

Essa pretensão de remontar à origem absoluta do mundo pelo simples jogo das leis da mecânica celeste, sempre criticando Laplace, essa certeza no caminho e nas conclusões, vão provocar as reações dos cosmogonistas não astrônomos, precipitar o declínio da hipótese de Kant-Laplace, criar o desapreço por toda teoria evolucionista e beneficiar, por algum tempo, a volta fortalecida das teorias catastrofistas. Tanto mais que a essas críticas externas, finalmente mais ou menos ligadas à defasagem entre os desejos dos mais impacientes e o estado dos conhecimentos, irá se acrescentar, vindo do âmago da mecânica celeste, o ataque mais temível de todos pelo qual teria de sofrer toda teoria evolucionista conseqüente.

O problema do momento angular

De que se trata? Observemos um patinador: aproveitando o impulso, ele começa a girar sobre si mesmo, os braços bem afastados; depois traz lentamente os braços de volta ao longo do corpo e vemo-lo então girar mais rapidamente. Essa experiência comum é uma das manifestações de um dos princípios da mecânica racional: o da conservação do momento angular. O momento angular de um ponto material é o produto de sua velocidade de rotação pela distância ao eixo e por sua massa. Tal noção de momento angular permanece válida no caso de um sistema de pontos materiais, por mais complicado que seja; basta fazer a soma das contribuições elementares a esse momento angular dos diferentes pontos do sistema. Para um sistema de pontos, como para um só ponto, o momento angular de um movimento de rotação é indestrutível. Isto significa que a distribuição e o valor do momento angular no sistema solar atual resultam diretamente do modo como ele se formou.

Foi Babinet o primeiro a chamar a atenção para o problema do momento angular no sistema solar, na sessão de 18 de março de 1861 da Academia de Ciências de Paris. Babinet fez questão de assinalar que Laplace supõe que a atmosfera do sol se estendera primitivamente até os últimos limites do mundo planetário, e que essa atmosfera, conforme a lei de conservação do momento angular (ou da conservação das áreas, que é equivalente), girou tanto mais depressa quanto se aproximava do corpo central. Evidentemente, Babinet não levanta a suspeita de que Laplace não tenha entrevisto o problema, já que Laplace menciona que, no momento da formação dos planetas, o proto-sol e sua atmosfera giram por conta própria. Todavia, assinala Babinet, várias pessoas pensaram que o sol primitivamente se dilatara de maneira a ocupar o espaço todo atualmente preenchido pelo conjunto de planetas. E, continua Babinet, temos um meio matemático de resolver a questão: é o de aplicar a lei da conservação do momento angular. A rotação atual do sol se faz em 25,3 dias, sendo possível, portanto, calcular a duração de rotação de um sol cujo raio fosse igual ao da órbita de Netuno; ou seja, mais de 27 mil séculos! Esse valor é infinitamente superior ao da revolução de Netuno, e é impossível admitir que os planetas foram formados da própria massa do sol dilatado até os seus orbes.

Vinte e três anos depois, perante a mesma Academia, Fouché apresentaria a mesma dificuldade de duas formas diversas. Primeiro, faz uma constatação espantosa: enquanto que quase toda a massa do sistema está concentrada no sol, são os planetas que levam a parte do leão na distribuição do momento angular. Depois, ele passa aos cálculos. Suponhamos que, na época em que a nebulosa abandonou o anel que devia formar Netuno, essa nebulosa fosse homogênea. Seu momento de rotação devia ser da mesma ordem do de uma esfera homogênea, da mesma massa do sol, e girando com a velocidade angular atual do planeta futuro. Fouché acha um momento angular mais de 600 vezes superior ao de todo o sistema solar de hoje. A homogeneidade da nebulosa nessa época é, portanto, impensável. Para reduzir a esse ponto o momento angular, é preciso supor uma condensação muito forte no centro da nebulosa.

Depois, Fouché apresentou uma outra conseqüência mais física da distribuição atual do momento angular. Suponhamos a nebulosa formada de um núcleo esférico rodeado de uma atmosfera homogênea que se estenda até a órbita de Netuno, e que o conjunto gire com a velocidade angular atual desse planeta: então a conservação do momento angular exigiria que a soma do momento de rotação do núcleo e do momento de rotação da atmosfera equivalesse ao momento angular global do sistema solar de hoje; o momento só da atmosfera, portanto, valeria menos. Logo, pode-se deduzir daí um valor máximo da massa da atmosfera nesse estágio de formação do sistema. Resulta que essa massa mal é superior à massa de todos os planetas reunidos. O que implica que a atmosfera inteira da nebulosa tenha se condensado em planetas. Se a atmosfera tivesse sido homogênea e se o anel tivesse girado com a mesma velocidade dela, não haveria mais massa para formar o sol.

Uma conseqüência se impõe: sejam quais forem as suposições feitas, o fato é que o sol, atualmente, apesar de sua grande massa, gira tão devagar em torno de si mesmo que não detém mais que 3% do momento angular de todo o sistema, enquanto que Júpiter, por exemplo, com uma massa mil vezes mais fraca, desfruta de 60% desse momento, o que põe em xeque os cosmogonistas adeptos do evolucionismo nesse estágio de formação do sistema solar em que Laplace se apoderava do problema: aquele em que um sol embrionário gira em velocidade diversa da atmosfera que o cerca. Esse fato impede, a menos que se achem mecanismos que transportem o momento angular do centro do sistema à sua periferia, considerar um estado anterior com uma nebulosa quase homogênea de onde nasceriam tanto o sol como os planetas. É o mesmo que dizer que ele obriga, para remontar o tempo, imaginar a captura dessa nebulosa pelo proto-sol, hipótese *ad hoc* que, além do mais, introduz uma minicatástrofe no ponto de partida de uma cosmogonia decididamente evolucionista.

Essa dificuldade maior, a irrupção de ciências novas na cosmogonia, e, portanto, de dados e de perguntas novas, além dos excessos dos evolucionistas como du Ligondès, provocaram uma crise. O problema cosmogônico bruscamente se ampliou: trabalhos muito diversos, levando em conta e interpretando um pouco apressadamente as últimas descobertas, vão se multiplicar e, antes que surgissem as teorias catastrofistas bastante elaboradas de Jeans e Jeffreys, a cosmogonia iria perder seu caráter sintético e a teoria nebular declinaria numa atmosfera de dúvida e de perturbações.

6. Floração e vitória efêmera das teorias catastrofistas

A importância dos meteoritos

Nessa floração de cosmogonias que em breve irão suplantar a teoria nebular, os meteoritos ocupam um posto de importância desmedida em relação à sua importância real, tanto no sistema solar atual quanto na época de sua formação. Foi Julius Robert von Mayer o primeiro a trazer os meteoritos à cena. Para ele, era a queda contínua de meteoritos sobre o sol que alimentava a energia deste, devido à transformação em calor da força viva de seus movimentos. Quantitativamente, o processo parece possível: um meteorito, vindo do infinito e tendo, ao partir, uma velocidade quase nula, atraído pelo sol chegaria até ele a uma velocidade superior a 600km por hora. Se esse meteorito pesasse 1 quilo, sua queda representaria um trabalho de $2x10^{10}$ quilogrâmetros; como o sol perde $6x10^{6}$ quilogrâmetros por metro quadrado em cada segundo, para compensar essa perda bastaria que 0,3g de matéria meteorítica caísse por segundo em cada metro quadrado do sol. Nesse ritmo, supondo que os meteoritos tivessem uma densidade média de 1, o diâmetro do sol aumentaria cerca de 15m por ano, ou seja, 1,5km por século — isto é, um milionésimo de seu diâmetro —, aumento inapreciável pelos meios observacionais de hoje.

Se bem que tais ordens de grandeza sejam razoáveis e que o fenômeno de fato justifique o enorme gasto energético do sol, esta teoria bem depressa se viu em dificuldades: se os efeitos óticos dessa chuva meteorítica não são discerníveis, em troca os efeitos mecânicos estão longe de ser desprezíveis. A queda de meteoritos aventada por Mayer aumentaria a massa do sol anualmente de 32 milionésimos, e Poincaré demonstrou que essa variação de massa do corpo central teria como conseqüência o fato de que, em 4 mil anos terrestres, a Terra teria percorrido não 4 mil circunferências e sim 4,5 mil; e que, portanto, teria havido uma defasagem de seis meses sobre as épocas. Uma tal defasagem desde os tempos históricos não teria passado despercebida. Em todo caso, a hipótese meteorítica não pode ser conservada dessa forma.

Sir Norman Lockyer, ao mesmo tempo que introduziria largamente os progressos da espectroscopia, estenderia o papel dos meteoritos à formação de todas as estrelas. De fato, a espectroscopia avançava a largos passos e começava a permitir não só o estudo químico dos astros mas também o seu estudo físico. Lockyer, utilizando essa oportunidade, iria basear suas teorias cosmogônicas no estudo simultâneo da composição das estrelas e de suas variações de temperatura. Dedicaria trinta anos de sua vida a tais trabalhos e chegaria à conclusão de que a matéria apresenta, através do universo, uma grande unidade e que os corpos simples derivam de alguns elementos fundamentais que denominou proto-elementos, ou protometais. Pois do fato de que, em temperaturas diferentes, os corpos apresentam espectros diferentes, Lockyer deduziu que esses corpos se dissociam em elementos mais simples sob a ação da temperatura. Dessa teoria química decorrerá uma nova visão da evolução das estrelas que irá se ajuntar à cosmogonia do sistema solar. Para Lockyer, as nebulosas são o primeiro estágio da evolução cósmica e se constituem de enxames de meteoritos. São os choques que vão provocar a condensação da nebulosa e produzir o calor. Nessa primeira fase, a temperatura aumenta e os gases contidos nos meteoritos se evaporam, primeiro os mais leves e, nesse estádio, observam-se as raias do hidrogênio e do hélio. Prosseguindo a concentração, o calor continua a aumentar, a nebulosa se transforma em estrela, a combustão dos meteoritos não evaporados produz uma luz de espectro contínuo entrecortado de raias sómbrias devidas aos metais. Quando a estrela atinge sua máxima temperatura, as raias dos protometais dominam e a estrela inicia a fase descendente de sua vida. Abaixando-se a temperatura, as raias das altas temperaturas vão se apagar na ordem inversa da de seu aparecimento. No decurso de sua vida, as estrelas percorrem, portanto, os dois ramos simétricos de uma curva de evolução cujas diversas etapas fornecem uma classificação, a primeira do gênero.

A introdução de novas disciplinas

Com o físico e químico Arrhenius, a cosmogonia irá, a um tempo, se alargar e se restringir. Alargar-se porque Arrhenius abordará o problema da gênese de todas as estrelas, de todas as nebulosas e de todas as galáxias, e porque introduzirá largamente todas as ciências do momento. Restringir-se, porque não se trata de cuidar da origem dos mundos senão em um sentido restrito e parcial. Arrhenius não acredita na possibilidade de conhecer a origem absoluta do mundo. A questão, para ele, não tem mesmo objetivo, pois os grandes ciclos asseguram a eternidade do universo.

As nebulosas nascem de choque entre estrelas extintas, elas são um elo determinante da renovação perpétua dos mundos. Seja qual for a imensa reserva de calor do sol, seja qual for a eficácia do vaivém da poeira meteorítica sob a dupla influência da gravitação e da pressão de radiação, o sol acabará por se extinguir. Formar-se-á uma crosta sólida, o sol se tornará obscuro, mas no seu interior irá subsistir uma temperatura quase tão elevada como a de hoje. Astro extinto, haverá de girar assim por bilhões de milhões de anos no espaço, poupando seus restos de energia, até encontrar-se com um outro sol extinto. A colisão fará jorrar dos dois astros dois grandes jatos de matéria, situados no mesmo plano. Os gases expelidos serão impulsionados para diante pela rotação da parte central, e essa rápida expansão irá provocar um resfriamento dos gases, e finas partículas obscuras começarão a rodear a estrela. O núcleo será cada vez menos visível e esse novo objeto, nascido de um choque titânico, tomará a forma de uma nebulosa estelar, semelhante à que acabava de produzir a *nova* observada em 1901 na constelação de Perseu. A rotação do conjunto causará o achatamento da nebulosa, transformando-a em nebulosa espiral onde se encontrarão os restos dos dois grandes jatos de matéria iniciais. Por fim, essa nebulosa evoluirá para o estádio estelar. E começa um novo ciclo.

Duvida-se agora que o sistema solar provenha de uma catástrofe. Na origem, uma grande nebulosa lenticular e espiral, produzida pelo choque de duas estrelas extintas. A massa gasosa que envolve o núcleo central é extremamente rarefeita e o conjunto gira com bastante rapidez sobre si mesmo. As poeiras cósmicas, atraídas pela nebulosa, são arrastadas em sua queda pela resistência da massa gasosa e se aglomeram em meteoritos e cometas. Tornando-se mais maciços, os meteoritos retomam suas quedas e constituem núcleos em torno dos quais se formarão planetas e satélites. Arrhenius, que já tomara emprestadas as idéias de muitos cosmogonistas, vai terminar sua descrição da formação do sistema solar no mais total ecletismo: a presença de Urano e de Netuno no sistema solar é devida a uma captura. Os satélites mais externos de Júpiter e de Saturno, que têm uma revolução retrógrada, também se originam no espaço.

Voltemos à concepção de Buffon. Existe uma catástrofe na origem do sistema solar: um choque original, raríssimo, imprevisível, mas de um sol já formado e de um cometa de passagem, que lhe arranca a matéria dos futuros planetas, substitui o de duas estrelas extintas cujo encontro não só produziria uma nova estrela viva, e seu cortejo de planetas, mas contribuiria modestamente para a eternidade do mundo. Essa idéia de fazer nascer o sistema solar a partir do encontro de duas, e depois de três estrelas, será retomada por numerosos cosmogonistas adversários da hipótese nebular. As hipóteses da captura, da nebulosa espiral e do papel determinante continuarão também o seu caminho, porém com ainda menos felicidade.

T.J.J. See é partidário da captura. Mesmo se os planetas não aumentaram de tamanho devido à matéria nebular, têm uma origem independente do sol e da nebulosa que outrora o cercava. Os planetas vieram de outra parte, e portanto de qualquer direção, e foi pelo efeito da resistência do meio ambiente que se fez a captura e depois a regularização dos movimentos. O problema é saber se a resistência de um meio muito tênue pode obrigar todos os movimentos iniciais a respeitar as grandes regularidades que caracterizam a cinemática de nosso sistema solar.

Sabe-se que um planeta em fuga no universo, passando perto do sol, seria efetivamente capturado e descreveria à seu redor, se a resistência do meio fosse nula, uma elipse de uma excentricidade qualquer. Uma resistência do meio reduziria lentamente a sua excentricidade? Os cálculos de See, retomados por Poincaré, mostram que isso ocorre. Além do mais, a captura de um astro de passagem pelo campo gravitacional do sol é evidentemente um fenômeno a considerar, e essa captura modifica a trajetória do corpo vagabundo: retilínea, parabólica ou hiperbólica, ela pode tornar-se elíptica, e depois ter diminuída a sua excentricidade com o passar do tempo. Enfim, quando a atmosfera primitiva tiver desaparecido, absorvida pelo sol e pelos próprios planetas, o astro capturado continuará a girar em torno do sol numa órbita quase circular. Logo, nenhuma inverossimilhança no processo. As dificuldades surgem, de um lado, da multiplicação necessária desse fenômeno, já que, para See, todos os planetas e todos os satélites têm essa mesma origem; de outro lado, da dificuldade de justificar outras regularidades do sistema solar.

Por que quase todos os movimentos são diretos? Por que os planos orbitais são pouco inclinados em relação à eclíptica? Para responder a essa segunda pergunta, See supõe que a atmosfera primitiva do sol era lenticular e fortemente achatada. Um astro cuja trajetória inicial fosse muito inclinada em relação ao plano médio da atmosfera solar a atravessaria mais facilmente e, portanto, teria menos riscos de ser capturado do que um astro que já se deslocasse no plano médio do disco. Argumento de fato pouco convincente: é estatisticamente inverossímil que tantos planetas tenham sido capturados em tantas distâncias do sol perto desse plano privilegiado, sem que nenhum o tenha sido sob outro ângulo. Por que uma maioria de movimentos diretos? Porque a atmosfera do sol estava ela mesma em rotação — com uma rotação diferente da do sol, senão se perderia o benefício de uma teoria catastrofista, reencontrando-se o problema da distribuição do momento angular que foi fatal à teoria nebular. Essa rotação tenderia a imprimir ao astro capturado um sentido privilegiado de movimento e a diminuir a inclinação da trajetória inicial sobre o plano do equador solar, que é um pouco diferente do plano zodiacal.

O dualismo de Belot

Para Émile Belot, as nebulosas é que estão na origem do sistema solar, e os processos importantes são os choques e os turbilhões. Se devemos condenar o caos cartesiano, é necessário contudo que se conservem os turbilhões que Newton rejeitou erroneamente. O título da obra de Belot, *Essai de cosmogonie tourbillonnaire* (*Ensaio de cosmogonia turbilhonária*), subintitulado *L'origine dualiste des mondes* (*A origem dualista dos mundos*), na qual ele resume todos os seus trabalhos cosmogônicos, é aliás bastante explícito: trata-se de uma cosmogonia turbilhonária, o que significa que a mecânica dos turbilhões desempenha nela um papel mais importante que na mecânica celeste tradicional; é uma cosmogonia dualista. De fato, limitando-se *a priori* a um único corpo original em rotação, os cosmogonistas reduzem a dois o número de variáveis para cada molécula — o raio vetor e a velocidade angular —, e essas variáveis ainda estão ligadas pela lei das áreas. A "lógica" leva Belot a considerar uma hipótese dualista em que a variedade dos movimentos possíveis para os dois corpos primitivos permitirá que haja tantas equações quantas incógnitas.

A cosmogonia de Belot será catastrofista: o sistema solar nasce do choque de um turbilhão em forma de tubo e de uma nuvem cósmica, quer dizer, uma nebulosa dotada de movimentos turbilhonantes se encontra com uma nebulosa amorfa, se desvanece e se transforma em sistema solar. Belot introduz esse choque inicial porque a idéia de um dualismo original é correlativa da introdução, na cosmogonia, da idéia de translação. Eis a idéia fértil: enquanto que num sistema isolado em movimento, as reações de suas partes e seus movimentos relativos são independentes do movimento uniforme de translação que os anima, em um sistema de dois corpos é absolutamente necessário que seus movimentos primitivos determinem todos os movimentos do mundo resultante, tanto a translação como as rotações. Mas felizmente essa escolha não resulta apenas da lógica pura, pois verifica-se que a hipótese dualista concorda perfeitamente com os fatos, que esses encontros existem e que é possível observá-los... são responsáveis pelas estrelas temporárias: as *novae!*

Assim, dispondo de muito mais variáveis que seus predecessores, Belot poderia explicar tudo acerca do sistema solar e, como diz, "verificar-se-á que a demonstração teórica da lei exponencial que substitui a lei de Bode, da lei das inclinações dos eixos dos planetas, bem como a de suas rotações, da lei das causas das excentricidades das órbitas planetárias ou estelares, da lei da origem dos cometas, da formação do sol, das estrelas múltiplas e das nebulosas espirais, faz a nova cosmogonia escapar à censura de imprecisão que as hipóteses precedentes mereciam, e confere um poder singular a uma síntese baseada na idéia cartesiana dos turbilhões". No final do estudo consagrado aos cálculos de Belot, Poincaré declara: "Sejam quais forem as críticas que temos julgado dever formular a diversos pontos dessa teoria, essa tentativa merece atenção. Se, é possível censurar o fato que o sr. Belot foi um pouco mais ambicioso do que convinha ser no estado atual da Ciência, e de ter querido abarcar demais de modo prematuro, e se suas idéias não parecem poder ser aceitas sob sua forma atual, parece ser útil dá-las a conhecer, porquanto um dia se poderão obter aí excelentes verdades." É o que farão Weizsacker e Ter Haar, cerca de quarenta anos depois, quando a hipótese nebular renascer das cinzas!

De fato, essa cosmogonia não é desinteressante e, para início de conversa, uma cosmogonia fértil deve superar o conflito entre cartesianos e newtonianos, pois, se Descartes estava errado ao falar em caos, mais bem avisados, nós podemos reviver a idéia dos turbilhões, sobre a qual Newton, após ter descoberto a gravitação, lançou injustamente o anátema. De fato, todo sistema sideral tem em sua existência dois períodos que se sucedem insensivelmente um ao outro: o período turbilhonar, ou cartesiano, e o período newtoniano regido pela gravitação universal. Se quanto ao éter, Descartes se enganou ao preencher o vácuo com essa substância, e se os físicos modernos, seguindo Michelson, demonstraram que o éter era *atualmente irrotacional* (!), que sabem eles do éter na origem dos mundos?

Em todo caso, na origem do nosso mundo houve um turbilhão em forma de tubo, composto de matéria gasosa e dotado de grande velocidade de translação na direção do ápex, o ponto da constelação de Hércules para o qual o sol se dirige ainda hoje, e cujo plano de rotação era paralelo à eclíptica. Esse turbilhão tubiforme chocou-se com uma nebulosa amorfa dotada de uma fraca velocidade de translação relativamente à sua. Aliás, sabe-se que um turbilhão é permanente e não pode ser destruído por uma colisão que, em geral, alarga as suas espirais. Por meio dessa colisão é que o turbilhão primitivo, ao penetrar na nebulosa, vibraria de modo a apresentar, no seu comprimento, bojos e nós eqüidistantes. A cada inchamento de vibração do turbilhão, este emitiria uma camada exterior de

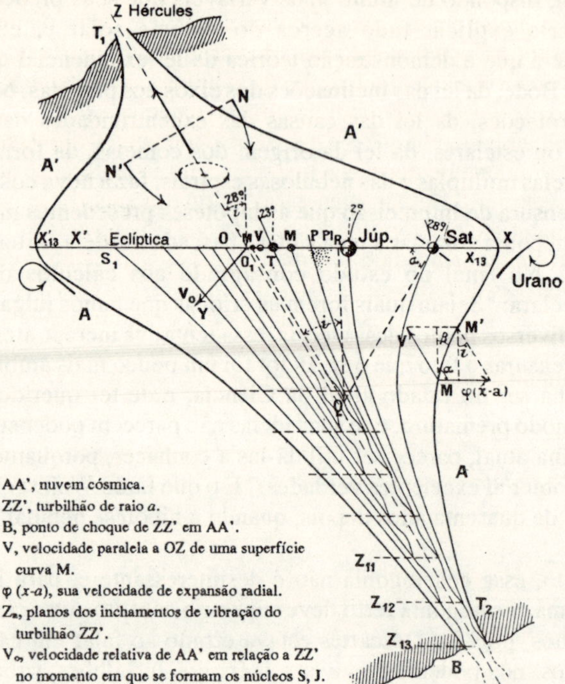

AA', nuvem cósmica.
ZZ', turbilhão de raio *a*.
B, ponto de choque de ZZ' em AA'.
V, velocidade paralela a OZ de uma superfície curva M.
φ (*x*-*a*), sua velocidade de expansão radial.
Z_n, planos dos inchamentos de vibração do turbilhão ZZ'.
V_0, velocidade relativa de AA' em relação a ZZ' no momento em que se formam os núcleos S, J.

Figura 35

sua matéria em uma superfície curva dilatada, em forma de tulipa, concêntrica ao turbilhão e divergente ao redor de seu eixo (*Fig. 35*).

Há tantas superfícies curvas planetárias quantos forem os inchamentos do turbilhão: conhecendo o perfil dessas superfícies, é fácil encontrar a que distâncias do centro elas acham um plano paralelo à eclíptica. Ora, eis o que irá assegurar Belot em sua busca; verifica-se assim uma lei real das distâncias dos nossos planetas ao sol semelhante à relação empírica de Titius-Bode. A distância do planeta n ao turbilhão é a potência *n* de um número *c* que é a característica do sistema. Porém há melhor. Belot, além da fórmula empírica de Titius-Bode, começou por estabelecer duas outras fórmulas, uma dando uma lei das rotações, embora ele diga que certas pessoas neguem que tal lei possa decorrer da formação do sistema, visto que as marés modificam sem cessar as rotações dos planetas. A outra dá uma lei das inclinações dos eixos planetários.

Para Belot, nesse ponto torna-se nítida a superioridade de sua teoria dualista. Para juntar em um ponto de uma superfície curva ou de um anel do turbilhão toda a sua matéria, basta haver uma assimetria no plano do anel. Tal assimetria é a velocidade V_0 da nebulosa amorfa que a vai criar. Essa velocidade variável diminui na direção da eclíptica, e em cada anel só existirá uma região em que V_0 e a velocidade tangencial da superfície curva serão diretamente opostas e onde, a seguir, a matéria se acumulará sob a forma de um turbilhão planetário ao qual a superfície curva dará toda a sua matéria e que terminará por absorvê-la por inteiro.

Qual o sinal que nos fará reconhecer que essa assimetria existiu nas superfícies curvas turbilhonárias? Basta examinar a Figura 36: vê-se que as tangentes de perfis sucessivos da direita reproduzem as diversas inclinações dos eixos planetários, enquanto que os perfis da esquerda não dão nada semelhante. É exatamente no plano de simetria ZOX que devem

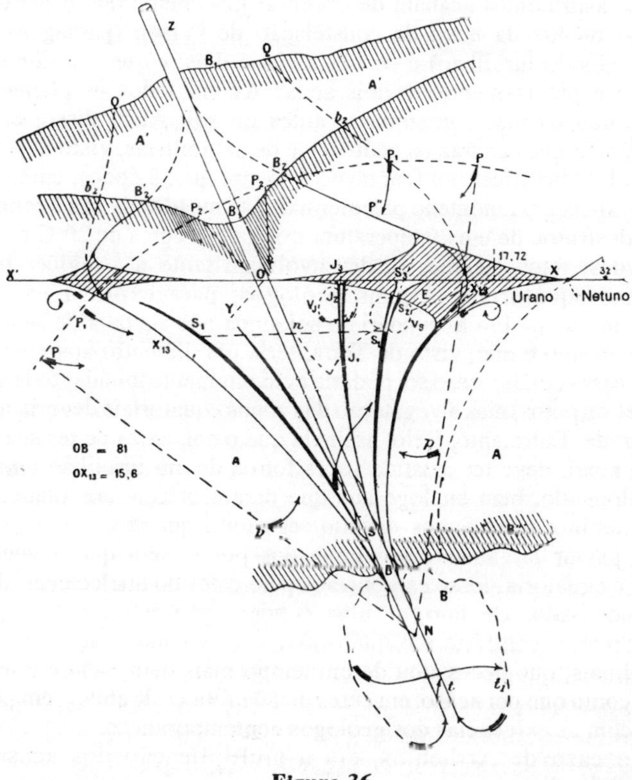

Figura 36

ter se produzido unilateralmente os turbilhões planetários, caso a velocidade de translação da nebulosa fosse dirigida de trás para a frente do plano da figura. Assim se obtém uma segunda verificação importante da hipótese dualista e turbilhonária, pela lei das inclinações dos eixos dos planetas, que nem sequer de maneira empírica se supunha. E Belot conclui: "Vê-se como nos sentimos felizes por essa verificação de que o eixo OZ da translação difira de modo notável do eixo OE da eclíptica, pois de outra forma nenhuma assimetria seria possível reconhecer no plano ZOX" (segundo Belot, ZOE vale 28°).

Essa lei das inclinações tem ainda mais importância que a das distâncias, que só nos revela a distribuição da matéria planetária no plano da eclíptica. A lei das inclinações permite uma sondagem no tempo e no espaço da nebulosa. Belot, por exemplo, calcula o tempo gasto pelo turbilhão para ir do ponto de colisão Z' até o plano da eclíptica X'X... em cerca de dois anos! Por que o espanto diante desse curto lapso de tempo, já que os astrônomos acabam de observar justamente que o período de oscilação da luz da *nova* da constelação de Perseu (passagens pelos inchamentos do turbilhão) é de três a cinco dias, e que sua duração de expansão é precisamente de dois anos? Assim, todos os planetas são contemporâneos mas formaram-se antes do sol. Além disso, eis uma circunstância que satisfaz os geólogos e os naturalistas, visto que parece suscetível de justificar um fenômeno terrestre que, à época, embaraçava os especialistas: o fenômeno paleotermal. Até meados da Era Secundária, a Terra desfrutou de uma temperatura tropical de cerca de 20°C em todas as latitudes: fetos gigantes se desenvolviam tanto nas regiões boreais como nas equatoriais. Alguns geólogos, para explicar esse fato, supuseram que na Era Secundária o sol ainda não acabara de se afundar sobre si mesmo e que, visto da Terra, teria um diâmetro aparente de 47 graus. Nessas condições, o sol poderia evidentemente inundar toda a Terra por sobre os pólos, mas a vegetação das zonas equatoriais deveria ter sido carbonizada. Entretanto, Belot assinala que o sol, antes de ter sua forma esférica atual, deve ter existido sob a forma de um turbilhão tubiforme muito alongado, bem análogo aos que deram origem aos planetas. Os rastros luminosos extremos deviam ser muito quentes, e sua radiação deveria passar largamente por cima dos pólos, sem que a vegetação tropical e equatorial fosse carbonizada pelo calor do núcleo central ainda mal condensado. De fato, se uma condensação esferoidal se produz rapidamente, o contrário é o que ocorre com a condensação dos traços longitudinais, que necessitou de um tempo mais demorado e que Belot estima, como que por acaso, em cerca de 50 milhões de anos... em perfeito acordo com as exigências dos geólogos contemporâneos.

No caso de Arrhenius, era a multiplicação dos acasos e a combinação das causas diversas que permitiam justificar todas as regularidades e irregularidades; em Belot, é a multiplicação dos parâmetros.

Quantas cosmogonias, de premissas totalmente diferentes, justificaram a relação das distâncias ao sol, ao menos para os sete primeiros planetas, enquanto que muitos astrônomos fizeram disso o critério principal de veracidade. Não se deve esperar muito dessas representações empíricas, que não são leis da natureza, pois, se escolhemos nove números ao acaso, colocando-se os mesmos em ordem crescente, sempre é possível, por meio de um número suficiente de parâmetros, representar sua sucessão por uma lei matemática satisfatória.

Os ataques americanos

Porém os ataques, se não os mais severos e mais novos, pelo menos os mais coerentes, vieram dos Estados Unidos. Em 1900, dois artigos de títulos parecidos abriram o debate. Um era assinado por um astrofísico, F.R. Moulton, e apareceu no *The Astrophysical Journal* sob o título de "Uma tentativa para testar a hipótese nebular por um apelo às leis da dinâmica"; o outro, "Uma tentativa para testar a hipótese nebular pelas relações de massas e momentos", era devido a um geólogo, T.C. Chamberlin, e foi publicado no *The Journal of Geology*.

Em seu longo artigo, Moulton se propôs passar pelo crivo da observação e da teoria a hipótese de Laplace, não somente em sua forma original como na forma modificada pelas descobertas dos novos membros do sistema solar, colocando a questão de saber se essa hipótese finalmente é compatível com as leis fundamentais da dinâmica. Os "testes" de credibilidade da teoria nebular foram divididos em três categorias. A primeira série de testes comparava certos fenômenos observados aos que deveriam resultar das condições iniciais da nebulosa. Verificou-se aí o exame dos planos das órbitas dos planetas e dos satélites, o da distribuição das massas no sistema solar, e um estudo sobre o satélite mais próximo de Marte e sobre o anel de Saturno. A segunda série agrupava questões muito mais delicadas: tratava-se de saber se as condições iniciais supostas permitiam uma evolução que levasse ao sistema solar que conhecemos. Matematicamente falando, isso significava encontrar as soluções de equações diferenciais bem complicadas porém "pobres" quanto à situação verdadeira. Foi aí que Moulton examinou a fuga dos elementos leves, a formação dos anéis e suas contrações em planetas, retomando alguns trabalhos de Roche. A terceira série tem por objetivo comparar as propriedades iniciais supostas com uma das agora existentes e sobre a qual haja certeza de que foi invariável, quaisquer tenham sido as mudanças resultantes da ação de forças externas. Essa última rubrica, aliás, lembraria apenas o problema da conservação do momento angular.

Logo, nada de muito novo, até mesmo sendo a retomada de numerosos trabalhos anteriores, sobretudo os de Darwin, mas também de lorde Kelvin, de Poincaré, de Roche e de Babinet. Nada de novo, mas um artigo bem estruturado, claro, e moderado em suas conclusões críticas. É como que lamentando que Moulton se vê obrigado a duvidar da hipótese nebular sob sua forma original, mas a conclusão é clara: há razões sérias e múltiplas para duvidar da hipótese nebular, e os astrônomos, com o problema cosmogônico, dispunham ainda de um belo campo de atividade. Entre os argumentos negativos, destaca-se a distribuição anormal do momento angular entre o sol e os outros objetos do sistema solar.

Os trabalhos de Moulton são inseparáveis dos de Chamberlin, e é por este que a nova cosmogonia, nascida de tais trabalhos, será popularizada, quando Chamberlin publicar, em 1916, um livrinho de leitura agradável, *The Origin of the Earth* (*A origem da Terra*). No momento, estamos em 1900. O que existe de novo e de positivo é essa estreita associação da astronomia e da geologia para abordar o problema da formação do sistema solar. O estudo de Chamberlin pretende ser o complemento do de Moulton; o único ponto comum entre os dois artigos, além desse objetivo, é a menção às fotografias que J.E. Keeler fez das nebulosas espirais. Nebulosas às quais, como assinala Moulton no fim do seu artigo, a nebulosa primitiva, "heterogênea a um grau até aqui jamais imaginado", deveria ser bem semelhante. De fato, as nebulosas espirais, à medida que iam sendo mais bem conhecidas, iriam servir de guia privilegiado para o desenvolvimento dos trabalhos de Moulton e Chamberlin.

Quanto a Chamberlin, consagrou seu artigo à questão do momento angular. É claro que Babinet e Fouché já tinham abordado a questão, bem como Darwin e o próprio Moulton, mas Chamberlin estudou em detalhe a distribuição do momento angular e serviu-se de seus resultados como arma de guerra contra a teoria de Laplace; o que nem Babinet nem Fouché haviam feito. Utilizando os dados de Darwin, Chamberlin começou por apresentar as massas dos corpos do sistema solar, tomando a massa da Terra como unidade, e os momentos angulares tais como podem ser avaliados hoje.

QUADRO 2

corpos celestes	*massas*	*momentos angulares*
Sol	315511,00000	0,67900
Mercúrio	0,06484	0,00079
Vênus	0,78829	0,01309
Terra	1,00000	0,01720
Marte	0,10199	0,00253
Júpiter	301,09710	13,46900
Saturno	90,10480	5,45600
Urano	14,34140	1,32300
Netuno	16,01580	1,80600
Sistema solar	315934,51422	22,76661

Depois estimou os momentos angulares em diferentes etapas da nebulosa primitiva de Laplace. O que lhe permitiu, fazendo a soma total (22,76661) e as somas parciais, comparar os valores iniciais e os valores atuais em quatro distâncias do sol.

QUADRO 3

	momento angular na nebulosa primitiva	*momento angular observado hoje*	*relação*
para Netuno	4848,055	22,76661	213
para Júpiter	1996,420	14,18161	141
para a Terra	857,330	0,71008	1208
para Mercúrio	512,290	0,67979	754

O mais espantoso não são tanto os afastamentos entre os valores calculados e os observados, como as irregularidades na série de relações entre esses dois tipos de valores. Para Chamberlin, é o sinal de que as divergências não resultam de um erro nas hipóteses subjacentes aos cálculos e sim da natureza errônea de pelo menos uma parte da teoria nebular de Laplace. Além disso, na evolução por resfriamento progressivo da nebulosa esferoidal, postulada pela hipótese de Laplace, é razoável, se não necessário, encontrar uma certa relação sistemática e racional entre as massas, que se separam de tempos em tempos da nebulosa, e o momento angular dessas massas, visto que a separação é devida a uma causa comum progressiva: a aceleração da rotação. A comparação desses dois dados não faz surgir nenhuma variação sistemática.

QUADRO 4

anéis	*% de massa da nebulosa*	*% do momento angular*	*% do momento angular reduzido*
ao nível de			
Netuno	0,0050700	7,93	0,01560
Urano	0,0045400	6,31	0,01390
Saturno	0,0285200	27,78	0,00980
Júpiter	0,0953000	94,97	0,00996
Marte	0,0000323	0,36	0,10990
Terra	0,0003160	2,42	0,07660
Vênus	0,0002495	1,89	0,007500
Mercúrio	0,0000205	0,12	0,05660

Ainda aí, não só as percentagens são em si mesmas extraordinárias, mas suas relações para cada uma das outras são igualmente espantosas. O que aparece mais nitidamente quando são reduzidas a uma unidade comum, como na última coluna do Quadro 4. Particularmente, é notável que por maior que seja a relação do momento angular de Júpiter com o da nebulosa inteira, não é menos proporcionalmente um dos menores do conjunto. É Marte quem leva a parte do leão!

Enfim, antes de concluir, Chamberlin apresenta a questão de saber se o excesso de momento angular dos planetas em relação ao do sol não poderá ser devido a um efeito de maré. Para mostrar que não se trata disso, Chamberlin apela ainda uma vez aos trabalhos de Darwin. A resposta é negativa, e ele acaba concluindo, como Moulton... com pena. O resultado dessa busca é evidente, as diferentes relações são incompatíveis com uma revolução do sistema solar a partir de uma nebulosa gasosa esferoidal submetida às leis do equilíbrio hidrodinâmico e que se modificasse lentamente por resfriamento.

Trata-se apenas de uma verificação sem intenção de substituição, e foi somente em 1905 que Chamberlin apresentou a sua *hipótese planetesimal*: teoria que haveria de popularizar com a publicação de *The Origin of the Earth* (1916), no mesmo ano em que um artigo de H. Jeffreys envia tal hipótese, se não para as masmorras, ao menos para os trabalhos dos historiadores da ciência, como os que o precederam. Para Chamberlin, é inútil procurar justificar, ao mesmo tempo, a formação do sol e do sistema solar. Os dois problemas são totalmente independentes, o sol existia muito antes que o sistema planetário começasse a sua evolução. A melhor prova dessa independência se encontra no fato de que o sol, que detém 745/746 da massa total do sistema, não possui mais que 2% de seu momento angular.

Portanto, o sol existe, estrela entre os bilhões de estrelas do universo, mas uma dessas vai passar nas proximidades do sol. As forças de maré desse encontro vão extrair do sol uma nebulosa espiral, provavelmente menor que as que mostram as fotografias do professor Keeler, mas da mesma estrutura. Encontramos, pois, novamente uma nebulosa solar, mas não se trata de uma nebulosa que se condensa em sol e em planetas e sim de uma nebulosa extraída do sol e da qual nascerão os planetas. Aliás, eles já se acham aí quase presentes e dispõem de propriedades *ad hoc* que lhes permitirão evoluir no sentido de um sistema idêntico ao que conhecemos. Pouca matéria foi arrancada do sol, que sai quase ileso da catástrofe; a seu redor, uma matéria planetesimal difusa e dois grandes braços onde lufadas de matéria mais densa, os asteróides, estão prisioneiras. Os planetas vão se formar ao redor desses enormes núcleos primitivos por acreção dos materiais difusos espalhados por todo o sistema. O menos que se pode dizer é que ao esquema lhe falta clareza, em especial ao termo *planetesimal*, que é um dos mais vagos de toda a história da cosmogonia. Moulton evitou empregá-lo no artigo publicado também em 1905 sobre o mesmo assunto. O próprio Chamberlin tinha consciência disso, visto explicar que o termo não designa uma matéria diversa da matéria meteorítica, matéria muito utilizada na época como substrato dos futuros planetas e do próprio sol, e sim uma organização diferente dessa matéria. Ele pode, por exemplo, dizer da cabeça de um cometa que acaba de se dispersar que "está no *estado planetesimal*"; ou tomar como exemplo de forma de *organização planetesimal* as chuvas meteoríticas que retornam todos os anos em agosto e em setembro; ou, por fim, apresentar a nebulosa original do sistema solar sob a forma de inumeráveis *corpúsculos planetesimais* que giram em torno de uma massa central, um tanto como os planetas hoje giram ao redor do sol. De qualquer modo, esse estado planetesimal teve uma duração de vida tão curta como a da teoria de Moulton e Chamberlin. Essa vida muito breve das teorias cosmogônicas será, aliás, uma das características dessa época. Uma teoria rechaça outra bem depressa, todas conservando, contudo, um ponto comum: o encontro inicial e catastrófico de duas estrelas.

Frente ao antigo monopólio da hipótese nebular, encontramos agora três teorias, devidas respectivamente a See, a Belot e a Moulton e Chamberlin: a da captura, a do encontro de um turbilhão tubiforme e de uma nebulosa amorfa, a do encontro de duas estrelas. As reações dos partidários da teoria nebular serão fracas, e particularmente as dos partidários franceses, contudo muito ligados à obra inteira de Laplace. Poincaré consagrou somente algumas páginas de suas *Hipóteses cosmogônicas* ao estudo dos trabalhos de See e de Belot, sem sequer mencionar os nomes de Moulton e de Chamberlin. A única reação francesa viria de Charles André. Foi ao criticar os trabalhos de See que André seria levado a mencionar os de Moulton. "Segundo um velho provérbio francês, quando alguém quer matar seu cão começa por dizer que está com raiva. O sr. T.J.J. See procede da mesma forma com a teoria de Laplace", escreveu ele nas primeiras linhas do artigo que publicou em *Scientia*, em 1912. O tom é mais de polêmica do que de debate científico. Qual é, pois, essa raiva que See procura atribuir à teoria de Laplace antes de matá-la? A que se pode diagnosticar por meio do critério de Babinet! Eis-nos de volta, mais uma vez, ao problema da distribuição do momento angular. De fato, See utilizara o que se denomina o critério de Babinet para abandonar a teoria nebular e introduzir em seu lugar a teoria da captura ou da "adição de fora". C. André escreve: "Quanto a mim pessoalmente, antes dos escritos do sr. See eu ignorava de todo o dito critério; e os astrônomos a quem interroguei sobre tal assunto não o conheciam mais que eu; o que é, então, esse famoso critério, que surgiu de súbito na ciência como um boneco de mola que um golpe brusco faz saltar de uma caixa?"

É verdade que o artigo de Babinet não era uma crítica da cosmogonia de Laplace mas da cosmogonia daqueles que pensavam que o próprio sol se dilatara primitivamente de modo a preencher todo o espaço atualmente ocupado pelos planetas, se bem que Laplace mencione expressamente que, no momento da formação desses corpos, foi apenas a atmosfera do sol que abrangeu essa vasta extensão. No entanto, as críticas têm razão de ser; é necessário que nos interessemos pelo estado anterior e é claro que um evolucionista conseqüente deve chegar à conclusão de que o sol, como os planetas, nasceu da nebulosa primitiva. Julgar ser possível "salvar" a teoria nebular negando que o problema da distribuição do momento angular existe, como o fez C. André, é realmente muito ingênuo. Veremos que, quando a hipótese nebular triunfar de novo, isso não se dará graças aos que continuaram a não levar em conta esse problema fundamental, pois haverá desses ainda nos anos 50, e sim aos que haveriam de abordá-lo de frente e proporiam uma solução.

Tudo se complica

Em dezembro de 1916, apareceu um artigo de H. Jeffreys sobre a distribuição dos meteoritos no sistema solar. A terceira e última parte desse artigo era consagrada à hipótese planetesimal de Chamberlin e Moulton. Jeffreys resume primeiro as objeções que se fizeram à hipótese nebular de Laplace e depois demonstra que se a hipótese de Chamberlin está sujeita a menos objeções, pode-se, ainda assim, opor-lhe uma de vulto: a saber, que as colisões entre os corpos pequenos serão tão freqüentes, e que ocorrerão em tão grandes velocidades, que as partículas serão fundidas e volatilizadas antes que a acreção possa produzir algum efeito importante sobre corpos tão grandes como os planetas. Se aos "planetesimais" eram atribuídos movimentos iniciais em órbitas quase circulares, tal objeção seria evitada, mas essa teoria exige órbitas iniciais acentuadamente elípticas. Paradoxo extraordinário, Jeffreys mostra que a nebulosa de Moulton e Chamberlin, com seus planetóides e massas planetesimais, não só não se organiza em sistema planetário, como evolui lentamente para uma nebulosa do tipo laplaciano! E Jeffreys termina propondo uma hipótese que acumula as vantagens da hipótese nebular e da hipótese planetesimal. Na origem, uma nebulosa gasosa com uma condensação central muito forte, e provavelmente bem heterogênea, mas se deslocando de tal maneira que o período de rotação ao redor do centro depende da distância a esse centro; assim o critério de Babinet estaria realizado.

Alguns meses depois, J.H. Jeans discorda de todos. Em seu artigo de janeiro de 1917, apresenta os resultados de seus trabalhos sobre o papel da rotação na evolução cósmica. Existem dois casos em que uma massa pode ser quebrada sob o efeito de uma rotação. O primeiro é o descrito por Poincaré e por Darwin: a massa, de origem esferoidal, começa por se achatar e então perde a sua simetria, tornando-se a princípio elipsoidal e depois piriforme, e terminando por abandonar um satélite. O segundo caso é o descrito por Laplace e Roche: a etapa de achatamento é seguida diretamente pela formação de um anel de matéria no equador, e esse anel pode se partir em satélites. Esses dois casos representativos são os únicos possíveis e, para Jeans, nenhum deles parece ser capaz de explicar a gênese do nosso sistema solar: o primeiro modo de ruptura conduz à formação de um sistema de estrela dupla; o segundo, à de uma nebulosa espiral em que a matéria ejetada não será capaz de se condensar em massas separadas, a não ser que a massa original seja muito maior que a do nosso sol. Conforme Jeans, a nebulosa de Jeffreys não pode gerar o nosso sistema solar.

Alguns meses mais tarde, foi ainda Jeans quem modificou a catástrofe inicial. Publicou um artigo importante no qual evoca, pela primeira vez, o imenso filamento quase líquido arrancado ao sol pelas forças de maré devidas a uma estrela de passagem, filamento que, daí em diante, substituirá a nebulosa de dois braços espirais de Moulton e Chamberlin. Jeffreys, que haveria sempre de acompanhar Jeans nesse caminho — pode-se dizer, nessa fuga para diante — da teoria catastrofista, retomou e desenvolveu o estudo da formação e da transformação de semelhante filamento, e demonstrou, entre outras coisas, que os tempos necessários para a formação do sistema solar eram inteiramente compatíveis com a idade da Terra, que então se sabia avaliar a partir da radioatividade. Daí em diante, foi Jeans quem ocupou o cenário, vendo, durante vinte anos, o seu nome associado a essa hipótese cosmogônica; mesmo sendo verdade que Jeffreys só se contentou, a maioria das vezes, em confirmar ou modificar em pontos menores os estudos de Jeans, o renome de seu concorrente só teve razões científicas: o livro que Jeans publicou em 1919, e que apresentava os trabalhos que obtiveram o prêmio Adams em 1917, obteve grande êxito e contribuiu bastante para a sua fama fora dos meios científicos.

Em um primeiro tempo, esse filamento mostrou-se mais apto a gerar um sistema solar do que a nebulosa espiral que o havia precedido. Apresentava a mesma vantagem, a de fazer decorrer os momentos angulares, no interior do sistema planetário, de um fenômeno externo, o que permitia adaptar esse fenômeno externo às condições que reinam hoje no sistema. Além disso, a teoria do filamento rompeu com a analogia, bastante artificial, entre as nebulosas do professor Keeler e o sistema solar. Jeans assinala que, se uma massa central com um braço espiral se apresenta como uma etapa decisiva na evolução de quase todos os fenômenos celestes em escala muito grande, essas espirais não são úteis no estudo de um sistema planetário como o nosso. A ejeção de um grande filamento do sol, segundo supõe Jeans, parece preservar a possibilidade de uma condensação em corpos planetários, visto que a massa do filamento produz uma atração gravitacional que basta por si mesma, evitando assim o risco de uma dissipação ulterior da matéria solar.

Ironia do destino, a lei da conservação do momento angular é que foi fatal às teorias de Jeans e de Jeffreys, e depois, pelas complicações que trouxe, a todas as teorias catastrofistas. Em 1935, H.N. Russell publicou um livro apaixonante, *The Solar System and its Origin* (*O sistema solar e sua origem*), e é curioso que não tenha obtido o mesmo sucesso do de Jeans. No último capítulo, Russell faz uma crítica das cosmogonias do passado e, em particular, da de Jeans e de Jeffreys. Entre outras coisas, levanta uma objeção fundamental à nova cosmogonia: a aplicação da lei de conservação do momento angular mostra a impossibilidade da formação de um filamento tal como era admitido por Jeans e Jeffreys.

Se a colisão entre o sol e a estrela de passagem fosse quase direta, então o filamento arrancado do sol era de fato suficiente para dar nascimento aos planetas por fragmentação. Mas as velocidades conhecidas das estrelas são tão fracas, no máximo de algumas centenas de quilômetros por segundo, que, para conservar a quantidade de movimento, os planetas formados deveriam circular em distâncias bem modestas do sol, o que não é o caso. Se, em compensação, tem-se em vista uma colisão que respeita as quantidades de movimentos conhecidas dos planetas, a estrela perturbadora deveria passar tão longe do sol que dessa passagem resultaria apenas uma pequena vaga na superfície deste, totalmente incapaz de gerar um sistema planetário. Todavia, provavelmente em virtude desse problema de conservação da quantidade de movimento, Russell continuou ligado a uma teoria catastrofista e propôs, para resolver a contradição, complicar o problema. Inicialmente, nosso sol era uma estrela dupla cuja companheira se esfacelou, e foi dessa ruptura dramática que nasceu o sistema planetário.

O estudo mecânico de um tal sistema é bem difícil e não foi Russell quem o tentou, mas sim Lyttleton e Luyten. A crítica de Russell havia mostrado que um dos pontos essenciais desse tipo de encontro estelar era saber qual a quantidade de matéria efetivamente capturada pelo sol para formar um sistema planetário. Portanto, frente a frente, o sol, que designaremos por S, sua companheira C e a estrela perturbadora P. Lyttleton e Luyten imaginam o seguinte cenário: depois da catástrofe, C e P se ligaram por um filamento de matéria no qual as velocidades variam por alto, linearmente, da velocidade de C à de P. Depois, esse filamento se parte em fragmentos que se tornam os planetas, mas que, no momento, continuam seu caminho sob a atração de P e do resto de C. Para que S possa captar esses fragmentos, é necessário que eles escapem à atração do sistema C-P, ou seja, que sua velocidade seja superior à velocidade dita de escape. Foi Lyttleton quem colocou corretamente o problema em equações. Ora, sejam quais forem as velocidades relativas dos protagonistas da catástrofe, as previsões mais otimistas dão, para a massa do filamento, 0,05 da massa solar. A massa capturada por S é, portanto, capaz de gerar Júpiter.

Para responder a essa objeção, Lyttleton se viu obrigado a modificar seu cenário. O sistema inicial é sempre constituído de três estrelas, mas dessa vez a estrela perturbadora é que é dupla, e até uma dupla cerrada; e, sob o efeito da acreção, a estrela dupla se torna uma estrela única... para logo a seguir se romper em duas novas estrelas. No momento dessa última separação, desenvolve-se um filamento entre as duas estrelas, filamento que seria capturado pelo sol para formar os planetas!

O cenário se tornou tão complicado e arbitrário que é provável que, mesmo sem a crítica que Spitzer faria dessas teorias de filamentos, a hipótese de Lyttleton morresse de morte natural. De fato, Spitzer demonstrou que, sob a influência da radiação aprisionada, os filamentos assim formados seriam eminentemente instáveis. Nessa época, a física das estrelas começava a ser mais bem conhecida. Soube-se que, nas estrelas, a densidade cresce muito devagar para o interior das camadas superficiais, e sabe-se estimar a massa de uma camada de matéria do sol situada além de uma esfera de determinado raio, bem como a sua temperatura.

Temperatura: $2x10^6$ $3x10^6$ $4x10^6$ (em graus Kelvin)
Massa: 0,001 0,02 0,5 (em massas solares)

A objeção é evidente: mesmo que a matéria dos planetas não provenha senão das camadas superficiais da estrela, a quantidade de matéria necessária à formação do sistema é tal que seriã preciso que estivesse a uma temperatura da ordem de um milhão de graus. Spitzer demonstra que essa matéria não se pode condensar a não ser resfriando-se, mas então o tempo necessário para que ocorra esse resfriamento pode ser comparado ao que a velocidade de expansão do filamento, sob o efeito da radiação, levaria para atingir a velocidade de escape. A alta temperatura da matéria arrancada faz com que a velocidade de expansão seja de tal modo superior à velocidade de resfriamento que o filamento estale mal seja formado. Estamos em 1939: para a maioria dos astrônomos a questão já não é saber como se pôde formar a nossa Terra, mas se será dominada por uma horda de novos bárbaros de cabelos louros e olhos azuis, que um ditador sanguinário, de cabelos e olhos escuros, acaba de persuadir que formam uma raça superior.

7. A volta da hipótese nebular

O fracasso das teorias catastrofistas, tanto do ponto de vista da dinâmica quanto da física, repõe em jogo a hipótese nebular. Hipótese que, aliás, jamais fora abandonada de todo. Numerosos trabalhos vão contribuir para o seu relançamento, aprofundamento e nova dominação. Se bem que o fracasso das teorias catastrofistas, após o das primeiras teorias evolucionistas, tenha mostrado, se havia ainda necessidade disso, a importância da distribuição do momento angular no sistema solar, os novos evolucionistas vão se dividir em dois grupos: o dos cosmogonistas que continuarão a pôr o problema entre parênteses, seja por tratarem-no de maneira distinta, seja por guardarem-no para dias melhores ou para colegas mais imaginosos, e o daqueles que o enfrentam logo de cara, custe o que custar.

Um certo regresso dos turbilhões

No primeiro grupo, encontram-se os nomes importantes de gente como Weizsäcker, Ter Haar, Kuiper e Schmidt. Weizsäcker voltou à hipótese nebular porém introduziu no interior da nebulosa os turbilhões de matéria caros a Descartes e, mais recentemente, a E. Belot. Na primeira versão de sua cosmogonia, Weizsäcker imaginava que, na nebulosa achatada e gasosa que envolvia o sol já formado, se estabelecera um sistema de turbilhões estáveis. O sistema é bastante comparável ao dos rolamentos de bolas. Nesse conjunto de rolamentos concêntricos, os diferentes anéis giram em um sentido e as bolas em outro, cada anel contendo o mesmo número de turbilhões (cf. *Fig. 37*). A preocupação principal de Weizsäcker era a de justificar a lei das distâncias dos planetas ao sol. Por meio de um

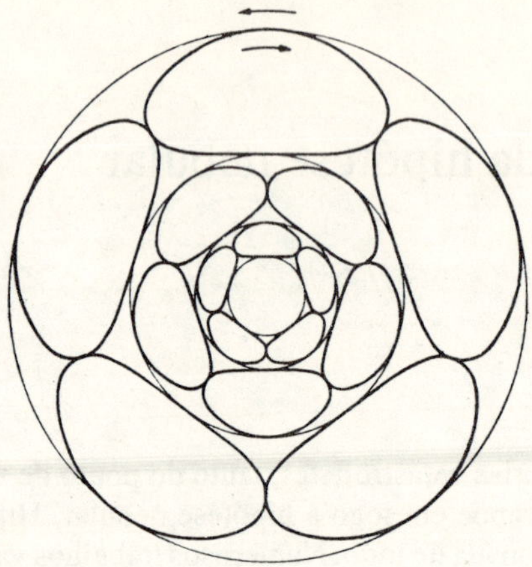

Figura 37

raciocínio cujo rigor deixa a desejar, ele "demonstra" que o número de turbilhões deve ser igual a cinco. A conseqüência fundamental desse arranjo, e de suas hipóteses simplificadoras, é a concordância com a relação de Titius-Bode, que já assinalamos ser mais espetacular do que reveladora da exatidão de uma cosmogonia. Por outro lado, Weizsäcker sugeria um processo de formação de planetas bastante inesperado. Não era nos turbilhões, como se poderia pensar *a priori*, que se vão formar os glóbulos que resultarão nos planetas, e sim nos espaços livres criados por três turbilhões em contato (*Fig. 38*). O aparecimento de glóbulos é indispensável para pôr em andamento o crescimento dos protoplanetas e, se as colisões entre partículas e glóbulos são adequadas para beneficiar o crescimento desses últimos até que atinjam um tamanho suficiente para atrair em seguida, cada vez mais, matéria por meio da atração gravitacional, em compensação, como reconhece o próprio Weizsäcker, as colisões entre partículas provocam a sua volatilização! É lamentável que o começo do processo de formação dos glóbulos seja tão incerto, tanto mais que, durante o intervalo de tempo necessário para o crescimento deles, os turbilhões devem conservar uma certa estabilidade, tanto para permitir tal crescimento como para manter o seu próprio afastamento do sol. Ora bem, Weizsäcker o admite: "A afirmação da estabilidade respectiva do sistema de turbilhões é, de longe, a parte mais incerta da teoria."

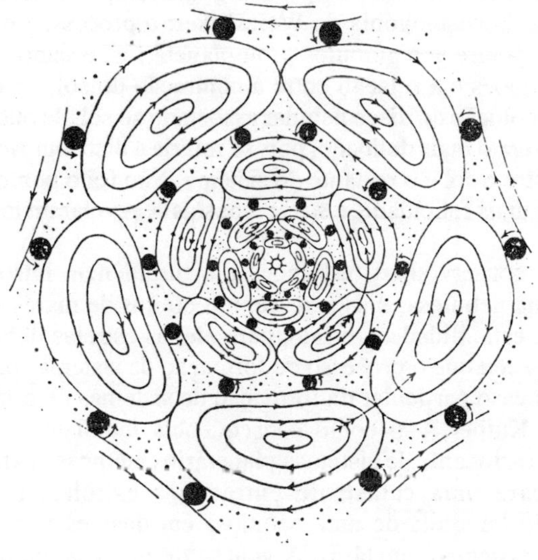

Figura 38

Ter Haar haveria de demonstrar, em 1949, que de fato, em virtude da turbulência, um sistema de turbilhões tal como Weizsäcker havia imaginado em seus primeiros trabalhos, não poderia subsistir por muito tempo a fim de gerar os protoplanetas. Conclusão à qual Weizsäcker já chegara em 1948. F. Nolke, em um artigo aparecido após a sua morte, também mostra que a teoria de Weizsäcker deixa inexplicados aspectos característicos do nosso sistema solar, notadamente... a distribuição do momento angular. Para Nolke, não só o tipo de turbulência imaginado por Weizsäcker é incapaz de transferir o momento angular do centro à periferia do sistema, como também não permite a formação de zonas de turbilhões.

Contribuições enriquecedoras

Nos anos 50, foram os trabalhos de Kuiper que deram a contribuição mais rica e mais decisiva à cosmogonia do sistema solar, ainda que tais trabalhos sejam de amplitude e rigor desiguais. Kuiper insistiria sobre três pontos fracos da cosmogonia de Weizsäcker: o processo de acreção das partículas de poeira aos glóbulos protoplanetários, o tempo de vida dos grandes turbilhões e a relação entre a contração do sol, de um lado, e a formação e evolução do disco nebular associado ao sol, de outro lado. Este último ponto era o mais delicado, pois se referia à distribuição do momento angular entre o sol e o restante do sistema. Não foi o ponto que Kuiper abordou com mais felicidade, e suas respostas se revelaram inconsistentes e frágeis.

Kuiper conservou os turbilhões e a turbulência introduzidos por Weizsäcker na nebulosa, mas acrescentou efeitos de marés e estudou as condições de estabilidade. De fato, para ele, as estrelas duplas eram tão numerosas no céu que o processo de formação de sistemas planetários só podia ser um caso particular da formação de sistemas de estrelas duplas. O que, para Kuiper, tem como conseqüência imediata e evidente um número impressionante de sistemas planetários em nossa galáxia. Kuiper não apela para uma catástrofe entre duas estrelas, e sim para a transformação tranqüila de uma nebulosa em duas estrelas ou em uma estrela e um sistema planetário. A gênese de um sistema planetário ao redor de uma estrela é 100 milhões de vezes mais provável que a colisão entre duas estrelas. São as condições de densidade no interior da nebulosa primitiva, elas próprias ligadas à turbulência, que determinam a evolução para um sistema de estrela dupla ou para um sistema de estrela única cercada de um cortejo de planetas.

Acima de uma densidade crítica, desenvolve-se um sistema de estrela binária, enquanto que, abaixo desse ponto, existe a formação de um certo número de pequenas condensações. Uma nebulosa submetida a essas últimas condições se partiria, sob o efeito da gravidade do núcleo central, em outras tantas partes quantos iriam ser os seus planetas. A distribuição da densidade no interior da nebulosa pode seguir leis muito variadas, levando a diversos tipos de sistemas planetários, e Kuiper assinala, muito justamente, que a "lei" de Titius-Bode não é verdadeiramente uma lei, mas o simples reflexo da distribuição inicial da densidade da nebulosa solar.

A teoria de Kuiper restitui uma importância determinante às marés solares. Em uma primeira etapa, o efeito das marés deve ter provocado uma sincronização entre os períodos de revolução e de rotação de cada planeta, sincronização destruída a seguir pela contração dos corpos planetários. Desse modo, Kuiper explica as anomalias de distribuição do momento angular para cada planeta (não somente por efeitos de maré mas também por ejeções de gás da superfície dos planetas em direção à periferia do sistema), porém não regula o problema irritante da rotação muito lenta do sol. Como disse Ter Haar em sua crítica às teorias de

Kuiper: "Nesse caso dá-se de novo com o problema irritante da rotação vagarosa do sol." Problema que Ter Haar tampouco haveria de regular, a ele se esquivando pela suposição de que o sol já estaria formado no centro do disco nebular.

Sempre o momento angular

Mas o caso mais exemplar dessa esquivança ao problema da distribuição do momento angular é o da cosmogonia do astrônomo soviético O. Schmidt. A exposição do programa é promissora. Abre-se com uma bela afirmação: para resolver um problema basta muitas vezes que o mesmo seja bem colocado. Posição e solução dependem da metodologia aplicada. Sigamos, pois, a de O. Schmidt. A prática é que é o principal critério da verdade, mas em astronomia esse critério é inaplicável sob sua forma direta: é difícil, seja qual for a teoria elaborada, produzir um novo sistema solar! Será necessário que nos contentemos com a coincidência das deduções teóricas com os fatos fornecidos pela prática astronômica, ou seja, a observação. Além disso, já que os fenômenos observados hoje em dia não são todos explicáveis pela formação e os primeiros tempos do sistema solar, é às propriedades principais do sistema que se faz necessário dar uma explicação, e o objetivo será elucidar a origem do sistema planetário, da Terra e dos demais planetas; depois, será necessário verificar se a hipótese escolhida justifica igualmente a origem dos outros corpos do sistema solar: asteróides, meteoritos, cometas e... o próprio sol. Depois, levando em conta as grandes regularidades do sistema solar, que toda cosmogonia deve justificar, Schmidt acrescenta a distribuição dos planetas em dois grupos visivelmente distintos: Mercúrio, Vênus, Terra e Marte são de dimensões relativamente modestas mas de densidade bastante elevada, sua rotação em torno do próprio eixo é vagarosa, seus satélites são pouco numerosos; Júpiter, Saturno, Urano e Netuno são grandes, têm densidade menos elevada, grande velocidade de rotação e numerosos satélites. Plutão, recentemente descoberto, não integra esses grupos: está situado nos limites externos do sistema e pode ficar de fora do quadro dessas leis.

Depressa mudaremos de tom. Enquanto que toda a exposição preliminar deixa entender que veríamos nascer o conjunto do sol e seu cortejo de planetas, Schmidt declara que tal suposição, dada a situação dos conhecimentos da época, esbarra em dificuldades insuperáveis. A esquivança será simples... é sempre a mesma... um sol existente capturou uma nebulosa em passeio pelo universo. Mais valeria, em vez de introduzir uma hipótese *ad hoc*, ter agido como Laplace, e descrever simplesmente de novo, já que nossos conhecimentos haviam progredido desde então, os processos de desenvolvimento a partir de um instante $T_0 + h$, guardando a fase de T_0 a $T_0 + h$ para dias melhores!

Entretanto, tornava-se evidente ser impossível continuar a se esquivar do problema dessa maneira, e que era preciso rever de que forma o sol e os planetas teriam podido surgir de uma só massa nebular. De fato, o problema da distribuição do momento angular no sistema solar acarretava outro problema, este exclusivamente estelar: o da rotação relativamente vagarosa de certas categorias de estrelas.

Cosmogonia e formação das estrelas

A espectroscopia trouxera ao progresso do conhecimento do mundo das estrelas muito mais do que os mais otimistas esperavam. Oportunidade sem igual, ela permitira determinar não só a composição química como também a distância, a velocidade de rotação e a temperatura das estrelas. Nosso sol, que no estádio atual de sua vida é uma anã amarela, extrai sua energia da fusão do hidrogênio em hélio. A transformação de 1g de hidrogênio em hélio libera 600 bilhões de joules! O sol queima há cinco bilhões de anos e restam-lhe, mais ou menos, outros cinco bilhões de anos de radiação antes que ele vá terminar sua vida no cemitério das anãs brancas. Outra oportunidade para os cosmogonistas: existem aglomerados muito jovens que lhes permitem ver o sol em sua primeira juventude, numa época em que ele dava nascimento ao sistema solar. Assim, conhece-se um aglomerado jovem, de dois milhões de anos, no qual são observadas estrelas alaranjadas e vermelhas que possuem raios maiores do que os que se observam habitualmente nesse tipo de anãs. Logo, é razoável supor que estão sempre em vias de se contraírem. Ora, fato interessante, tais estrelas giram relativamente rápido sobre si mesmas. Essa velocidade deveria aumentar à medida que as estrelas se contraem, e as estrelas atingiriam sua máxima velocidade de rotação tão logo se tornassem anãs; mas, surpreendentemente, se as estrelas azuis e as brancas giram efetivamente mais depressa, a grande maioria das amarelas, alaranjadas e vermelhas giram lentamente sobre si mesmas. Deparamo-nos aí com o problema da fraca velocidade de rotação do sol.

Portanto, é necessário que, para as estrelas desse tipo, intervenha um mecanismo de freagem durante as últimas etapas de sua formação; formação de estrelas e formação de sistemas planetários não podem ser dissociadas, assim como a freagem das estrelas do tipo solar e o excesso de momento angular na periferia do sistema de planetas a que pertencemos. Além de confortar os defensores de uma banalização da existência de sistemas planetários no universo, contra os que desejam que o nosso sistema seja, se não único, ao menos raríssimo, essa constatação sugere, logo à primeira vista, que o momento angular é transportado do núcleo à periferia por ejeções de matéria. Que tais ejeções se produzem é fato confirmado pela observação dos aglomerados jovens: numerosas estrelas dos aglomerados são o local de erupções violentas. Que tais erupções acarretem um retardamento da rotação das estrelas é provável, mas é menos seguro que transfiram o momento angular da estrela aos planetas. A matéria ejetada pode também escapar ao sistema e se perder no universo.

Variante dessa hipótese dinâmica foi proposta antes da Segunda Guerra Mundial por Lorenz, que supunha que o proto sol, desde o começo de sua contração, fosse muito mais denso no centro do que na superfície (o que acarreta um momento angular mais fraco do que no caso de uma densidade homogênea) e que os planetas não tivessem sido abandonados pela contração do proto-sol, mas sim expulsos. Outra suposição dinâmica: para Weizsäcker e Ter Haar, a turbulência é a única responsável pela transferência do momento angular.

Todas essas hipóteses revelaram-se ou insuficientes ou incapazes de uma tal transferência. Assim, quanto à hipótese de Lorenz, os trabalhos de Lyttleton, já mencionados, demonstram que os corpos ejetados de uma estrela em rotação só podem ter órbitas hiperbólicas; além disso, não é evidente que as massas ejetadas sejam suficientes para se condensarem em planetas. Mas pelo menos abordava-se enfim de frente o problema da distribuição do momento angular e, portanto, o da formação simultânea do sol e dos planetas.

Outro fenômeno físico lembrado para a transferência do momento angular: a ação de um campo magnético. Foi o partido adotado por Fred Hoyle. Evolucionista conseqüente, reata a formação dos planetas à do próprio sol, tomando como ponto de partida uma nuvem de gás na qual reinasse um campo magnético. O começo do processo é bem laplaciano: a nuvem se contrai sob o efeito da gravitação e, girando cada vez mais velozmente, assume o aspecto de um elipsóide achatado. É quando o diâmetro equatorial atinge as dimensões da órbita de Mercúrio que os gases principiam a deixar as regiões equatoriais para formar um disco que continua a crescer, enquanto que a parte central se contrai para resultar no sol. É nesse instante que intervém o mecanismo de transferência do momento angular entre o proto-sol e o bordo do disco. As linhas de força magnética saídas do sol no plano do disco (*Fig. 39*) se comportam como cordas elásticas no gás ionizado. O sol em contração, girando mais depressa que o disco periférico, faz com que as linhas de força se torçam e tendam a diminuir a rotação do sol e a acelerar a do disco, assim transferindo o momento angular do centro para a periferia.

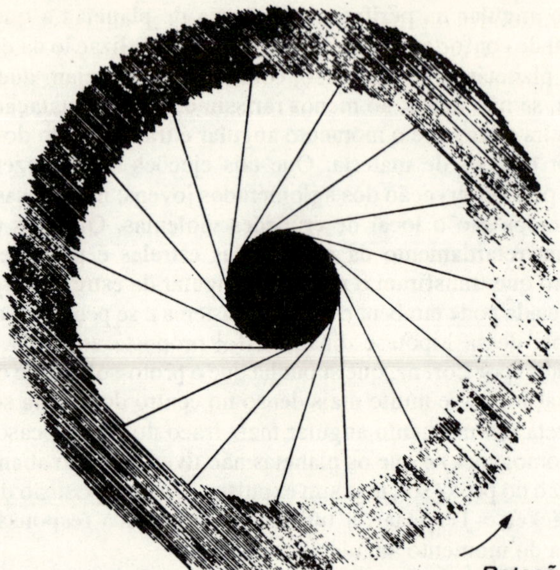

Figura 39

A intervenção de um campo magnético não era uma idéia original de Fred Hoyle, pois fora introduzida por H. Alfvén e datava dos anos 20. A idéia essencial de Alfvén, partidário de uma cosmogonia catastrofista, é de combinar a ação de um campo magnético e a atração gravitacional do sol sobre o movimento dos íons. O sol, já formado, atravessaria uma nuvem de gás e capturaria matéria nebular. No decurso de suas quedas na direção do sol, as partículas seriam paradas pelo campo magnético, quando a energia cinética das quedas causasse a sua ionização. A teoria inicial de Alfvén sofreu o mesmo destino das primeiras teorias catastrofistas de Jeans e de Lyttleton: diante das objeções, teve de multiplicar as nuvens de gás encontradas pelo sol, como fora preciso multiplicar as estrelas que tivessem tomado parte na catástrofe inicial de Jeans. Além do fato de que a cosmogonia de Alfvén levantava numerosas questões de física que ficaram sem resposta, perguntava-se por que as estrelas do tipo solar encontravam sempre nuvens de gás que freavam a sua rotação e por que somente elas se beneficiavam desse privilégio. Se a cosmogonia de Alfvén está hoje abandonada em seu todo, permanece o fato de que esse grande astrofísico foi o primeiro a considerar os fenômenos magnéticos, não só na formação do sistema solar, mas na das estrelas, e o verdadeiro fundador de uma nova disciplina da astronomia: a magnetoidrodinâmica. A anterioridade e a qualidade de seus trabalhos nesse terreno lhe valeram o prêmio Nobel de física de 1970.

O ecletismo e a balcanização

Outra irrupção de uma disciplina externa à astronomia na cosmogonia: a da química. Em 1952, Urey publicou *The Planets: their Origin and Development* (*Os planetas: sua origem e desenvolvimento*). Pela primeira vez a importância da fisioquímica é levada em conta, em particular nos processos de condensação. Questão que até então fora negligenciada ou tratada por alto. Se a nova abordagem de Urey enriqueceu as pesquisas cosmogônicas, se, notadamente, precisou as condições de temperatura, densidade e abundância química na nebulosa primitiva, em diferentes distâncias do núcleo central e em diferentes períodos da evolução, não chegou a resolver o problema cosmogônico. É verdade que o desenvolvimento da astrofísica depois da Segunda Guerra Mundial colocou problemas novos para os cosmogonistas. Em 1962, na conferência organizada pelo Goddard Institute for Space Studies sobre a origem do sistema planetário, constatou-se que a noiva era linda! Muitas teorias divergentes pretendiam resolver o problema, enquanto que algumas delas, na melhor das hipóteses, só esclareciam um dos aspectos do problema da formação do sistema solar. De fato, se as novas possibilidades teóricas abrem horizontes novos, também levantam questões novas; sobretudo os dados observacionais, que deveriam acompanhá-las, falham às vezes de modo cruel. Desenvolvem-se teorias verossímeis, mas serão elas verdadeiras? De qualquer maneira, estão quase sempre à mercê de uma refutação imediata.

Não parece ter chegado o tempo em que surja uma teoria que resolva de modo global o problema cosmogônico. No momento, é necessário que nos contentemos com um certo número de teorias que esclarecem detalhes, sem entrar em contradição com uma explicação dos grandes fatos característicos do sistema solar. Tal situação coloca os cosmogonistas diante de uma dupla cilada: o ecletismo e a balcanização.

Belo exemplo de ecletismo é a pequena obra *The Origin of the Solar System* (*A origem do sistema solar*), que H.P. Berlage publicou em 1968. Numerosos problemas relativos à formação dos planetas e dos satélites são tratados em capítulos muito curtos que arrolam uma grande quantidade de autores com pontos de vista totalmente diversos e até opostos. Ecletismo que o próprio Berlage reivindica ao declarar, em outro livro: "A teoria planetesimal de Chamberlin e Moulton pode ser considerada como fundamentalmente justa, como as teorias de Descartes, Kant e Laplace igualmente podem sê-lo." As justificativas dos últimos congressos dedicados à origem do sistema solar confirmam esse novo aspecto da cosmogonia, seja o de 1962, em Nova York, já mencionado, ou o de Nice, organizado pelo Centro Nacional de Pesquisa Científica, em 1972. Comunicações detalhistas como *Noble Gas Isotopes and Deuterium in the Solar System* ou *Memory of Early Magnetic Fields in Carnocaceous Chonrites* andam lado a lado com ensaios de caráter geral como *Origin of the Solar System: Reviews of Concepts and Theories* ou *Reconstruction of the History of the Solar System*. E é significativo que a última sessão do Colóquio de Nice tomasse por título *Conclusões e Anticonclusões*!

Outro sinal dos tempos é o emprego, hoje, de expressões como "cenário" ou "esquema", possível ou provável, com maior freqüência do que "teoria" ou "cosmogonia". Para encerrar, apresentaremos, portanto, um cenário possível. No entanto, a cosmogonia do sistema solar não se tornou uma loteria onde qualquer número pode sair. Primeiro, é preciso assinalar ser possível classificar os diversos cenários segundo dois critérios. Terão os planetas nascido ao mesmo tempo que o sol ou bem depois dele? A matéria que os forma provém do espaço ou de uma estrela? A combinação desses dois critérios resulta então em quatro casos possíveis. Se imaginamos que a matéria vem do espaço e que os planetas se formaram ao mesmo tempo que o sol, recaímos num modelo de formação do sistema solar do tipo do da nebulosa de Kant-Laplace: é a opção evolucionista em todo o seu rigor. Os três outros casos resultam em cenários mais ou menos catastrofistas. Se imaginamos que a matéria que forma os planetas provém do espaço, mas que o sistema planetário é muito posterior ao sol, terminamos num cenário do gênero do de O. Schmidt, clandestinamente catastrofista. Esse caso, atualmente, é levado em conta por muito poucos astrônomos. A observação de certos isótopos radioativos mostra que a formação do sol não pode ser anterior à dos planetas por um prazo superior a 100 milhões de anos. Intervalo de tempo muito curto diante da idade estimada da Terra e dos planetas: 4,6 bilhões de anos. A propósito, é interessante notar que, em compensação, essa idade está longe de ser desprezível em relação aos 15 bilhões de anos da nossa galáxia.

Restam os cenários francamente catastrofistas. A matéria que forma os planetas provém de uma estrela. O caso típico se assemelha ao modelo desenvolvido por Jeans: os planetas se formam depois do sol, a partir de fragmentos de matéria que uma ou várias estrelas lhe teriam arrancado. Pode-se considerar também que o sistema planetário, nascido da desintegração de um sistema de estrela binária, se formou ao mesmo tempo que o sol. Atualmente, há muito poucos adeptos desses tipos de cenários. Além do mais, a crítica de Spitzer permanece válida, sabe-se agora que a Terra e Júpiter, e provavelmente outros planetas, contêm deutério. Esse isótopo do hidrogênio pesado é muito frágil em altas temperaturas e não poderia subsistir no núcleo de uma estrela.

Assim, depois de tantos percalços, a grande maioria dos cosmogonistas regressou a um cenário baseado na evolução de uma nebulosa primitiva que engendrasse o sol e seu cortejo de planetas, mesmo se as variantes em detalhes sejam numerosas e se os empréstimos às cosmogonias catastrofistas sejam igualmente em grande quantidade. E é um cenário evolucionista que apresentamos, um cenário provável entre outros, sabendo que as recusas são sempre possíveis, na mesma medida em que são atuais ainda as observações que Lambert fazia em fins do século XVIII: "Não vos espanteis se novos conhecimentos dêem origem a novas dúvidas: é a marcha comum para atingir a verdade; apenas, é deplorável que esse caminho seja longo demais para satisfazer nossa impaciência. De resto, tende certeza de que essas dúvidas serão aos poucos resolvidas, porém elas criarão outras cuja solução está reservada às próximas gerações; portanto, contentai-vos com o que sabeis com provas e deixai à posteridade o cuidado de determinar aquilo que não saberíeis alcançar no momento." Sempre verdadeiro, salvo que nos contentamos com o que sabemos sem provas!

Na origem, portanto, uma nuvem interestelar de gás e de poeira, tal como há tantas na via-láctea. Uma nuvem que, como todos os objetos que se observam no universo, desde os menores planetas às mais gigantescas galáxias, deveria girar sobre si mesma. Primeira questão: por que não permaneceu no estado de nuvem interestelar como tantas outras? É provável que uma causa exterior, passagem perto de um braço da galáxia ou explosão de uma supernova, tenha iniciado uma contração que prosseguiu sob a ação da gravidade da nuvem. Sob o efeito dessa contração, aumenta a velocidade de rotação, a nebulosa se achata e, fazendo-se a contração mais rapidamente na região central, forma-se um núcleo que resultará no sol. Segunda questão: por que o sol gira tão lentamente e por que motivo contém uma parte tão fraca do momento angular do sistema? O recurso ao campo magnético, sob a forma que lhe deu Fred Hoyle, está hoje abandonado. Pensa-se agora que a diminuição dos giros do sol seja devida à transferência de momento cinético pelo vento solar e pelo campo magnético que lhe é associado, não mais à nebulosa que cercava o proto-sol e sim à matéria interestelar circundante. E depois, fase determinante, o calor liberado pela contração do núcleo central iniciou as reações termonucleares: o sol começou a irradiar, a nuvem de gás se tornou uma estrela. No disco nebular, o processo de condensação também continuou, provavelmente a partir dos grãos de poeira que serviam de núcleo de acreção. A composição desses núcleos crescentes depende muito da temperatura ambiente, logo da distância ao proto-sol. Depois, o sol, tornando-se realmente sol e vendo crescer sua atividade, bombardeou os futuros planetas de partículas de alta energia. Bombardeamento que parece ter modificado de maneira considerável o estado da superfície dos núcleos e aumentado sua capacidade de aglutinação. Os núcleos tornaram-se pedregulhos, depois rochedos cada vez maiores que, reunindo-se, formaram os planetas. Terá havido alguns que ficaram sãos e salvos, e permaneceram no sistema solar sob a forma de meteoritos. Paradoxalmente, enquanto que hoje se pensa haver descoberto o mecanismo de freagem da rotação do sol, não se tem mais certeza dos mecanismos que provocaram a formação dos anéis e que são responsáveis pela relação de Titius-Bode, situação que confirma o que dizíamos anteriormente dessa "lei". Os astrônomos voltaram à teoria de Laplace, mas sem poder explicar o seu mecanismo fundamental! Enfim, a atividade do sol decresceu para atingir o regime de mornidão que apresenta hoje em dia, o bombardeamento decresceu, os planetas continuaram uma evolução às vezes tumultuosa, da qual os corpos sem atmosfera — portanto sem erosão —, como a lua ou Mercúrio e Marte, conservam as cicatrizes, mas em órbitas de agora em diante estáveis. Essa evolução não terminou quanto aos planetas gigantes ou mesmo quanto à Terra, mas a partir de agora é lenta e quase nula para Mercúrio, Marte e a lua.

Muitas questões restam em suspenso. Se sabemos que os planetas do tipo terrestre se formaram inteiramente a partir de grãos de poeira, enquanto que os gigantes, beneficiados por uma temperatura bastante baixa, puderam reter a quase totalidade do hidrogênio e do hélio das vizinhanças, em compensação a distribuição de satélites, bem como a existência dos satélites de Marte ou da lua permanece inexplicada. Será trabalho para nossos... sobrinhos.

Catastrofismo inicial e evolucionismo global

Nascida da constatação de regularidades evidentes que devem conservar traços dos primeiros tempos do sistema solar, banhada de certezas do método cartesiano e depois pelo rigor implacável da mecânica de Newton, aureolada do prestígio de Kant e de Laplace, servida pela clareza de espírito e pelo estilo admirável de Descartes, de Kant e de Laplace, a teoria nebular se embrenhou desde seus começos pela estrada régia que a mecânica celeste abriu à astronomia. Parece a todos que arrumar e retocar essa teoria, ao sabor das novas descobertas que só poderiam enriquecê-la sem jamais a contradizer, seja o quinhão que cabe aos sucessores de Laplace, os quais terão por tarefa unicamente levá-la à perfeição.

De fato, durante quase um século, ela acompanha a mecânica celeste em sua ascensão gloriosa que culmina com a descoberta de Netuno. No entanto, as dúvidas e incertezas já rondam, venham de geólogos que colocam o problema das idades respectivas da Terra e do sol, espantados pelo fato de que ele gaste tanta energia há tanto tempo, ou de astrônomos, que se espantam com a estranha distribuição do momento angular no sistema solar. A teoria nebular pareceria morrer. Tanto mais que o desenvolvimento da astrofísica levanta uma multidão de novos questionamentos sobre os astros e suas vizinhanças. A teoria evolucionista de Kant-Laplace, mal servida por alguns sucessores de Laplace e muito exclusivamente mecânica, começa a ser mais ou menos abertamente desconsiderada e depois, abandonada. Embora Laplace continue a ser citado com respeito, a nova referência passa a ser Buffon e sua teoria catastrofista: o sistema solar deve ter nascido de um encontro catastrófico e raríssimo de várias estrelas ou entre uma estrela e uma nuvem a vagar pelo universo. Tipo de teoria favorável, mais que qualquer outra, às hipóteses *ad hoc* e aos cenários mais fantasistas. Em menos de cinqüenta anos, de refutações em complicações e em novas refutações, as teorias catastrofistas são por seu turno abandonadas, não sem terem contribuído para os imensos progressos da astrofísica em geral e da cosmogonia em particular. Hoje, e pelos mesmos motivos fundamentais que no tempo de Laplace: o estado atual do sistema solar e suas regularidades, a teoria nebular profundamente remanejada e enriquecida pelos ataques que sofreu, é novamente admitida pela grande maioria dos cosmogonistas, entretanto com menos segurança e mais incertezas de detalhes que no século XVIII, e com uma pitada de catastrofismo para iniciar a condensação da nebulosa primitiva: a explosão de uma supernova em alguma parte da via-láctea.

Bibliografia

Bailly, J.-S. *Histoire de l'astronomie ancienne depuis son origine jusqu'à l'établissement de l'école d'Alexandrie*. Paris, 1775.

____ *Histoire de l'astronomie moderne depuis la fondation de l'école d'Alexandrie jusqu'à l'époque de 1730*. Paris, 1785, 3 vols.

Clavelin, M. *La philosophie naturelle de Galilée*. Paris, Armand Colin, 1968.

Copérnico, N. *On the Revolutions of the Heavenly Spheres* (trad. inglesa de A. M. David Duncan e Charles Duncan). Londres, 1976.

____ *On the Revolutions* (trad. inglesa de E. Rosen). Varsóvia, Polish Scientific Publishers, 1978.

____ *Des révolutions des orbes célestes* (trad. francesa de M. Lermer, A. Segonds e J.-P. Verdet). Coedição da Academia Polonesa de Ciências e do Centre National de Recherche Scientifique, no prelo.

Delambre, J. B. *Histoire de l'astronomie ancienne*. Paris, 1817, 2 vols.

____ *Histoire de l'astronomie moderne*. Paris, 1821-27, 2 vols.

____ *Histoire de l'astronomie du Moyen Age*. Paris, 1819.

Dictionnary of Scientific Biography. Nova York, Scribner, 1970.

Drake, S. *Galileo at work*. The University of Chicago Press, Chicago e Londres, 1978.

Dreyer, J. L. E. *A History of Astronomy from Thales to Kepler*. Nova York, Dover, 1953.

Dunhem, P. *Le système du monde*. Paris, Hermann, 1913-59, 10 vols.

Heath, Sir Thomas L. *Aristarchus of Samos, the Ancient Copernicus*. Oxford, 1913 (reimpr.: 1966).

Hoskin, M. *William Herschel and the Construction of the Heavens*. Londres, 1963.

____ (org.) *The General History of Astronomy*. Cambridge, Cambridge University Press, 1984-89, 4 vols. previstos (alguns em dois tomos).

Jaki, S. L. *Planets and Planetarians*. Edimburgo, Scottish Academic Press, 1978.

Kepler, J. *Le secret du monde* (trad. francesa de A. Segonds). Paris, Les Belles Lettres, 1984.

King, H. C. *The History of the Telescope*. Nova York, Dover, 1955.

Koyré, A. *La révolution astronomique*. Paris, Hermann, 1961.

____ *Études newtoniennes*. Paris, Gallimard, 1968.

____ *Du monde clos à l'Univers infini*. Paris, Gallimard, 1973.

Lalande, J. *Astronomie*. Paris, 1972 (3ª ed. rev. e aum., 3 vols.).

Merleau-Ponty, J.-L. *La science de l'Univers à l'âge du positivisme*. Paris, Vrin, 1983.

Merleau-Ponty, J. L. e Morando, B. *Les trois étapes de la cosmologie*. Paris, Laffont, 1971.

Neugebauer, O. *The Exact Sciences in Antiquity*. Nova York, Dover, 1969.

____ *A History of Ancient Mathematical Astronomy*. Berlim, Nova York e Heidelberg, Springer-Verlag, 1975, 3 vols.

Newton, I. *Principes mathématiques de la philosophie naturelle* (trad. francesa pela marquesa de Châtelet, aum. com os comentários de Clairaut). Paris, 1756, 2 vols. (reimpr. Albert Blanchard, 1966).

Parker, R. A. *The Calendars of Ancient Egypt*. Chicago, University of Chicago Press, 1950.

Pedersen, O. *A Survey of the Almagest*. Odense, Odense University Press, 1974.

Poincaré, H. *Leçons sur les hypothèses cosmogoniques*. Paris, Hermann, 1911.

Prowe, L. *Nicolaus Coppernicus*. Berlim, 1883-84, 3 vols.

Ptolomeu, C. *Composition mathématique* (trad. francesa de N. Halma). Paris, 1813-16, 2 vols.

____ *Ptolomey's Almagest* (trad. inglesa de G. J. Toomer). Duckworth, Londres, 1984.

Rheticus, G. J. *Narratio prima* (trad. francesa de H. Hugonnard-Roche e J. P. Verdet). Varsóvia e Gdansk, Ossolineum, 1982.

Robim, L. *La pensée grecque et les origines de l'esprit scientifique*. Paris, Albin-Michel, 1973.

Rosen, E. *Three Copernican Treatises*. Nova York, Dover, 1959.

Sarton, G. *Introduction to the History of Science*. Carnegie Institution of Washington, 1927-47, 3 vols.

Schiaparelli, G. V. *Scritti sulla storia della astronomia antica*. Bolonha, Zanichelli, 1925-27, 3 vols.

Simon, G. *Kepler, astronome, astrologue*. Paris, Gallimard, 1979.

Swerdlow, N. *The Derivation and First Draft of Copernicus's Planetary Theory*. Proc. Amer. Philos. Soc., 1973.

____ *Mathematical Astronomy in Copernicus's De Revolutionibus*. Nova York e Heidelberg, Springer-Verlag, 1984.

Tannery, P. *Pour l'histoire de la science hellène*. Paris, Félix Alcan, 1887.

____ *Recherches sur l'histoire de l'astronomie ancienne*. Paris, Gauthier-Villars, 1893 (reimpr.: Nova York, Arno Press, 1976).

Taton, R. (org.) *Histoire générale des sciences*. Paris, Presses universitaires de France, 1966, 2ª ed.

Van der Waerden, B. L. *Science Awakening — II. The Birth of Astronomy*. Nova York, Oxford University Press, 1974.

Van Helden, A. *Measuring the Universe*. Chicago e Londres, The University of Chicago Press, 1985.

Wilson, C. *Astronomy from Kepler to Newton*. Londres, Variorum Reprints, 1989.

Indicações bibliográficas em língua portuguesa

Copérnico, Nicolau. *As revoluções das orbes celestes*. (Tradução de A. Dias Gomes e Gabriel Domingues, com introdução e notas de Luís Albuquerque), Coimbra, Fundação Calouste Gulbenkian, 1984.

_____ *Commentariolus*. (Introdução, tradução e notas de Roberto de Andrade Martins), S. Paulo, Nova Stella/Museu de Astronomia, 1990.

Ferris, Timothy. *O despertar na Via-Láctea. Uma história da astronomia* (Tradução de Waltensir Dutra e revisão técnica de Hélio Fernando Verona de Resende), Rio de Janeiro, Campus, 1990.

Galilei, Galileu. *A mensagem das estrelas.* (Apresentação de Ronaldo Rogério de Freitas Mourão; tradução, introdução e notas de Carlos Ziller Caménietzki e revisão crítica de Adriano da Gama Kury), Rio de Janeiro, Salamandra/Museu de Astronomia, 1987.

____ *Duas novas ciências.* (Tradução e notas de Letizio Mariconda e Pablo R. Miranda e copydesk de Adriano da Gama Kury), S. Paulo, Nova Stella/Museu de Astronomia, 1988.

Koestler, A. *Os sonâmbulos*, S. Paulo, Ibrasa, 1961 (reeditado, em 1990, com o título *O homem e o universo*).

Koyré, Alexandre. *Estudos da história do pensamento científico*, Rio de Janeiro, Forense Universitária, 1982.

____ *Do mundo fechado ao universo infinito*, Rio de Janeiro, Forense Universitária, 1979.

Kuhn, Th. S. *A revolução copernicana*, Lisboa, Gradiva, 1991.

Morize, Henrique. *Observatório Astronômico, um século de história 1827-1927*, Rio de Janeiro, Museu de Astronomia/Salamandra, 1987.

Mourão, Ronaldo Rogério de Freitas. *Da Terra às Galaxias — uma introdução à astrofísica*, Petrópolis, Vozes, 1984.

____ *Universo inflacionário — introdução à cosmologia*, Rio de Janeiro, Francisco Alves, 1984.

Newton, Isaac. *Principia. Princípios matemáticos da filosofia natural* (Tradução de Trieste Ricci, Leonardo Gregory Brunet, Sônia Terezinha Gehring e Maria Helena Cureio Célia), S. Paulo, Nova Stella/Editora Universidade de São Paulo, 1990.

R.R.F.M.

Ferris, Timothy. *O despertar na Via Láctea. Uma história do estudo do universo* (Tradução de Waltensir Dutra e revisão técnica de Hélio Fernando Ventura de Rosenthal). Rio de Janeiro, Campus, 1990.
Galilei, Galileu. *A mensagem das estrelas* (Apresentação de Ronaldo Rogério de Freitas Mourão; tradução, introdução e notas de Carlos Ziller Camenietzki e revisão crítica de Adriano da Gama Kury). Rio de Janeiro, Salamandra/Museu de Astronomia, 1987.
——. *Duas novas ciências.* (Tradução e notas de Letizio Mariconda e Pablo R. Mariconda e copydesk de Adriano da Gama Kury). S. Paulo, Nova Stella/Museu de Astronomia, 1988.
Koestler, A. *Os sonâmbulos.* S. Paulo, Ibrasa, 1961 (reeditado, em 1986, com o título *O homem e o universo*).
Koyré, Alexandre. *Estudos da história do pensamento científico.* Rio de Janeiro, Forense Universitária, 1982.
——. *Do mundo fechado ao universo infinito.* Rio de Janeiro, Forense Universitária, 1979.
Kuhn, T. S. *A revolução copernicana.* Lisboa, Gradiva, 1990.
Morize, Henrique. *Observatório Astronômico, um século de história 1827-1927.* Rio de Janeiro, Museu de Astronomia/Salamandra, 1987.
Mourão, Ronaldo Rogério de Freitas. *Da Terra às Galáxias — uma introdução à astrofísica.* Petrópolis, Vozes, 1981.
——. *Universo inflacionário — nova teoria da cosmologia.* Rio de Janeiro, Francisco Alves, 1984.
Newton, Isaac. *Principia. Princípios matemáticos de filosofia natural* (Tradução de Trieste Ricci, Leonardo Gregory Brunet, Sonia Terezinha Gehring e Maria Helena Curcio Célia). S. Paulo, Nova Stella/Editora da Universidade de São Paulo, 1990.

R.R.F.M.

Quadro Sinótico

	Referências cronológicas	Astronomia	Ciências conexas e técnicas
1100			
c. 1120	Criação da Universidade de Paris.	Tradução latina das *Tábuas* de Al-Quarismi por Adelardo de Bath.	Numerosas traduções latinas de textos aritméticos e astronômicos, a partir do árabe, por Jean de Séville.
1130	Criação da Universidade de Oxford.		
c. 1170		*Theorica planetarum*, atribuída a Gérard de Cremona.	
c. 1175		Tradução latina do *Almagesto*, a partir do árabe, por Gérard de Cremona.	
1180	Filipe Augusto, da França.		
1200	Carta dos mestres e estudantes de Paris (F. Augusto).		Leonardo de Pisa, aritmético.
1220			Jordanus Nemorarius, aritmético.
1222	Criação da Universidade de Pádua.		
c. 1240		*Tractatus de sphera* de Jean de Sacrobosco.	
c. 1250	Fundação da Sorbonne (1253).	Estabelecimento das *Tábuas alfonsinas*.	
1256			Pierre de Maricourt: *De magnete*.
1278		Roger Bacon: *Speculum astronomiae*.	Começos da relojoaria mecânica.
1300			
c. 1330			Relógio astronômico de R. de Wallinford.
1337	Começo da Guerra dos Cem Anos.		
c. 1340		Levi ben Gerson: *Tratado de astronomia*. Jean Buridan: aplicação da teoria do impeto aos movimentos das esferas celestes.	
c. 1350		Nicolau Oresme: comentários sobre *De Caelo*, de Aristóteles.	

1364	Criação da Universidade de Cracóvia.		
c. 1370		Alberto de Saxe: comentários sobre *De Caelo*.	Relógio planetário de Giovanni Dondi.
1400			
1401	"La Cour d'amour", de Carlos VI.		
1410		Pierre d'Ailly: *Imago mundi*.	Equatorium, de Jean Fusoris.
1411	Revolta de João Huss.		
1423			Relógio astronômico de Bourges, por Fusoris.
c. 1436	Tratado de pintura de L.G. Alberti.		Primeiros trabalhos de impressão.
1449			Nicolau de Cusa: *De docta ignorantia*.
1451		Georges de Trébizonde: trad. latina do *Almagesto* a partir do grego.	Ateliê de Gutenberg, em Maiença.
1453	Tomada de Constantinopla.		
c. 1455		G. Peurbach: *Theoricae novae planetarum*.	
1461	Luís XI, de França.	Morre Peurbach, deixando inacabado o *Epitome* (paráfrase do *Almagesto*).	
1464			Regiomontanus: *Trigonometria*.
c. 1470	Oficina de impressão da Sorbonne (Fichet).	Regiomontanus acaba o *Epitome*.	
1472		Edição *princeps* do *Tratado da esfera* de Sacrobosco (primeiro livro impresso de astronomia).	
1475	Biblioteca Vaticana aberta ao público.		
1484			Nicolas Chuquet: progressão geométrica e aritmética, expoentes negativos.

	Referências cronológicas	Astronomia	Ciências conexas e técnicas
1492	Cristóvão Colombo descobre a América.		
1494	Impressora de Aldo Manuccio, em Veneza.		Luca Paccioli: *Summa arithmetica* (equação do segundo grau).
1496		Edição *princeps* do *Epitome* de Regiomontanus.	
1500	Descoberta do Brasil. Regresso de Vasco da Gama a Portugal.		
1506	Leonardo da Vinci: *A Gioconda*.		
c. 1510		Copérnico: redação do *Commentariolus* (resumo de suas teses heliocêntricas).	
1511	Erasmo: *Elogio da loucura*.		
1517	Publicação das 95 teses de Lutero.		
1538		G. Fracastoro: *Homocentricum sive de stellis* (retorno às esferas homocêntricas) de Eudoxo.	Tartaglia: *Nova scientia*. Carta de Mercator (1539).
1540		G. J. Rheticus: *Narratio prima* (primeiro texto heliocêntrico impresso).	
1541		Nova edição da *Narratio prima*.	
1543		Morte de Copérnico. Edição do seu *De revolutionibus orbium caelestium*.	
1545	Abertura do Concílio de Trento.		G. Agricola: *De re metallica*.
1551		E. Reinhold: *Tábuas prutênicas* (primeiras tábuas baseadas no heliocentrismo).	J. Cardan: *De subtilitate*.
1553	Suplício de Michel Servet.		Tartaglia: somatório de séries.
1563	Fim do Concílio de Trento.		
1570		C. Clavius: rejeição do heliocentrismo nos comentários sobre o *Tratado* de Sacrobosco.	

1572		T. Brahe observa uma *nova*.	
1573		T. Brahe: *De nova stella*.	
1576		T. Digges: *Prostonicon everlasting* (discurso em defesa do heliocentrismo).	
1582	Reforma gregoriana do calendário.		
1583		J.J. Scaliger: *De emendatione temporum*.	C. Clavius: *Geometria e álgebra*.
1585/1590			Stevin e Groitus: experiências com a queda dos corpos.
1594		Napier: trabalhos sobre os logaritmos.	Galileu: experiência com a queda dos corpos. Publicação do *De motu*.
1596		J. Kepler: *Mysterium cosmographicum*.	
1600	Suplício de Giordano Bruno.		W. Gilbert: *De magnete*, em que se atribui a rotação terrestre às forças magnéticas.
1601		J. Kepler, matemático imperial.	
1603		T. Bayer: *Uranometria*.	
1606	Cervantes: *Dom Quixote*.	J. Kepler: *De stella nova* (nova de 1604)	
1609		J. Kepler: *Astronomia nova* (2 primeiras leis). Galileu: primeiras observações telescópicas.	
1610	Assassinato de Henrique IV (França).	Galileu: *Sidereus nuncius*.	
1611		T. Harriot, J. Fabricius, J. Scheiner e Galileu: observações das manchas solares.	J. Kepler: *Dioptrice*.
1614		S. Marius: *Mundus invialis* (efemérides dos quatro satélites de Júpiter).	
1618			Primeiros microscópios.
1619		J. Kepler: *Harmonices mundi* (3ª lei).	Snellius, leis da reflexão.

	Referências cronológicas	Astronomia	Ciências conexas e técnicas
1622		Longomontanus: *Astronomica danica.*	
1623	M. Barberini eleito papa (Urbano VIII).		Galileu: *Il saggiatore.*
1626	Criação do Jardin des Plantes, de Paris.		
1627		J. Kepler: *Tábuas rodolfinas.*	
1631		P. Gassendi, observador da passagem de Mercúrio diante do sol.	
1632	Rembrandt: *A lição de anatomia.*	Construção da torre astronômica de Copenhague. Galileu: *Dialogo sopra i due massimi sistemi.*	
1633	Abjuração de Galileu.		
1637			Descartes: *Discurso sobre o método.*
1639		J. Horrocks, previsão e observação de uma passagem de Vênus diante do sol.	
1640			W. Gascoigne imagina o micrômetro a fio móvel. Galileu advoga o emprego do pêndulo nos relógios de peso.
1643	Luis XIV, de França.	I. Boulliau: *Astronomica philolaica.*	
1645		J. Hevelius: primeiras observações.	
1647		J. Hevelius: *Selenographia.*	
1651		G.B. Riccioli: *Almagestum novum* (sistema de Tycho Brahe).	
1653		G.D. Cassini: reconstrução do meridiano de Bolonha.	Fermat e Pascal, cálculo das probabilidades.
1655		Huygens descobre Titã (satélite de Saturno).	
1656	Pascal: *Les provinciales.*		G. Wallis: *Arithmetica infinitorum.*

1659		C. Huygens: *Systema saturnium.*	Huygens, utilização do pêndulo para os relógios de peso.
1661	Começo do reinado pessoal de Luís XIV.		
1664		G.D. Cassini, cálculo da rotação de Júpiter.	
1666	Fundação da Academia de Ciências de Paris. *Journal des savants.*	Criação do Observatório de Paris. Bouillau: determinação do período da estrela variável Mira Ceti.	A. Auzout, realização de um micrômetro de fio móvel.
1667			
1668		I. Newton: telescópio refletor.	
1670	Pascal: *Les pensées.*	J. Hevelius: *Cometographia.*	Barrow: *Geometria.*
1671		G.D. Cassini: descoberta de Japeto (satélite de Saturno); medida da paralaxe de Marte, em colaboração com J. Richer.	
1672		G.D. Cassini: descoberta de Réia (satélite de Saturno).	
1674	Boileau: *Art poétique.*		
1675		G.D. Cassini: descoberta da primeira divisão do anel de Saturno.	Leibnitz: trabalhos sobre o cálculo diferencial.
1676			O. Roemer: descoberta da finitude da velocidade da luz.
1678		*Connaissance des temps* (efemérides publicadas ainda hoje; J. Picard).	
1679		E. Halley: catálogo de 341 estrelas austrais.	Publicação das obras de Fermat.
1682	Pedro, o Grande, na Rússia sobe ao trono.	Passagem do cometa Halley.	
1684		O. Roemer: instrumento das passagens pelo meridiano.	Leibnitz: regras do cálculo infinitesimal.
1685	Revogação do Edito de Nantes.	G.D. Cassini: descoberta de Tétis e Dione, satélites de Saturno.	La Hire: *Les sections coniques.*

	Referências cronológicas	Astronomia	Ciências conexas e técnicas
1686		B. de Fontenelle: *Conversações sobre a pluralidade dos mundos.*	
1687		J. Hevelius: catálogo de 1.500 estrelas. I. Newton: *Principia mathematica.*	
1690	Locke: *Ensaio sobre o entendimento humano.*	C. Huygens: *Discurso sobre a causa do peso.*	D. Papin: máquina elevatória a vapor. J. Bernoulli I: cálculo integral.
1695	Bayle: *Dictionnaire historique et critique.*		D. Gregory: *Catoptricae et dioptricae elementa.*
1700		Criação do Observatório de Berlim.	G. Delisle: *Géographie.*
1702	Guerra da sucessão da Espanha.		
1703			J. de Haufeuille, o sismógrafo.
1704		O círculo meridiano de O. Roemer.	I. Newton: *A Ótica* e desenvolvimento da geometria analítica.
1705		E. Halley: *Astronomia cometicae.*	
1710	Leibnitz: *Ensaios de Teodicéia.*		
1714			Fahrenheit, o termômetro a álcool e a mercúrio.
1715	Morte de Luís XIV.		
1718		Fim dos trabalhos de demarcação, de Dunquerque a Collioure, do meridiano de Paris. Halley observa os movimentos próprios das estrelas.	B. Taylor, desenvolvimento em série.
1719	D. Defoe: *Robinson Crusoé.*		
1720	Falência de Law.	J. Cassini: *Grandeur et figure de la Terre.*	
1724	J.S. Bach: *Paixão segundo São João.*		
1725		Flamsteed e Halley: catálogos de estrelas.	

1726	Swift: *As viagens de Gulliver.*	J. Bradley: descoberta da aberração das estrelas.	
1727		Criação do Observatório de São Petersburgo.	Jean Bernoulli: leis da comunicação do movimento.
1728		Bradley: explicação da aberração.	
1730			Réaumur e Celsius: termômetro e escala de temperaturas.
1731			Hedley: construção do oitante.
1733		Maupertuis: *Discours sur la figure des astres.*	
1735		Expedições francesas ao Peru e à Lapônia para determinar a forma da Terra.	
1738	1ª condenação dos franco-maçons por Clemente XII.		Voltaire: *Éléments de la philosophie de Newton.*
1740	Frederico II, rei da Prússia.		J. Cassini: medida da velocidade do som. J. Short: o telescópio equatorial.
1743			D'Alembert: *Traité de dynamique.*
1744		Delisle e Krafft: método gráfico da determinação das órbitas cometárias; L. Euler: *Theoria motuum planetarum et cometarum.*	
1745	Batalha de Fontenoy.		
1746		Euler: teoria sobre a forma dos cometas.	
1747		Maupertuis: princípio da menor ação. D'Alembert e Clairaut: pesquisas sobre o problema dos três corpos.	Euler: memória sobre o acromatismo. Cartas de Franklin sobre a eletricidade.
1748		J.T. Mayer: carta da lua. J. Bradley: descoberta da nutação.	Euler: *Introductio in analysin infinitorum.*

	Referências cronológicas	Astronomia	Ciências conexas e técnicas
1749		D'Alembert: *Recherches sur la précession des équinoxes.*	
1750	J.J. Rousseau: *Discours sur les sciences et sur les arts.* Diderot e D'Alembert.	T. Wright: *Original Theory or New Hypothesis of the Universe.*	
1752	Primeiros volumes da *Encyclopédie.*	Abade de Lacaille: catálogo de 1935 estrelas do hemisfério austral e determinação da paralaxe da lua (com F. de Lalande). J.T. Mayer: *Novae tabulae motuum solis et lunae.*	Clairaut: teoria da lua.
1755		E. Kant: *História natural geral e teoria dos céus.*	Euler: *Institutiones calculli differentialis.*
1759	Voltaire: *Candide.* Condenação de *O Espírito*, de Helvetius.	Volta do cometa Halley, calculada por Clairault.	J. Landen: integrais elípticas.
1760		J.T. Mayer: primeiro catálogo de movimentos próprios das estrelas.	D'Alembert: equações diferenciais. Bouguer: *Tratado de ótica* (póstumo).
1761		J.H. Lambert: *Sistema do mundo.*	
1762	Condenação do *Émile,* de Rousseau.	Expedições francesas, inglesas e russas para observar a passagem de Vênus diante do sol.	
1764	Dissolução da Companhia de Jesus.	M.V. Lomonossov mostra a existência de uma atmosfera venusiana.	Cavendish: estudo do hidrogênio.
1766		J.D. Titius: publicação da "lei" das distâncias dos planetas do sol.	Euler: *Institutiones calculli integralis.*
1770	Nascimento de Beethoven.	J.B. Mérian: *Système du monde* (resumo das cartas cosmológicas de J. H. Lambert). C. Messier: recenseamento de 45 nebulosas.	

1772		J.E. Bole populariza a "lei" de Bode. J.A. Euler, W.L. Krafft e A.J. Level: *Theoria motuum lunae* (sob a direção de L. Euler).	Começo dos trabalhos de Lavoisier.
1774	Luís XVI sobe ao trono.		
1775		W. Herschel: primeiras observações dos céus.	
1776	Declaração da independência dos Estados Unidos.		
1779		H.W. Olbers: método de cálculo das órbitas dos cometas. J. Lagrange: determinação da massa de Vênus.	Laplace e Lavoisier: calorimetria.
1781	E. Kant: *Crítica da razão pura*	W. Herschel: descoberta de Urano.	
1783	Tratado de independência dos Estados Unidos	W. Herschel: observações sistemáticas para determinar a estrutura da via-láctea.	
1784		C. Messier: catálogo de 103 nebulosas. A.G. Pingré: *Cométographie*.	Coulomb: memórias sobre a eletrodinâmica.
1788		J.L. Lagrange: *Mécanique analytique*.	
1789	França: Estados Gerais, a Revolução. Brasil: Conjuração Mineira.		
1791	Mozart: *A flauta mágica*.	A. Méchain e J.B. Delambre: determinação de um quarto do meridiano terrestre.	
1794			Legendre: *Élements de géométrie*.
1795	Definição do metro a partir da medida do quarto de meridiano.		
1796		P.S. Laplace: *Exposition du système du monde*.	Wessel: os números imaginários.
1798			Lagrange: *Théorie des fonctions analytiques*.
1799	Depósito dos padrões do sistema métrico.	P.S. Laplace: *Mécanique céleste* (dois primeiros volumes).	Monge: *Traité de géométrie descriptive*.

Índice Onomástico

[Os números em destaque referem-se às páginas onde o nome indexado e sua teoria são principalmente tratados.]